3訂
農家の所得税

一問一答集

税理士 小田　満
税理士 前山静夫　共著

全国農業委員会ネットワーク機構
一般社団法人 全国農業会議所

は　し　が　き

　新型コロナウイルス感染症の拡大は、社会の変化を一回りも二回りも早め、経済活動に大きな影響を及ぼしました。

　また、近年、消費税軽減税率制度やインボイス制度の導入など農業経営に直結する税制改正が行われるなど農業経営を取り巻く環境は大きく変化しています。

　消費税の課税事業者となる方は、消費税法に基づき、帳簿を記帳し、請求書等と併せて保存する必要があります。

　このような変化に適切に対応するためには、税に対する知識や理解を深めるとともに、正しい記帳等を通じて経営状況を的確に把握することが肝要です。

　正しい記帳は、税金の計算を行うためだけではなく農業経営の合理化・効率化などにも繋がります。

　本書は、所得税に関する計算の仕組みや手続きなどを中心として、平成5年10月から導入予定の消費税インボイス制度のほか、相続税や贈与税など農家の方々に関心の高い税目についても幅広く解説しています。理解し易いように問答式とし、日常の農業経営を通じて出合うと見込まれる疑問について網羅的に取り上げるよう努めました。

　本書が、全国の農家や農業関係者の方々のお役に立つことを切に願うものです。

　なお、文中意見にわたる部分は私見であり、十分に意を尽さない箇所もあるかと思いますが、足りないところは皆さんのご叱正をいただき、本書をより良いものにしていければ幸いです。

　執筆に当たり、全国農業会議所出版部から多大なご協力をいただきましたこと、心より感謝申し上げます。

　令和4年11月

執筆者代表　小　田　　満

法 令 名 等 略 語 表

本書で引用した法令などの略称は、次のとおりです。

1　法令

通法	国税通則法
通令	国税通則法施行令
所法	所得税法
所令	所得税法施行令
所規	所得税法施行規則
相法	相続税法
消法	消費税法
消令	消費税法施行令
耐令	減価償却資産の耐用年数等に関する省令
措法	租税特別措置法
措令	租税特別措置法施行令
措規	租税特別措置法施行規則
災免法	災害被害者に対する租税の減免、徴収猶予等に関する法律
地税法	地方税法
地税法附則	地方税法附則
行政手続オンライン化法	行政手続等における情報通信の技術利用に関する法律
行訴法	行政事件訴訟法
抜本改革法	社会保障の安定財源の確保等を図る税制の抜本的な改革を行うための消費税法の一部を改正する等の法律
復興財確法	東日本大震災からの復興のための施策を実施するために必要な財源の確保に関する特別措置法
地方財確法	東日本大震災からの復興に関し地方公共団体が実施する防災のための施策に必要な財源の確保に係る地方税の臨時特例に関する法律
電子帳簿保存法	電子計算機を使用して作成する国税関係帳簿書類の保存方法等の特例に関する法律
番号法	行政手続における特定の個人を識別するための番号の利

用等に関する法律

送金法………………………内国税の適正な課税の確保を図るための国外送金等に係
る調書の提出等に関する法律

新型コロナ税特法…………新型コロナウイルス感染症等の影響に対応するための国
税関係法律の臨時特例に関する法律

改正法附則…………………所得税法等の一部を改正する法律附則

2　通達

所基通………………………所得税基本通達

耐通…………………………耐用年数の適用等に関する取扱通達

評基通………………………財産評価基本通達

消基通………………………消費税基本通達

措通…………………………租税特別措置法関係通達

昭42大蔵省告示第112号　…昭和42年８月31日付大蔵省告示第112号「所得税法施行
規則第56条第１項ただし書、第58条第１項及び第61条第
１項の規定に基づき、これらの規定に規定する記録の方
法及び記載事項、取引に関する事項並びに科目を定める
件」

昭59大蔵省告示第37号……昭和59年３月31日付大蔵省告示第37号「所得税法施行規
則第102条第１項に規定する総収入金額及び必要経費に
関する事項の簡易な記録の方法を定める件」

昭33直所１−16…………昭和33年２月17日付直所１−16「生計を一にしている親
族間における農業の経営者の判定について」通達の運営
について

昭35直所１−14…………昭和35年２月17日付直所１−14「父子間における農業経
営者の判定ならびにこれにともなう所得税および贈与税
の取扱について」

昭43直所４−１…………昭和43年１月30日付直所４−１「土地改良事業のために
支出する受益者負担金に対する所得税の取扱いについ
て」

昭47直所３−１…………昭和47年１月21日付直所３−１「農業協同組合受託農業
経営事業等から生ずる収益に対する所得税の取扱いにつ

いて」

昭48直所4－10‥‥‥‥‥‥昭和48年12月7日付直所4－10「果樹共済に係る共済金
及び共済掛金の取扱いについて」

昭56直所5－6‥‥‥‥‥‥昭和56年8月6日付直所5－6「租税特別措置法第25条
及び第67条の3に規定する肉用牛の売却に係る所得の課
税の特例に関する所得税及び法人税の取扱いについて」

昭57直所5－7‥‥‥‥‥‥昭和57年8月2日付直所5－7「採卵用鶏の取得費の取
扱いについて」

平元直法6－1‥‥‥‥‥‥平成元年1月30日付「消費税法等の施行に伴う源泉所得
税の取扱いについて」

平元直所3－8‥‥‥‥‥‥平成元年3月29日付「消費税法等の施行に伴う所得税の
取扱いについて」

平18課個5－3‥‥‥‥‥‥平成18年1月12日付課個5－3」農業を営む者の取引に
関する記載事項等の特例について」

平19課資3－7‥‥‥‥‥‥平成19年6月22日付課資3－7「土地改良区内の農地の
転用目的での譲渡に際して土地改良区に支払われた農地
転用決済金等がある場合における譲渡費用の取扱いにつ
いて」

軽減通達‥‥‥‥‥‥‥‥‥平成28年4月12日付課軽2－1「消費税の軽減税率制度
に関する取扱通達の制定について」

インボイス通達‥‥‥‥‥‥平成30年6月6日付課軽2－8「消費税の仕入税額控除
制度における適格請求書等保存方式に関する取扱い通達
の制定について」

《略語例》

所法28③二‥‥‥‥‥‥‥‥所得税法第28条第3項第2号

平18課個5－3‥‥‥‥‥‥平成18年課個5－3「農業を営む者の取引に関する記載
事項等の特例について」法令解釈通達

なお、本書は、令和4年10月1日現在の法令・通達によっています。

目　　次

第1章　農家と税金

〔1〕 農業経営と税金 ……………………………………………… 2

〔2〕 農業所得の計算方法 …………………………………………… 3

〔3〕 所得税の計算の仕組み ………………………………………… 4

〔4〕 住民税のあらまし ……………………………………………… 8

〔5〕 固定資産税のあらまし ………………………………………… 9

〔6〕 相続税のあらまし ………………………………………………10

〔7〕 相続財産の評価方法 ……………………………………………12

〔8〕 贈与税のあらまし ………………………………………………16

〔9〕 住宅取得等資金の贈与 …………………………………………19

〔10〕 教育資金の一括贈与 ……………………………………………21

〔11〕 結婚・子育て資金の一括贈与 …………………………………22

〔12〕 農地等を贈与した場合の贈与税の納税猶予のあらましと手続き ……………23

〔13〕 農地等を贈与した場合の贈与税の納税猶予の打ち切り …………25

〔14〕 農地等に係る相続税の納税猶予 ………………………………27

〔15〕 特例付加年金（経営移譲年金）を受給するため使用貸借による

　　権利の設定があった場合の贈与税の納税猶予の継続適用 ……………30

〔16〕 夫婦間における農業所得の帰属－その1（小規模経営の場合）……………31

〔17〕 夫婦間における農業所得の帰属－その2（全く農業に従事しない場合）………32

〔18〕 親子間における農業所得の帰属 ………………………………33

〔19〕 老齢福祉年金の支給に伴う親子間の農業経営者の判定 ……………34

第2章　農家の収入と所得の種類

〔20〕 所得の種類 ………………………………………………………38

〔21〕 利子所得のあらまし ……………………………………………38

〔22〕 配当所得のあらまし ……………………………………………39

〔23〕 不動産所得のあらまし …………………………………………41

〔24〕 事業所得のあらまし ……………………………………………41

〔25〕 給与所得のあらまし ……………………………………………………42

〔26〕 給与所得者の特定支出控除 …………………………………………44

〔27〕 退職所得のあらまし …………………………………………………45

〔28〕 山林所得のあらまし …………………………………………………47

〔29〕 譲渡所得のあらまし …………………………………………………48

〔30〕 土地建物等の譲渡所得のあらまし …………………………………50

〔31〕 土地建物等の譲渡による赤字の取扱い ……………………………51

〔32〕 保証債務を履行した後で債権の回収が不能となった場合 ………53

〔33〕 農地等を優良住宅地の造成等のために譲渡した場合の課税の特例 ………54

〔34〕 農地保有の合理化等のために農地等を譲渡した場合の課税の特例 ………56

〔35〕 特定の交換分合により農地等を取得した場合の課税の特例 ………57

〔36〕 有価証券の譲渡による所得の課税関係 ……………………………59

〔37〕 分離課税の株式等に係る譲渡所得のあらまし ……………………61

〔38〕 株式等に係る譲渡所得等の金額の計算 ……………………………63

〔39〕 国外転出をする場合の譲渡所得等の特例 …………………………66

〔40〕 金融類似商品の課税方法 ……………………………………………69

〔41〕 NISA（少額投資非課税制度）の概要…………………………………69

〔42〕 一時所得のあらまし …………………………………………………71

〔43〕 農業協同組合等から支払いを受ける共済金 ………………………72

〔44〕 雑所得のあらまし ……………………………………………………73

〔45〕 大農機具の譲渡による損益 …………………………………………75

〔46〕 小農機具の譲渡による所得 …………………………………………76

〔47〕 農業協同組合の貯金利子 ……………………………………………77

〔48〕 農事組合法人から支払いを受ける従事分量配当 …………………78

〔49〕 家族に支給された従事分量配当の取扱い …………………………79

〔50〕 農事組合法人が組合員に給与を支給しているかどうかの判定 ………80

〔51〕 小作料収入等の所得区分 ……………………………………………81

〔52〕 小作地の返還に伴い地主から支払われた離作料 …………………81

〔53〕 農業委員会等の委員報酬 ……………………………………………82

〔54〕 農業者年金の課税関係 ………………………………………………83

〔55〕 山林の伐採・譲渡による所得 ………………………………………84

〔56〕 交通事故により支払いを受けた損害賠償金の課税上の取扱い ………………85

〔57〕 受託農業経営事業に係る収益の計算 ………………………………86

〔58〕 受託農業経営事業に係る農耕に従事した家族が受ける報酬 ………………88

〔59〕 個人間における委託耕作の所得区分 ……………………………89

〔60〕 コンバインによる稲刈り作業収入の課税上の取扱い ………………89

〔61〕 事業専従者が他の農家から受けた日当の取扱い ……………………90

〔62〕 金銭の貸付けによる所得 …………………………………91

〔63〕 農機具の貸付けによる所得 ………………………………91

〔64〕 農地を毎年切り売りしている場合の所得 …………………………92

〔65〕 補償金の課税関係 …………………………………93

第3章　農業の収入金額

〔66〕 農業所得の収入金額の計上時期 …………………………96

〔67〕 農産物を販売した場合の所得計算上の処理 …………………97

〔68〕 収穫基準が適用される範囲 ………………………………98

〔69〕 収穫基準による記帳の仕方 ………………………………99

〔70〕 収穫基準を簡略化して適用できる農産物 ………………………101

〔71〕 収穫基準の適用を省略できる「生鮮野菜等」の範囲 ………………102

〔72〕 収穫価額の意義 …………………………………103

〔73〕 金銭以外の物による収入 …………………………………104

〔74〕 家事消費分を収入金額に計上する場合の簡便法 ……………………105

〔75〕 米や果実を贈与した場合の取扱い ………………………106

〔76〕 未成木から穫れた果実の取扱い ………………………………106

〔77〕 果樹共済制度の共済金の取扱い …………………………108

〔78〕 収穫共済金の収入金額への計上時期 ……………………………109

〔79〕 国庫補助金等の課税上の取扱い …………………………110

〔80〕 条件付国庫補助金等の課税上の取扱い …………………………111

〔81〕 移転等の支出に充てるための交付金の取扱い …………………………113

〔82〕 現金主義による所得計算の特例 …………………………114

第4章　農業の必要経費

〔83〕　必要経費の範囲　……………………………………………… 118

〔84〕　債務の確定していない費用　…………………………………… 118

〔85〕　翌年以降の期間の賃貸料を一括して収受した場合の必要経費　…… 119

〔86〕　バラの種苗代の必要経費への算入時期　……………………… 121

〔87〕　自家労賃の課税関係　…………………………………………… 121

〔88〕　棚卸資産の意義　………………………………………………… 122

〔89〕　棚卸資産の範囲と棚卸の時期　………………………………… 123

〔90〕　棚卸資産の評価方法　…………………………………………… 124

〔91〕　法定評価方法　…………………………………………………… 124

〔92〕　評価方法の変更　………………………………………………… 125

〔93〕　棚卸資産の取得価額　…………………………………………… 125

〔94〕　相続などにより取得した棚卸資産の取得価額　……………… 126

〔95〕　棚卸資産の評価損　……………………………………………… 127

〔96〕　棚卸資産を事業用資産とした場合の取得価額の振替え　…… 128

〔97〕　採卵用鶏の取得費　……………………………………………… 129

〔98〕　農業所得の計算上必要経費とならない租税公課　………… 129

〔99〕　土地改良区に支払った受益者負担金　………………………… 130

〔100〕　たばこ耕作組合会館建設のための拠出金　…………………… 131

〔101〕　農業協同組合の賦課金　………………………………………… 132

〔102〕　旅費、交通費　…………………………………………………… 132

〔103〕　海外渡航費　……………………………………………………… 133

〔104〕　交際費、接待費の取扱い　……………………………………… 134

〔105〕　友人との会食費や冠婚葬祭費用　……………………………… 135

〔106〕　母校への寄附金等　……………………………………………… 135

〔107〕　必要経費となる損害（地震）保険料　………………………… 136

〔108〕　長期の損害保険料　……………………………………………… 137

〔109〕　建物更生共済に係る掛金の取扱い　…………………………… 138

〔110〕　農機具更新共済契約の掛金等の取扱い　……………………… 139

〔111〕　果樹共済の掛金の取扱い　……………………………………… 140

〔112〕 福利厚生費の範囲 …………………………… 141

〔113〕 臨時雇いに係る賄費の見積り …………………………… 142

〔114〕 減価償却費とは …………………………… 142

〔115〕 減価償却資産の意義 …………………………… 143

〔116〕 減価償却資産の耐用年数 …………………………… 144

〔117〕 共同井戸の掘さく費用 …………………………… 145

〔118〕 減価償却の対象とされない資産 …………………………… 145

〔119〕 少額な減価償却資産 …………………………… 146

〔120〕 一括償却資産の３年均等償却 …………………………… 147

〔121〕 遊休設備の減価償却 …………………………… 148

〔122〕 建築中の建物の減価償却 …………………………… 148

〔123〕 減価償却資産の取得価額 …………………………… 149

〔124〕 相続により取得した資産の取得価額 …………………………… 150

〔125〕 資産を取得するための借入金利子等 …………………………… 151

〔126〕 買い換えの特例の適用を受けた場合の取得価額 …………………………… 152

〔127〕 減価償却の方法 …………………………… 153

〔128〕 減価償却費の計算（その１） …………………………… 154

〔129〕 減価償却費の計算（その２） …………………………… 156

〔130〕 減価償却費の償却可能限度額の計算（その１） …………………………… 157

〔131〕 減価償却費の償却可能限度額の計算（その２） …………………………… 159

〔132〕 投下資本の早期回収を行うための減価償却方法 …………………………… 160

〔133〕 減価償却方法を変更する場合 …………………………… 162

〔134〕 減価償却方法を変更する場合の計算 …………………………… 163

〔135〕 年の途中から、又は中途まで使用した資産の償却 …………………………… 165

〔136〕 資本的支出と修繕費の区分の取扱い …………………………… 166

〔137〕 資本的支出後の耐用年数 …………………………… 168

〔138〕 少額な改造費用 …………………………… 169

〔139〕 災害等の場合の原状回復のための費用の特別な取扱い …………………………… 169

〔140〕 中小企業者が機械等を取得した場合等の特別償却又は
　　　　所得税額の特別控除 …………………………… 170

〔141〕 減価償却費の計上を失念した場合 …………………………… 172

〔142〕 自家育成の果樹の減価償却の開始時期 ………………………………… 172

〔143〕 繰延資産の範囲 ………………………………………………………… 174

〔144〕 繰延資産の償却方法 …………………………………………………… 175

〔145〕 公共下水道の受益者負担金 …………………………………………… 175

〔146〕 前払費用の取扱い ……………………………………………………… 176

〔147〕 事業用固定資産の損失額の計算 ……………………………………… 177

〔148〕 事業用固定資産の盗難損 ……………………………………………… 178

〔149〕 原状回復のための費用の計算 ………………………………………… 179

〔150〕 農産物の代金が回収不能となった場合の取扱い ……………………… 180

〔151〕 大雨による被害 ………………………………………………………… 181

〔152〕 自動車運転免許の取得費用 …………………………………………… 182

〔153〕 研修のため支出した費用 ……………………………………………… 182

〔154〕 交通事故を起こしたときの損害賠償金と罰金 ………………………… 183

〔155〕 訴訟費用や弁護士に支払う費用 ……………………………………… 183

〔156〕 親族に支払った地代・家賃 …………………………………………… 184

〔157〕 農業者年金と国民年金の掛金 ………………………………………… 185

〔158〕 農業経営基盤強化準備金を積み立てたとき ………………………… 186

〔159〕 農用地等を取得した場合の課税の特例 ……………………………… 188

〔160〕 譲渡に際して支払われた農地転用決済金等 ………………………… 190

第5章　青 色 申 告

〔161〕 青色申告とは ………………………………………………………… 194

〔162〕 青色申告の特典 ……………………………………………………… 194

〔163〕 青色申告をするための手続き ………………………………………… 196

〔164〕 青色申告の承認申請に対する処分とみなす承認 …………………… 197

〔165〕 事業を相続した場合の青色申告の承認申請の手続き ……………… 198

〔166〕 青色申告に必要な備え付け帳簿 ……………………………………… 198

〔167〕 青色申告の帳簿の保存年限 …………………………………………… 200

〔168〕 青色申告は簿記の知識がどの程度あればできるか ………………… 201

〔169〕 青色申告の取りやめの手続き ………………………………………… 202

〔170〕 農業を営む青色申告者の農産物の収穫に関する記載事項の特例 ………… 202

〔171〕 農業を営む青色申告者の家事消費に関する記載事項の特例 ·················· 203

〔172〕 未成育の牛馬等に要した費用の年末整理の方法 ························· 204

〔173〕 青色事業専従者とは ················· 205

〔174〕 青色事業専従者が別世帯となった場合の取扱い ·················· 206

〔175〕 青色事業専従者給与の届け出 ·················· 206

〔176〕 老齢の父母を青色事業専従者とすることができるか ·················· 207

〔177〕 青色事業専従者給与の適正額は ·················· 208

〔178〕 届出額以上の賞与の取扱い ·················· 209

〔179〕 未払いの青色事業専従者給与の取扱い ·················· 209

〔180〕 青色事業専従者は配偶者控除、扶養控除の対象になるか ·················· 210

〔181〕 青色事業専従者に支払った退職金の取扱い ·················· 210

〔182〕 青色事業専従者給与の源泉徴収 ·················· 211

〔183〕 源泉徴収税額の納期の特例 ·················· 212

〔184〕 青色申告者に対する更正の制限とその例外 ·················· 213

〔185〕 純損失の繰戻しによる還付 ·················· 213

第6章　記帳・帳簿等の保存制度等

〔186〕 記帳・帳簿等の保存制度の適用を受ける人 ·················· 216

〔187〕 記帳しなければならない事項 ·················· 216

〔188〕 農業所得に係る総収入金額について記帳すべき事項 ·················· 218

〔189〕 農業所得に係る総収入金額の簡易な記帳方法 ·················· 218

〔190〕 農業所得に係る必要経費について記帳すべき事項 ·················· 219

〔191〕 農業所得に係る必要経費の簡易な記帳方法 ·················· 220

〔192〕 帳簿の様式等 ·················· 220

〔193〕 保存すべき帳簿書類 ·················· 222

〔194〕 帳簿書類の保存期間 ·················· 222

〔195〕 記帳や帳簿書類を保存しなかった場合 ·················· 223

〔196〕 記帳義務を適正に履行しない場合 ·················· 224

〔197〕 総収入金額報告書の提出義務 ·················· 225

〔198〕 収支内訳書の添付義務者の範囲 ·················· 225

〔199〕 収支内訳書の記載事項 ·················· 226

〔200〕 帳簿書類等の電子データ保存制度 ……………………………… 227

〔201〕 国外財産調書及び財産債務調書の提出義務 …………………… 229

〔202〕 法定調書の提出義務 ……………………………………………… 231

第7章　非課税所得・免税所得

〔203〕 非課税所得 ………………………………………………………… 234

〔204〕 肉用牛の売却による農業所得の課税の特例 …………………… 236

〔205〕 免税対象飼育牛の範囲 …………………………………………… 238

〔206〕 肉用牛を売却した場合の課税の特例となる市場等 …………… 239

〔207〕 肉用牛を短期間飼育して売却することを
業としている場合の課税の特例の適用 ………………………… 240

〔208〕 農事組合法人から肉用牛の売却に係る収益の分配を受けた
組合員の課税の特例の適用 ……………………………………… 240

第8章　所得税の確定申告

〔209〕 所得税の確定申告 ………………………………………………… 244

〔210〕 所得税の確定申告をしなければならない人 …………………… 244

〔211〕 所得税の確定申告書の様式 ……………………………………… 246

〔212〕 退職所得についての確定申告 …………………………………… 246

〔213〕 年金所得者の申告不要制度 ……………………………………… 247

〔214〕 所得控除の種類と控除の順序 …………………………………… 248

〔215〕 所得控除に必要な証明書等 ……………………………………… 249

〔216〕 雑損控除とは ……………………………………………………… 250

〔217〕 雑損控除の対象となる損失の範囲 ……………………………… 251

〔218〕 災害減免法による所得税の軽減免除 …………………………… 252

〔219〕 医療費控除とは …………………………………………………… 254

〔220〕 セルフメディケーション税制 …………………………………… 255

〔221〕 保険金等の見込控除 ……………………………………………… 256

〔222〕 生命保険料控除の対象となる保険契約と控除額の計算方法 … 257

〔223〕 受取人が別世帯となった場合の生命保険料の取扱い ………… 260

〔224〕 建物更生共済に係る掛金の取扱い ……………………………… 260

〔225〕 寄附金控除とは ……………………………………… 261

〔226〕 ふるさと納税とは ……………………………………… 264

〔227〕 ひとり親控除と寡婦控除 ……………………………… 265

〔228〕 勤労学生控除とは ……………………………………… 266

〔229〕 配偶者控除や扶養控除の適用要件 …………………… 267

〔230〕 配偶者特別控除とは …………………………………… 269

〔231〕 配偶者と死別し再婚した場合の配偶者控除 ………… 269

〔232〕 扶養親族等を判定する場合の申告不要の配当所得 … 270

〔233〕 配当控除の計算 ………………………………………… 271

〔234〕 住宅ローンでマイホームを購入したとき …………… 273

〔235〕 住宅ローンを利用せず耐震改修等を行ったとき …… 278

〔236〕 復興特別所得税とは …………………………………… 283

〔237〕 復興特別所得税の源泉徴収 …………………………… 285

〔238〕 外国税額控除の計算 …………………………………… 286

〔239〕 予定納税とは …………………………………………… 287

〔240〕 特別農業所得者の申請手続き ………………………… 288

〔241〕 予定納税の減額申請 …………………………………… 289

第9章 消費税の仕組みとインボイス制度の概要

〔242〕 消費税のあらまし ……………………………………… 292

〔243〕 消費税の軽減税率の適用対象 ………………………… 294

〔244〕 観光農園の入園料 ……………………………………… 295

〔245〕 もみの販売収入 ………………………………………… 295

〔246〕 消費税における農産物の譲渡の時期 ………………… 296

〔247〕 消費税における農産物の家事消費や事業消費の計算 … 297

〔248〕 卸売市場を通じて出荷する場合の課税売上の計算 … 297

〔249〕 消費税の計算の仕方 …………………………………… 298

〔250〕 消費税の経理処理と必要経費算入時期 ……………… 301

〔251〕 消費税における総額表示 ……………………………… 302

〔252〕 区分記載請求書等保存方式 …………………………… 303

〔253〕 区分記載請求書等保存方式における帳簿及び請求書等の記載事項等 …… 303

〔254〕 軽減対象資産の譲渡等である旨の記載方法等 ………………………… 304

〔255〕 適格請求書等保存方式（インボイス制度）への移行 ……………… 305

〔256〕 適格請求書発行事業者の登録制度 ………………………………… 307

〔257〕 免税事業者が登録を受ける場合の手続き ……………………… 308

〔258〕 免税事業者が登録申請を行うか否かの判断 ………………………… 309

〔259〕 免税事業者が登録を受ける場合の確定申告 ………………………… 310

〔260〕 免税事業者が簡易課税制度を選択する場合 ………………………… 311

〔261〕 適格請求書の交付義務等 …………………………………………… 312

〔262〕 適格簡易請求書を交付できる人 …………………………………… 313

〔263〕 卸売市場を通じた委託販売に係る適格請求書の交付義務等 ………… 314

〔264〕 農協等を通じた委託販売に係る適格請求書の交付義務等 …………… 315

〔265〕 直売所などの媒介者を介して行う取引（媒介者交付特例）………… 316

〔266〕 適格請求書等の写しの保存義務等 ………………………………… 317

〔267〕 適格請求書等保存方式における仕入税額控除の要件 ……………… 318

〔268〕 適格請求書発行事業者の登録の取りやめ ………………………… 319

〔269〕 適格請求書の記載事項 ……………………………………………… 321

〔270〕 適格簡易請求書の記載事項 ………………………………………… 322

〔271〕 適格請求書に記載する消費税額等の端数処理 ……………………… 324

〔272〕 免税事業者等からの課税仕入に係る経過措置 ……………………… 325

第10章　確定申告に関する諸手続

〔273〕 確定申告書の提出期限等 …………………………………………… 328

〔274〕 確定申告を忘れたとき ……………………………………………… 329

〔275〕 納税者が年の中途で死亡した場合の確定申告 ……………………… 330

〔276〕 確定申告書の記載に誤りがあった場合（税額等が増加する場合）………… 331

〔277〕 確定申告書の記載に誤りがあった場合（税額等が減少する場合）………… 332

〔278〕 災害などによる申告期限の延長 …………………………………… 333

〔279〕 確定申告による税額の納税手続き ………………………………… 334

〔280〕 延納が認められる場合と利子税 …………………………………… 336

〔281〕 利子税と延滞税 ……………………………………………………… 336

第11章　国税電子申告等

〔282〕　国税電子申告・納税システム（e-Tax）……………………………… 340

〔283〕　確定申告書等作成コーナーとは　……………………………………… 342

〔284〕　マイナポータル連携　…………………………………………………… 342

〔285〕　社会保障・税番号制度（マイナンバー制度）の概要　……………… 343

第12章　更正・決定、その他

〔286〕　更正が行われる場合　…………………………………………………… 348

〔287〕　決定が行われる場合　…………………………………………………… 348

〔288〕　更正と決定の相違点等　………………………………………………… 349

〔289〕　税務署長等の処分に不服があるとき　………………………………… 350

〔290〕　納税証明書の交付請求　………………………………………………… 351

〔291〕　税務関係書類における押印義務の見直し　…………………………… 352

○減価償却資産の償却率、改定償却率及び保証率………………………………… 354

国税についての相談窓口　………………………………………………… 355

索　引　…………………………………………………………… 357

第1章　農家と税金

〔1〕 農業経営と税金

> 問　わが家は農家ですが、所得税、住民税、国民健康保険税、固定資産税などいろ
> いろな税金が毎年かかってきます。農家はどんな種類の税金を納めなければなら
> ないのでしょうか。

〔回答〕　**農家に縁の深い税金としては、所得税、住民税、固定資産税などがあります。**

　税金には、所得税などのように税金という形で直接納付する直接税と、消費税や酒税
などのように商品価格の中に含めて間接的に納税する間接税とがあり、その種類も沢山
あります。これらのうち、農家に縁の深い税金について、税金の種類とその取扱い行政
機関を紹介すると次のとおりです。

(1)　毎年納付する税金

　① 所得税及び復興特別所得税
　② 消費税・地方消費税　　　　　　……………税務署
　③ 自動車重量税

　　　(注)　地方消費税は地方税ですが、納税の便宜などのため消費税とともに税務署で
　　　　取り扱うこととされています。

　④ 自動車税…………都道府県税事務所
　⑤ 住民税
　⑥ 固定資産税　……市（区）役所、町村役場
　⑦ 軽自動車税

(2)　財産の移転など特別な場合に納付する税金

　① 相続税・贈与税
　② 登録免許税　　　……………税務署
　③ 印紙税

　③ 不動産取得税
　④ 自動車取得税　　……………都道府県税事務所

　以上のほか市（区）町村によっては国民健康保険に要する費用に充てるため国民健康
保険税を課税しているところもありますが、これは、国民健康保険の保険料を徴収しな
い市町村が、保険料に代えて徴収する特別な税金（目的税）で、実質的には保険料と同
じものです。

第1章　農家と税金

〔2〕　農業所得の計算方法

> 問　農業所得はどのようにして計算するのですか。なお、わが家では今まで農業経
> 営に関する記録は保存しているのですが、帳簿のつけ方がよくわかりません。

〔回答〕　**農業所得は、収入金額から必要経費を差し引いて計算します。**

　所得税法では、事業から生ずる所得を「事業所得」といい、その事業のうち次に掲げる事業から生ずる所得を「農業所得」と規定しています（所法2①三十五、所令12）。そして、農業所得の収入金額と必要経費の計算の仕方は、原則として、商店や工場などの事業所得の計算と同様に収入金額から必要経費を差し引いて計算します（所法27②）。

⑴　米、麦その他の穀物、馬鈴しょ、甘しょ、たばこ、野菜、花、種苗その他のほ場作物、果樹、樹園の生産物又は温室その他特殊施設を用いてする園芸作物の栽培を行う事業

⑵　繭又は蚕種の生産を行う事業

⑶　主として上記⑴・⑵に規定する物の栽培又は生産をする人が兼営するわら工品その他これに類する物の生産、家畜、家きん、毛皮獣若しくは蜂の育成、肥育、採卵若しくはみつ採取又は酪農品の生産を行う事業

1　収入金額の計算方法

　農業所得の計算上収入金額とされる金額は、別に定めのあるものを除いて、その年において収入すべき金額（金銭以外の物又は権利その他経済的な利益をもって収入する場合には、それらの価額）とされています（所法36①）。

　㊟　米麦などの農産物の収入金額の計上時期については、収穫基準の特例がありますので、ご注意ください（⇨問66）。

2　必要経費の計算方法

　農業所得の計算上必要経費とされる金額は、別に定めのあるものを除いて、①売上原価その他収入金額を得るために直接要した費用及び②販売費、一般管理費その他その年に農業について生じた費用（償却費以外の費用でその年において債務の確定しないものを除きます。）とされています（所法37①）。

　この場合の「その年において債務の確定しているもの」とは、次に掲げる要件のすべてに該当するものとされています（所基通37－2）。

①　その年末までにその費用にかかる債務が成立していること

② その年末までにその債務に基づいて具体的な給付原因となる事実が発生していること

③ その年末までにその金額を合理的に算定することができること

3 所得金額の計算方法

農業所得は、上記1によって計算した収入金額から、上記2によって計算した必要経費を差し引いて計算することとされています。

4 記帳・帳簿等の保存制度

ところで、所得金額の計算をするためには、収入金額や必要経費に関する記帳や帳簿書類の保存が必要になります。また、消費税の仕入税額控除を適用するためには、一定の帳簿や請求書等を保存する必要があります。

農業経営の道しるべとして、記帳は従来からその重要性がいわれてきたところですが、適正な記帳に基づく収支計算により確定申告を行う青色申告農家が増加しています。

いわゆる白色申告農家（青色申告ではない農家）についても、簡易な方法による帳簿の記録、保存等をしなければなりません。

なお、消費税・地方消費税の会計処理については、消費税額及び地方消費税額を売上高及び仕入高に含めて処理する方法（税込経理方式）と、売上高及び仕入高に含めないで区分して処理する方法（税抜経理方式）があります（⇨問250）。どちらの方法を採用するかは事業者（農家）の任意であり、納付する税額はいずれの場合も同額となります。本書ではほとんどの農家が採用していると思われる税込経理の方法により仕訳例を掲載しています。

(注)1 青色申告については、第5章「青色申告」参照

2 白色申告の記帳制度等については、第6章「記帳・帳簿等の保存制度」参照

〔3〕 所得税の計算の仕組み

> 問 私は、農業所得のほかに年金収入や配当収入などがあります。所得税は、全部の所得を総合した金額を基にして計算するそうですが、その計算方法を説明してください。

〔回答〕 所得税は、まず10種類の各種所得を計算し、次にこれらの所得を総合して超過累進税率を乗じて計算します。

所得税の計算は、①各種所得の金額の計算、②総所得金額等の計算、③課税総所得金

額等の計算、④算出税額の計算、⑤申告納税額の計算の順序で行います（所法21）。

1　各種所得の金額の計算

あらゆる所得について、その発生原因等により10種類の各種所得（⇨問20）に分け、各種所得ごとに定められた方法によって所得金額を計算します（⇨問21〜24）。この場合、非課税所得（⇨問203）があれば、これを除外して計算しますが、免税所得（⇨問204）については所得に含めます。

2　総所得金額等（課税標準）の計算

上記1で計算した所得のうち、利子所得、配当所得、不動産所得、事業所得、給与所得、譲渡所得、一時所得及び雑所得を合計して総所得金額を計算します。この場合、分離課税とされるもの（⇨問21、22、30、36、40）及び確定申告不要とされるもの（⇨問22、36）は除外され、また、所得計算上生じた赤字（原則として不動産所得、事業所得、山林所得及び譲渡所得について生じた赤字に限ります。）は他の所得から差し引くこと（これを「損益通算」といいます。）とされ、さらに、長期譲渡所得と一時所得については2分の1したうえで合計します（所法22）。

こうして計算した総所得金額と山林所得金額及び退職所得金額とを、所得税法では課税標準といいます。

課税標準には、このほか申告分離課税の「土地等に係る事業・雑所得金額」、「長期譲渡所得金額」「短期譲渡所得金額」「申告分離課税を選択した上場株式等に係る配当所得の金額」「株式等に係る事業・譲渡・雑所得金額」及び「先物取引に係る雑所得等の金額」があります（所法22①、措法28の4、31、32、37の10、41の14）。

このうち、「土地等に係る事業・雑所得金額」に対する分離課税は、平成10年1月1日から当分の間、土地の譲渡等については適用されないこととされています。

なお、前年以前（3年間）から繰り越された純損失又は雑損失などがある場合で、一定の条件に当てはまる場合は、これらの課税標準を計算する際に差し引くこと（これを「繰越控除」といいます。）ができます。

3　課税総所得金額等の計算

所得税は、個人的な事情を加味した公平な課税を図るなどのため、基礎控除など15種類に及ぶ所得控除を総所得金額等から差し引くこととしています。この所得控除を差し引いた後の課税標準を、「課税総所得金額」、「課税山林所得金額」、「課税退職所得金額」、「土地等に係る課税事業所得等の金額」、「課税短期譲渡所得金額」、「課税長期譲渡所得金額」、「上場株式等に係る課税配当所得の金額」、「株式等に係る課税譲渡

所得等の金額」及び「先物取引に係る課税雑所得等の金額」といいます。

＜所得控除の種類（⇨問214～232）＞

控除の種類	控除のあらまし
① 雑損控除	災害・盗難・横領による損失額から総所得金額等の合計額の10％を差し引いた金額（災害関連費用についてはその費用から5万円を差し引いた金額）
② 医療費控除	医療費の支払額から10万円（所得金額の合計額が200万円未満の場合は、その5％）を差し引いた金額（最高200万円）
セルフメディケーション税制	スイッチOTC医薬品購入費－補てん金－12,000円（最高88,000円）
③ 社会保険料控除	支払額の全額
④ 小規模企業共済等掛金控除	支払額の全額
⑤ 生命保険料控除	生命保険料、介護医療保険料及び個人年金保険料の支払額に応じて最高12万円まで
⑥ 地震保険料控除	地震等損害保険料と旧長期損害保険料の支払額に応じて最高5万円まで
⑦ 寄附金控除	寄附をした金額（総所得金額等の合計額の40％を限度）から2千円を差し引いた金額
⑧ 障害者控除	障害者1人につき27万円（特別障害者は40万円、同居特別障害者は75万円）
⑨ 寡婦控除	27万円
⑩ ひとり親控除	35万円
⑪ 勤労学生控除	27万円
⑫ 配偶者控除 ⇨問229	配偶者控除の適用を受ける納税者の合計所得金額に応じ38万円（48万円）、26万円（32万円）、13万円（16万円）（　）書きは年齢70歳以上の老人控除対象配偶者
⑬ 配偶者特別控除 ⇨問230	配偶者控除の適用を受ける納税者の合計所得金額及び配偶者の合計所得に応じ38万円から1万円
⑭ 扶養控除 ⇨問229	年齢16歳以上の扶養親族1人につき38万円（年齢19歳以上23歳未満の特定扶養親族63万円、年齢70歳以上の老人扶養親族48万円、同居老親等は58万円）
⑮ 基礎控除	イ　納税者の合計所得金額が2,400万円以下のとき……48万円 ロ　納税者の合計所得金額が2,400万円超2,450万円以下のとき……32万円 ハ　納税者の合計所得金額が2,450万円超2,500万円以下のとき……16万円 ニ　納税者の合計所得金額が2,500万円超のとき……0円

4　算出税額の計算

　上記3により計算した課税標準に対して税率を乗じて、税額を計算します。こうして計算された税額を合計したものを「算出税額」といい、現行の所得税の税率表を速算表の形で示すと次のようになります。

《所得税の速算表》

課税される所得金額		税　率	控　除　額
1,000円から	1,949,000円まで	5%	－
1,950,000円から	3,299,000円まで	10%	97,500円
3,300,000円から	6,949,000円まで	20%	427,500円
6,950,000円から	8,999,000円まで	23%	636,000円
9,000,000円から	17,999,000円まで	33%	1,536,000円
18,000,000円から	39,999,000円まで	40%	2,796,000円
40,000,000円以上		45%	4,796,000円

　(注)　課税される所得金額に1,000円未満の端数があるときは、切り捨てて計算します。例えば、所得金額300万円の場合には、次のように計算します。

〈課税される所得金額〉　〈税率〉　　〈控除額〉　　　〈所得税額〉
　3,000,000円　　×　　10%　－　97,500円　＝　202,500円

5　申告納税額の計算

　算出税額から、「配当控除」や「住宅借入金等特別控除」などの税額控除を差し引き、さらに、復興特別所得税額（⇨問236）を加え、源泉徴収税額及び予定納税額を差し引いて申告納税額（第3期分）を計算します。

　なお、変動所得や臨時所得のある人は、所得税の額の計算の仕方が一般の場合と異なります。

＜主な税額控除等の種類＞

控除の種類	控除のあらまし
配当控除	内国法人から支払を受ける配当等がある場合の控除
住宅借入金等特別控除	住宅借入金等を利用して家屋の新築や購入または増改築をした場合で一定の要件を満たすときの控除
政党等寄附金特別控除	特定の政治献金のうち政党や政治資金団体に対するものがある場合の控除
認定住宅等の新築等特別控除	認定住宅等について講じた構造及び設備に係る標準的な費用がある場合の控除
住宅耐震改修・住宅特定改修特別控除	居住用家屋について一定の改修工事等をした場合について、その工事の標準的な費用があるときの控除
外国税額控除	外国所得税がある場合などの控除

〔4〕 住民税のあらまし

> **問　県民税や市町村民税などの住民税は、どのようにして計算されるのですか。**

〔回答〕　**住民税には、各納税者に均等に課される均等割と、各納税者の所得金額を基に課される所得割及び利子割、配当割、株式等譲渡所得割があります。**

　「住民税」とは道府県民税と都民税（以下これらを合わせて「都道府県民税」といいます。）、市町村民税と特別区民税（以下これらを合わせて「市区町村民税」といいます。）を総称した言葉で、都道府県及び市（区）町村がその行政区域内に住所や事業所などを有する個人に対して課税する地方税ですが、納税者がその年の1月1日現在でその行政区域内に住所を有するかどうかにより、課税範囲が次のとおり異なります。

① 都道府県内、市（区）町村内に住所を有する個人……その都道府県及び市（区）町村は、均等割と所得割を課税します。

② 都道府県内、市（区）町村内に事務所、事業所又は家屋敷を有するが住所を有しない個人……その都道府県及び市（区）町村は、均等割だけを課税します。

　均等割の標準税率は、次に掲げる金額を標準として条例で定めることとされています（地税法38、310）。

① 都道府県民税　　年額　1,500円

② 市区町村民税　　年額　3,500円

　所得割は、前年の所得金額を基礎として、基礎控除などの所得控除を差し引いた後の課税所得金額に税率を乗じて計算します。この場合の所得金額は、原則として所得税の計算と同様の方法で計算しますが、源泉分離課税を選択した配当所得や事業専従者控除額などについては課税上の取扱いに相違があり、また、所得金額から差し引く扶養控除などの所得控除額は所得税の場合よりも低くなっています。

　所得控除後の課税所得金額に適用される税率は次のとおりです（地税法35、314の3）。

① 都道府県民税　一律4％

② 市区町村民税　一律6％

　なお、利子割、配当割、株式等譲渡所得割は、都道府県のみが課税するもので、居住者が支払を受ける際に、住民税が特別徴収されることにより課税関係が終了します（地税法71の9、71の30、71の50）。

　また、平成26年度から当分の間、地方公共団体の防災対策に充てるため、都道府県民

第1章　農家と税金　　9

税・市区町村民税それぞれ500円が加算されます（地方財確法2①②）。

〔5〕　固定資産税のあらまし

> 問　わが家では今年自走式コンバインを購入しようと思っていますが、そうすると
> 固定資産税が課税されると聞きました。固定資産税は、どのような資産を対象に
> してどのように計算されるのか説明してください。

〔回答〕　固定資産税は、土地、家屋及び償却資産に対して課税されます。

　固定資産税は、原則として毎年1月1日現在の「固定資産」の所有者を納税者とし、1.4％の標準税率による比例税率で課税することとされています（地税法343、350、383）。

　　＜固定資産税額の計算方法＞

　　　　固定資産の課税標準×税率1.4％＝税額

　固定資産とは、土地、家屋及び償却資産の総称をいい、これらのうち償却資産とは、土地建物以外の事業の用に供することができる有形の資産で、その償却費が所得税の計算上必要経費に算入されるものをいいます（取得価額が少額である資産その他一定の資産を除きます）。ただし、自動車や軽自動車には、別に自動車税や軽自動車税が課税されるので、ここにいう償却資産から除外されます（地税法341）。

　また、この場合の「所有者」とは、土地については土地登記簿又は土地補充課税台帳に、家屋については建物登記簿又は家屋補充課税台帳に、償却資産については償却資産課税台帳に、それぞれ所有者として登記又は登録されている人をいいます（地税法343）。

　固定資産税の課税標準は、総務大臣が定めた固定資産評価基準によって評価決定されますが、土地と家屋については原則として1回評価決定したものが3年間据置かれます。これらのうち農地に対して課する固定資産税については、評価替えに伴う税負担の激変を緩和するための負担調整措置がとられており、手厚い配慮がなされています（地税法附則19）。しかし、三大都市圏内の特定市に所在する市街化区域農地（生産緑地地区の指定を受けたものなどを除きます。）の固定資産税の課税標準額については、その市街化区域農地の固定資産税の課税標準となるべき価格の3分の1を乗じた額とされています（地税法附則19の2、19の3、29の7）。

　なお、同一の市町村の区域内において同一人が所有する固定資産についてその課税標準が、土地にあっては30万円、家屋にあっては20万円、償却資産にあっては150万円に

満たないときは、原則として固定資産税は課税されません（地税法351）。

〔6〕 相続税のあらまし

> **問** 農業経営者であった父が死亡（令和4年5月）したため、相続が発生しました。相続人は、長男の私と長女（結婚して別世帯）、二女（16歳）、母の4人です。
>
> 相続人間で協議した結果、長女と二女は現金・預金をそれぞれ500万円ずつ相続し、私は農地や農機具類（相続税評価額で9,400万円）を相続し、母は相続を放棄することになりました。また、葬式費用の200万円は私が支払いました。相続税の計算はどのようにするのでしょうか。

〔回答〕 **相続税は、相続財産を各相続人が法定相続分に応じて取得したものと仮定してその総額を計算し、これを各相続人の実際の相続分によってあん分します。**

　相続税は、個人が被相続人（亡くなられた人のことをいいます。）の財産を相続、遺贈などによって取得した場合に、その取得した財産の価額を基に課される税金です。遺贈とは、被相続人の遺言によってその財産を移転することをいいます。

　相続税の計算について、ご質問の具体例に従って、そのあらましを述べます。

⑴　まず、各相続人が相続によって取得した財産の価額から、各相続人が負担した被相続人の債務や葬儀費用を差し引き、さらに、相続で財産を取得した人が相続開始前3年以内に被相続人から贈与を受けた財産の価額を加算して課税価格を計算し、各相続人の課税価格を合計します（相法11から13）。

　　　〔課税価格の合計額〕

　（9,400万円＋500万円＋500万円－200万円）＝10,200万円

⑵　⑴により計算した「課税価格の合計額」から、次の算式で計算した「遺産に係る基礎控除額」を差し引きます（相法15①）。

　　3,000万円＋600万円×法定相続人の数＝遺産に係る基礎控除額

　なお、相続税の基礎控除額等を計算する際の「法定相続人の数」は、民法に規定する相続人の数をいい、相続の放棄があった場合には、その放棄がなかったものとするなどの注意が必要です（相法15②）。

　ご質問の場合、法定相続人は4人（母、長男、長女、二女）ですから、次のように計算します。

第1章　農家と税金　　11

　　　　＜遺産に係る基礎控除額＞

（3,000万円＋600万円×4人）＝5,400万円

　　よって課税遺産総額は

　　4,800万円（10,200万円－5,400万円）　になります。

(3)　(2)により計算した課税遺産総額を、遺産が実際にどのように分割されたかに関係なく、法定相続人が法定相続分に応じて取得したものと仮定して各法定相続人の取得金額を算出し、これに相続税の税率を乗じて各人ごとの相続税を計算します。

　　現行の相続税の税率を速算表の形で示すと、次表のようになります（相法16）。

＜相続税の速算表＞

各法定相続人の取得金額	税　率	控　　除　　額
1,000万円以下	10%	－
1,000万円超　3,000万円以下	15%	50万円
3,000万円超　5,000万円以下	20%	200万円
5,000万円超　1億円以下	30%	700万円
1億円超　2億円以下	40%	1,700万円
2億円超　3億円以下	45%	2,700万円
3億円超　6億円以下	50%	4,200万円
6億円超	55%	7,200万円

　　ご質問の場合、次のように計算します。

　①　妻の分　　　＜妻の相続分＞　　　＜速算表による税率＞

　　　（4,800万円　×　1/2）×　　　　15%－50万円＝310万円

　②　子の分　　　＜子1人の相続分＞　＜速算表による税率＞

　　　（4,800万円　×　1/2　×　1/3）×　10%　＝　80万円

(4)　(3)により計算した各人ごとの相続税を合計して総額を算出し、これを課税価格の総額（上記(1)）に占める各人の課税価格の割合によってあん分した金額が各人の相続税額とされます。

　　ご質問の場合、相続税の総額550万円（妻の分310万円と子の分80万円×3人分の合計）を次のようにあん分して各人の相続税額を計算します。

　㊟　1万円未満は四捨五入して計算しています。

　①　長男の税額　　550万円×$\dfrac{\overset{\text{＜長男の課税価格＞}}{9,400万円－200万円}}{\underset{\text{＜課税価格の合計額＞}}{10,200万円}}$＝496万円

② 長女の税額 　　550万円 × $\dfrac{500万}{10,200万円}$ ＝27万円

③ 二女の税額 　　550万円 × $\dfrac{500万円}{10,200万円}$ － 20万円 ＝ 7万円

　二女は未成年のため未成年者控除を適用します。未成年者控除は、相続によって財産を取得した未成年者について、18歳（令和4年3月31日までの相続は20歳）に達するまでの年数に10万円を乗じて計算します（相法19の3）。

　18（歳）－16（歳）＝ 2

　10万円 × 2 ＝20万円

　以上が相続税の計算のあらましですが、このほか、相続開始前3年以内に被相続人から贈与を受けた財産が課税価格に加算された場合の「贈与税額控除」、配偶者が相続した場合に認められる「配偶者の税額軽減」、障害者である法定相続人が相続した場合の「障害者控除」などの税額控除があり、また、農地等を農業相続人が相続した場合の相続税の納税猶予の特例（⇨問14）など各種の規定があります（相法19、19の2、19の4、措法70の6）。

　被相続人の生前に贈与により財産を取得した際に、相続時精算課税制度を選択した場合には、その贈与財産の課税価格と相続財産の課税価格を合計した価格を基に相続税額を計算し、既に支払った相続時精算課税に係る贈与税額を差し引いた額をもって、その納付すべき相続税額とします（⇨問8）。

　相続人は、相続の開始があったことを知った日（通常は被相続人が死亡した日）の翌日から10ヵ月以内に被相続人の納税地の所轄税務署長に申告と納税をします（相法27①）。

　なお、年の途中で亡くなった人が所得税及び消費税の確定申告をしなければならない人であるときは、相続人は被相続人が死亡した日の翌日から4ヵ月以内に被相続人の納税地の税務署長に確定申告をします（⇨問275）。

〔7〕　相続財産の評価方法

> 問　相続財産はどのように評価するのでしょうか。宅地や家屋のほか、農地や農機具、果樹など農業用財産の評価方法について、重点を絞って説明してください。

〔回答〕　相続や贈与により取得した財産は、その取得時の時価により評価します。

相続、遺贈又は贈与により取得した財産の価額は、相続等により財産を取得した時点における時価により評価することとされています（相法22）。そして、この場合の「時価」とは、その時点において、それぞれの財産の現況に応じ、不特定多数の当事者間で自由な取引が行われる場合に通常成立すると認められる価額をいうものとされています。

相続財産や受贈財産をどのような方法でどの程度に評価するかということは、相続税や贈与税の税負担に直接響くので、非常に重要です。このため、国税庁では「財産評価基本通達」を定めて、評価上の不公平が起きないように配慮しています。

「財産評価基本通達」による財産の評価のあらましは、次のとおりです。

(1) 宅地

宅地の評価方法には、「路線価方式」と「倍率方式」があります。

① 路線価方式

路線価方式は、路線価が定められている地域の土地の評価方法で、路線価とは、路線（道路）に面する標準的な宅地の1平方メートル当たりの価額をいいます。

路線価方式による土地の価額は、路線価をその土地の形状等に応じた各種補正率で補正した後、その土地の面積を乗じて計算します（評基通13）。

② 倍率方式

倍率方式は、路線価が定められていない地域の土地の評価方法で、倍率方式による土地の価額は、その土地の固定資産税評価額（⇨問5）に一定の倍率を乗じて計算します（評基通21）。

路線価図及び評価倍率表は、国税庁ホームページで閲覧できます。また、全国の国税局や税務署にインターネットパソコンを配備していますので、ご自宅等にパソコンのない方でも、全国の国税局・税務署で路線価図等を閲覧することができます。

《小規模宅地の特例》

被相続人等が自宅や事業などに使用していた土地のうち一定の居住用の土地の場合には330㎡、一定の事業用の土地の場合は400㎡、一定の貸付用の土地の場合は200㎡までの部分については次の割合で減額されます（措法69の4）。

区分	減額率
居住用・事業用で一定の要件を満たすもの	80%
貸付用で一定の要件を満たすもの	50%

(2) 家屋

　　家屋の価額は倍率方式を採っており、その家屋の固定資産税評価額に倍率（1.0倍）を乗じて計算した金額によって評価します（評基通89）。

(3) 農地（自作地）

　　農地の価額は、１枚の農地ごとに、「倍率方式」によって評価します。

　　ただし、市街地農地は、「宅地比準方式」又は「倍率方式」により評価します（評基通40）。

　　また、市街地周辺農地は、その農地が市街地農地であるとした場合の価額の80％相当額によって評価します（評基通39）。

　　「宅地比準方式」とは、その農地が宅地であるとした場合の１平方メートル当たりの価額からその農地を宅地に転用する場合にかかる通常必要と認められる１平方メートル当たりの造成費に相当する金額を控除した金額に、その農地の地積を乗じて計算した金額により評価する方法をいいます。

(4) 生産緑地

　　生産緑地の価額は、その生産緑地が生産緑地でないものとして評価した価額から、その価額に次の生産緑地の別にそれぞれの割合を乗じて計算した金額を控除した金額によって評価します（評基通40－３）。

　① 課税時期において市町村長に対し買い取りの申出をすることができない生産緑地にあっては、課税時期から買取りの申出をすることができることとなる日までの期間に応じ最低10％から最高35％

　② 課税時期において市町村長に対し買い取りの申出が行われていた生産緑地又は買取りの申出をすることができる生産緑地にあっては５％

(5) 農地の上に存する権利

　　農地の上に存する権利については、永小作権とそれ以外の権利に分けて評価します。永小作権の場合はその残存期間に応じて、最低５％から最高90％までの永小作権割合を、上記(3)により評価した農地の価額（自作地価額）に乗じて計算した金額によって評価します（相法23）。存続期間の定めのない永小作権の価額は、存続期間を30年として計算します（評基通43）。

　　また、永小作権以外の耕作権の場合は、上記(3)により評価した農地の価額の50％相当額（ただし、市街地周辺農地と市街地農地に係るものは、その転用の際に通常支払われるべき離作料等を参酌して求めた額）によって評価します（評基通42）。

第1章　農家と税金　15

(6)　小作に付されている農地

　　小作に付されている農地の価額は、上記(3)により評価した農地の価額から、上記(4)により評価したその農地に係る永小作権等の価額を差し引いた金額によって評価します（評基通41）。

(7)　農機具などの一般動産

　　トラクターやコンバインなどの農機具、その他一般動産については、原則として、売買実例価額、精通者意見価格等を参酌して評価します。ただし、売買実例価額、精通者意見価格等が明らかでない動産については、その動産と同種及び同規格の新品の課税時期における小売価額から、その動産の製造の時から課税時期までの期間の償却費の額の合計額又は減価の額を差し引いた金額によって評価します（評基通129）。

(8)　果樹等

　　果樹の価額については、幼齢樹と成熟樹の区分に従い評価します（評基通99）。

①　幼齢樹

　　植樹の時から課税時期までの期間に要した苗木代、肥料代、薬剤費等の資本的支出の現価の合計額の70％に相当する金額によって評価します。

②　成熟樹

　　植樹の時から成熟の時までの期間に要した苗木代、肥料代、薬剤費等の資本的支出の現価の合計額から、成熟の時から課税時期までの期間の償却費の額の合計額を差し引いた金額の70％に相当する金額によって評価します。

(9)　米麦などの農作物

　　収穫した米麦などの農作物については、課税時期においてこれを販売する場合における販売価額から、その販売価額のうちに含まれる適正利潤の額、予定経費の額及びその農作物につき納付すべき消費税額を控除した金額により評価します（評基通133）。

　　また、課税時期において、その後3か月以内に収穫することが予想される果実や米麦等の天然果実の価額は、課税時期における現況に応じ、収穫時において予想されるその天然果実の販売価額の70％に相当する金額の範囲内で相当と認められる金額によって評価します（評基通209）。

(10)　預貯金

　　原則として、相続開始の日現在の預入残高と相続開始の日現在において解約するとした場合に支払を受けることができる既経過利子の額（源泉徴収されるべき税額に相

当する額を差し引いた金額）との合計額により評価します（評基通203）。

⑾　上場株式

　　その株式が上場されている証券取引所の公表する課税時期（相続が発生した日）の最終価格（終値）又は課税時期の属する月以前3か月間の毎日の終値の各月ごとの平均額のうち、最も低い価額により評価します（評基通169）。

⑿　家庭用財産（家具・什器・電話加入権等）・自動車

　　原則として、類似品の売買価額や専門家の意見などを参考として評価します（評基通129）。

⒀　書画・骨とう等

　　原則として、類似品の売買価額や専門家の意見などを参考として評価します（評基通135）。

〔8〕　贈与税のあらまし

> **問**　私には子供が6人いますが、農業経営は長男に継がせる考えです。後日子供同士で相続争いが起きるのもいやなので、今のうちに農地や農機具などの農業用財産を長男に贈与しようと思っています。この場合、どのような税金がかかりますか。

〔回答〕　財産の贈与があった場合には、通常、受贈者に贈与税が課税されます。

　　贈与によって財産を取得した場合には、その取得者（受贈者）に対して贈与税が課されます。ただし、その贈与が、贈与者の死亡によって効力が生ずるもの、すなわち死因贈与である場合には、贈与税ではなく相続税が受贈者に対して課されます。

　　贈与税の課税方法には、「暦年課税」と「相続時精算課税」の二つがあり、一定の要件に該当する場合に「相続時精算課税」を選択することができます。

1　暦年課税

　　その年中に贈与により取得した財産に係る贈与税の課税価格から基礎控除額110万円を差し引き、その残額に贈与税の税率を乗じて計算します（相法21の5、措法70の2の4、相法21の7）。

　　なお、相続開始前3年以内の贈与は、相続財産に加算しなければなりません（相法19①）。

第1章　農家と税金　　　　17

　暦年課税における贈与税の税率は、所得税や相続税などと同様にいわゆる超過累進税率であり、現行の贈与税の税率を速算表の形で示すと、次表のようになります（相法21の7、措法70の2の5）。

＜贈与税の速算表＞

基礎控除後の課税価格	特例税率（特例贈与財産）		一般税率（一般贈与財産）	
	税　率	控除額	税　率	控除額
200万円以下	10%	－	10%	－
300万円以下	15%	10万円	15%	10万円
400万円以下			20%	25万円
600万円以下	20%	30万円	30%	65万円
1000万円以下	30%	90万円	40%	125万円
1500万円以下	40%	190万円	45%	175万円
3000万円以下	45%	265万円	50%	250万円
4500万円以下	50%	415万円	55%	400万円
4500万円超	55%	640万円		

(注)1　特例税率（特例贈与財産）は、直系尊属（父母や祖父母など）から、贈与により財産を取得した受贈者（贈与を受けた年の1月1日現在で18歳以上（令和4年3月31日までの贈与は20歳以上）の子や孫など直系卑属）への贈与税の計算に使用します。

　　2　一般税率は、特例税率（特例贈与財産）に当たらないものの贈与税額の計算に使用します。例えば、直系尊属（父母や祖父母など）以外の人から贈与を受けた場合（夫婦間や兄弟間の贈与）や直系尊属からの贈与であるが、贈与を受けた年の1月1日現在において18歳未満（令和4年3月31日までの贈与は20歳未満）の人の場合などが、これに該当します。

［計算例］

　例えば、特例贈与財産800万円を取得した場合は、次のように計算します。

　＜課税価格＞　　　　＜基礎控除額＞　　　　　　＜速算表の適用＞

　（8,000,000円　　－　　1,100,000円）　×　　30% － 900,000円

　＝1,170,000円……贈与税額

2　相続時精算課税

　この制度は、贈与を受けた時に贈与財産に対する贈与税を支払い、贈与者が亡く

なった時にその贈与財産と相続財産とを合計した価額を基に相続税額を計算し、既に支払った贈与税額を差し引くもので、次の要件に該当する場合に贈与者が異なるごとに選択することができます。例えば、父と母から財産の贈与を受けた場合には、父からの贈与により取得した財産はこの制度を選択し、母からの贈与により取得した財産はこの制度を選択しない（暦年課税を適用）ということができます（相法21の9）。

① 贈与者：その年の1月1日において60歳以上である親
② 受贈者：その年の1月1日において18歳以上（令和4年3月31日までの贈与は20歳以上）である贈与者の子及び孫

なお、一度この制度を選択すると、その後、同じ贈与者からの贈与について「暦年課税」の適用を受けることはできません。

相続時精算課税における贈与税の計算は、この制度を選択した贈与者ごとに、その年に贈与を受けた贈与税の課税価格から2,500万円の特別控除額（前年以前にこの特別控除を使用した場合には、2,500万円から既に使用した金額を差し引いた金額）を差し引いた残額に一律20%の税率を乗じて贈与税額を計算し、その合計額がその年の贈与税額となります。

例えば、父親から令和3年に2,000万円、令和4年に1,300万円の財産の贈与を受け、相続時精算課税の適用を受ける場合、次のように計算します。

・令和3年の贈与税額
　　＜課税価格＞＜特別控除額＞＜税率＞
　（20,000,000円－20,000,000円）×20％＝0円（贈与税はかかりません。）
・令和4年の贈与税額
　　＜課税価格＞＜特別控除額＞＜税率＞
　（13,000,000円－5,000,000円）×20％＝1,600,000円
　　　　　　　　＜前年控除済分＞
　㊟　25,000,000円－20,000,000円＝5,000,000円→特別控除額

3　申告手続き等

贈与税は、所得税などと同じように申告納税制度をとっています。贈与税の申告と納税は、贈与を受けた年の翌年2月1日から同年3月15日までです。贈与税の申告書の提出先は、原則、贈与を受けた人の納税地の所轄税務署です（相法28①）。

相続時清算課税制度を選択する場合は、贈与税の申告期限内に「相続時精算課税選択届出書」を贈与税の申告書とともに提出しなければなりません。この届出書に記載

された贈与者からの贈与については、その贈与者が亡くなるまでこの制度の適用が継続され、相続時精算課税の選択を撤回することはできませんので注意が必要です（相法21の9②③⑥）。

なお、農地等の贈与については、納税猶予の特例があります。（⇨問12）。

〔9〕 住宅取得等資金の贈与

問 住宅用家屋の新築や取得に当たり、住宅取得等資金の贈与を受けた場合の課税関係について、概要を説明してください。

〔回答〕 直系尊属から住宅取得等資金の贈与を受けた場合の贈与税の非課税措置と特定の贈与者から住宅取得等資金の贈与を受けた場合の相続時精算課税の特例の措置があります。

住宅取得等資金に係る贈与の非課税制度は、暦年課税と相続時精算課税の特例のいずれか1つと併用することができます。

1 直系尊属から住宅取得等資金の贈与を受けた場合の贈与税の非課税

特定受贈者が父母や祖父母など直系尊属からの贈与により、自己の居住の用に供する住宅用の家屋の新築、取得または増改築等の対価に充てるための金銭（以下「住宅取得等資金」といいます。）を取得した場合において、一定の要件を満たすときは、次の非課税限度額までの金額について、贈与税が非課税とされます（措法70の2）。

特定受贈者とは次の要件を満たす人をいいます。

① 贈与を受けた時に贈与者の直系卑属（贈与者は受贈者の直系尊属）であること

② 贈与を受けた時に日本国内に住所を有していること（受贈者が一時居住者であり、かつ、贈与者が外国人贈与者または非居住贈与者である場合を除きます。）

なお、贈与を受けた時に日本国内に住所を有しない人であっても、一定の場合には、この特例の適用を受けることができます。

③ 贈与を受けた年の1月1日において、18歳（令和4年3月31日までの贈与は20歳）以上であること

④ 贈与を受けた年の年分の所得税に係る合計所得金額が2,000万円以下であること

≪非課税限度額≫

	令4.1.1〜令5.12.31	令2.4.1〜令3.12.31	
家屋の種類	新耐震基準に適合	主に新築住宅（注1）	主に中古住宅（注2）
省エネ等住宅	1,000万円	1,500万円	1,000万円
その他の住宅	500万円	1,000万円	500万円

(注)1　消費税率10％が適用される住宅用家屋の新築等
　　2　1以外の住宅用家屋の新築等
　　3　「省エネ等住宅」とは、省エネ等基準（①断熱等性能等級4以上若しくは一次エネルギー消費量等級4以上であること、②耐震等級2以上若しくは免震建築物であることまたは③高齢者等配慮対策等級3以上であること）に適合する住宅用の家屋であることにつき、住宅性能証明書など一定の書類を贈与税の申告書に添付することにより証明されたものをいいます（措法70の2②六、措令40の4の2⑧）。

2　特定の贈与者から住宅取得等資金の贈与を受けた場合の相続時精算課税の特例

その贈与の年の1月1日において60歳未満の人からの贈与により、住宅取得等資金を取得した特定受贈者は、一定の要件を満たすときには、相続時精算課税を選択することができます（措法70の3①③⑦）。

なお、上記1の「直系尊属から住宅取得等資金の贈与を受けた場合の非課税の特例」の適用を併用する場合には、同特例適用後の住宅取得等資金について贈与税の課税価格に算入される住宅取得等資金がある場合に限り、この特例の適用があります。

特定受贈者とは次の要件を満たす人をいいます。

①　贈与を受けた時に日本国内に住所を有していること（受贈者が一時居住者であり、かつ、贈与者が外国人贈与者または非居住贈与者である場合を除きます。）

なお、贈与を受けた時に日本国内に住所を有しない人であっても、一定の場合には、この特例の適用を受けることができます。

②　贈与者の直系卑属である推定相続人（孫を含みます。）であること

③　贈与を受けた日の属する年の1月1日において18歳（令和4年3月31日までの贈与は20歳）以上であること

3　贈与税額の計算例

令和4年6月、母親（令和4年1月1日現在59歳）から、住宅取得等資金4,500万円の贈与を受け、省エネルギー性を備えた良質な住宅を取得し、令和4年12月に居住の用に供した。

第1章　農家と税金　　21

(1)　暦年課税と併用する場合

〈住宅取得資金〉〈住宅資金特別控除額〉〈暦年課税の基礎控除額〉

(45,000,000円　－　10,000,000円　－　1,100,000円）×50%

　　　－　4,150,000円　＝　12,800,000円

(2)　相続時精算課税の特例と併用する場合

〈住宅取得資金〉〈住宅資金特別控除額〉〈相続時精算課税の特別控除額〉

(45,000,000円　－　10,000,000円　－　25,000,000円　　）×20%

　　　　＝　2,000,000円

〔10〕　教育資金の一括贈与

> 問　私は祖父から教育資金の一括贈与を受けようと思います、この場合、贈与税の
> 非課税措置が受けられると聞きました。その概要を教えてください。

〔回答〕　親や祖父母が金融機関に子・孫名義の口座を開設し、教育資金を一括して拠出
した場合には子・孫ごとに1,500万円までを非課税とする措置を受けられます。

1　特例の内容

　30歳未満の孫などが、教育資金に充てるため、その父母や祖父母（直系尊属）と信
託会社との間の教育資金管理契約に基づき信託受益権を取得した場合や金銭等の贈与
を受けて銀行等に預入をした場合などにおいて、その信託受益権や金銭等の価額のう
ち1,500万円までを非課税とする措置が受けられます（措法70の2の2）。

　なお、信託受益権又は金銭等を取得した日の属する年の前年分の受贈者の所得税に
係る合計所得金額が1,000万円を超える場合には、この非課税制度の適用はありませ
ん。

2　契約期間中に贈与者が死亡した場合

　契約期間中に贈与者が死亡した場合（その死亡の日において、受贈者が次のいずれ
かに該当する場合を除きます。）には、その死亡日までの年数にかかわらず、同日に
おける管理残額を、受贈者が贈与者から相続等により取得したものとみなされます。
また、受贈者が相続等により取得したものとみなされる管理残額について、その贈与
者の子以外の直系卑属に相続税が課される場合には、その管理残額に対応する相続税
額は、相続税額の2割加算の対象とされます。

① 23歳未満である場合

② 学校等に在学している場合

③ 教育訓練給付金の支給対象となる教育訓練を受講している場合

3 教育資金口座に係る契約が終了した場合

受贈者が30歳に達するなどにより教育資金口座に係る契約が終了した場合には、非課税拠出額から教育資金支出額を控除し、残額があるときは、その残額はその契約終了時に贈与があったこととされます。

4 教育資金の範囲

教育資金とは次に掲げる金銭をいいます（措法70の2の2②一）。

① 学校等に対して直接支払われる入学金、授業料その他の金銭で一定のもの

② 学校等以外の者に、教育に関する役務の提供の対価として直接支払われる金銭その他の教育を受けるために支払われる金銭で一定のもの

〔11〕 結婚・子育て資金の一括贈与

> 問 父母などから結婚・子育て資金の一括贈与を受けた場合の贈与税の非課税制度が創設されたと聞きました。その概要を教えてください。

〔回答〕 親や祖父母が金融機関に子・孫名義の口座を開設し、結婚・子育て資金を一括拠出した場合、子・孫ごとに1,000万円までを非課税とする措置を受けられます。

1 特例の内容

18歳（令和4年3月31日までは20歳）以上50歳未満の孫などが、結婚・子育て資金に充てるため、その父母や祖父母（直系尊属）と信託会社との間の結婚・子育て資金管理契約に基づき信託受益権を取得した場合や金銭等の贈与を受けて銀行等に預入をした場合などにおいて、その信託受益権、金銭等の価額のうち1,000万円までを非課税とする措置が受けられます（措法70の2の3）。

なお、信託受益権又は金銭等を取得した日の属する年の前年分の受贈者の所得税に係る合計所得金額が1,000万円を超える場合には、この非課税制度の適用はありません。

2 契約期間中に贈与者が死亡した場合

契約期間中に贈与者が死亡した場合には、死亡日における管理残額を、受贈者が贈

与者から相続等により取得したものとみなされます。また、受贈者が相続等により取得したものとみなされる管理残額について、その贈与者の子以外の直系卑属に相続税が課される場合、その管理残額に対応する相続税額は、相続税額の２割加算の対象とされます。

3　結婚・子育て資金口座に係る契約が終了した場合

受贈者が50歳に達することなどにより、結婚・子育て資金口座に係る契約が終了した場合には、非課税拠出額から結婚・子育て資金支出額を控除し、残額があるときは、その残額はその契約終了時に贈与があったこととされます。

4　結婚・子育て資金の範囲

結婚・子育て資金とは次に掲げる金銭をいいます（措法70の２の３②一）。

① 結婚に際して支出する費用で一定のもの（300万円を限度とします。）

② 妊娠、出産又は育児に要する費用で一定のもの

〔12〕　農地等を贈与した場合の贈与税の納税猶予のあらましと手続き

> 問　農業経営の後継者に農地等を一括贈与した場合には、贈与税の納税が猶予されると聞きましたが、これはどんな制度ですか。また、この制度を利用したいときは、どんな手続きが必要になりますか。

〔回答〕　農業を営む個人が、農業を継承する推定相続人の１人に農地等を一括贈与した場合には、贈与した者の死亡の日までその贈与税の納税が猶予されます。

農地等を一括贈与した場合の納税の猶予の特例は、農業経営の後継者の育成と農地の細分化の防止を目的として設けられたもので、そのあらましと手続きは次のとおりです（措法70の４）。

1　納税猶予の適用を受けるための要件

この納税猶予の制度は、贈与者と受贈者がそれぞれ次の要件のいずれにも該当する場合に適用されます。

(1) 贈与者の要件

贈与者は、農地等（農地及び採草放牧地（いずれも特定市街化区域農地等に該当するものを除きます。）並びに準農地をいいます。）の贈与の日まで３年以上引き続いて農業を営んでいた個人で、次に掲げる場合に該当しない人であること

① 贈与をした日の属する年の前年以前において、推定相続人に対し相続時精算課税を適用する農地等の贈与をしている場合

なお、過去の年分において、贈与者の推定相続人に農地を贈与し、その推定相続人が相続時精算課税の適用を受けている場合には、その贈与者のすべての推定相続人がこの特例を受けられません。

② 贈与をした日の属する年において、今回の贈与以外に農地等の贈与をしている場合

③ 過去に農地等の贈与税の納税猶予の特例に係る一括贈与をしている場合

(2) 受贈者の要件

受贈者は、贈与者の推定相続人のうちの１人で、次の要件のいずれにも該当する個人であることについて農業委員会（同委員会が置かれていない 市町村にあっては市町村長）が証明した人であること

① 贈与を受けた日における年齢が18歳以上であること

② 贈与を受けた日まで、引き続き３年以上農業に従事していたこと

③ 贈与を受けた日以後、速やかにその農地等によって農業経営を行うこと

④ 農業委員会の証明の時において認定農業者等であること

(3) 農地等の要件

贈与者の農業の用に供している農地等のうち「農地の全部」、「採草放牧地の３分の２以上の面積のもの」及び「準農地の３分の２以上の面積のもの」について一括して贈与を受けること

(4) 担保の提供

贈与を受けた日の属する年分の贈与税の申告期限までに、納税猶予を受けた贈与税額に相当する担保を提供すること

2 納税猶予税額の計算方法

農地等を贈与した場合に納税が猶予される贈与税額は、次の方法で計算します。

$$
\begin{array}{c}\text{その贈与があった}\\\text{年分の贈与税の額}\end{array} - \begin{array}{c}\text{その農地等の贈与がなかっ}\\\text{たものとして計算した場合}\\\text{のその年分の贈与税の額}\end{array} = \begin{array}{c}\text{納　税}\\\text{猶予税額}\end{array}
$$

3 納税猶予の期限

原則として贈与者の死亡の日まで納税が猶予されます（贈与者の死亡前に農地等を譲渡したなどの場合には、途中で猶予が打ち切られます。（⇨問13）。

(注) 贈与者が死亡した場合には、それまで納税が猶予されていた贈与税は免税されま

第1章　農家と税金　　25

すが、受贈者がその農地等を贈与者から相続により取得したものとみなされて相続税が課税されます。しかし、この場合でも、一定の要件の下で、改めて相続税の納税猶予の適用を受けることができます。（⇨問14）。

4　納税猶予の適用を受けている贈与税の免除

　　納税猶予の適用を受けている贈与税額は、農地等の贈与者が死亡したとき、又は贈与税の納税猶予を受けた受贈者が、贈与者よりも先に死亡したときも、免除されます（措法70の4㉞）。

5　納税猶予の適用を受けるための手続き

(1)　最初の手続き

　　　この納税猶予の適用を受けようとする受贈者は、その贈与を受けた日の属する年分の贈与税の申告書に、①この特例の適用を受けようとする旨、②農地等の明細、③この特例の適用を受ける贈与税額の計算に関する明細その他所定の事項を記載した書類を添付し、これらを申告期限内（翌年2月1日から3月15日まで）に提出することが必要です。

(2)　その後の手続き

　　　この特例の適用を受けた受贈者は、上記3の期限が確定するまでの間、贈与税の申告期限から3年目ごとに引き続きこの特例の適用を受ける旨などを記載した届出書を税務署へ提出することが必要です（措法70の4㉗）。

　　　なお、この届出書が期限までに提出されない場合には、その期限の翌日から2か月を経過する日をもって、納税猶予は打ち切られます（⇨問13）。

〔13〕　農地等を贈与した場合の贈与税の納税猶予の打ち切り

> **問**　私は5年前に父から農地の一括生前贈与を受け、この農地について贈与税の納税猶予の特例を受けています。このたび、知人の不動産業者からこの農地の一部を売ってほしいとの依頼がありました。贈与税の納税猶予の特例の適用を受けている農地を売った場合には、納税を猶予されている贈与税はどうなりますか。

〔回答〕　納税猶予が打ち切られ、贈与税と利子税を併せて納付しなければなりません。

　納税猶予を受けている贈与税額は、次に掲げる場合に該当することとなったときは、その贈与税額の全部または一部を納付しなければなりません（措法70の4）。

① 贈与を受けた農地等について、20％を超える面積の譲渡等があった場合

 (注) 譲渡等には、譲渡、贈与もしくは転用のほか、地上権、永小作権、使用貸借による権利もしくは賃借権の設定又はこれらの権利の消滅もしくは耕作の放棄の場合も含まれます。

② 贈与を受けた農地等に係る農業経営を廃止した場合

③ 受贈者が贈与者の推定相続人に該当しないこととなった場合

④ 継続届出書の提出がなかった場合

⑤ 担保価値が減少したことなどにより、増担保または担保の変更を求められた場合で、その求めに応じなかったとき

⑥ 都市営農農地等について、生産緑地法の規定による買取りの申出があった場合、同法の規定による特定生産緑地の指定の解除があった場合や都市計画の変更等により特例農地等が特定市街化区域農地等に該当することとなった場合

⑦ 準農地について、申告期限後10年を経過する日までに、農業の用に供されていない準農地がある場合

≪農地等の買い換え等の場合の継続適用≫

 農地等について譲渡等をした場合には、上記のとおり納税猶予を受けている贈与税額等を納付しなければなりませんが、その譲渡等があった日から原則として1年以内にその譲渡等の対価の全部または一部をもって他の農地等（代替農地等）を取得する見込みであることについて所轄税務署長の承認を受け、その期間内に農地等を取得した場合には、納税猶予を継続することができます。

 なお、買換え特例の適用を受けるためには、譲渡等のあった日から、1か月以内に、申請書を所轄税務署長に提出する必要があります。

≪納付すべき税額に係る利子税≫

 上記に該当して農地等納税猶予税額を納付しなければならなくなった場合には、その納付すべき税額について贈与税の申告期限の翌日から納税猶予の期限までの期間に応じて利子税がかかります。

第1章　農家と税金　　27

〔14〕　農地等に係る相続税の納税猶予

> 問　今年の春父が死亡したので、それまで父が経営していた農業を私が継ぐことになりました。相続人が農業を承継した場合には、相続税の納税を猶予する制度があるそうですが、その制度のあらましとその制度を利用する場合の手続きを教えてください。

〔回答〕　農地等の相続人が農業経営を承継した場合には、その農地等の価額のうち「農業投資価格」を超える部分に対応する相続税の納税が猶予されます。

　この特例は、農地価格が宅地期待含みのものとなっていることにより、相続税の納付のために農地を手放し、その結果農業を続ける意思をもちながら農業経営を縮小せざるを得ないという事態も生じている実情等を考慮して設けられたもので、そのあらましは次のとおりです（措法70の6）。

1　納税猶予の適用を受けるための要件

　　この納税猶予の制度は、被相続人、相続人、相続財産である農地等について次の要件に該当する場合に適用されます。

(1)　被相続人の要件

　　被相続人は、次の①から④までのいずれかに該当する人であること（措法70の6①、措令40の7①）

①　死亡の日まで農業を営んでいた人

②　農地等の生前一括贈与をした人

③　死亡の日まで相続税の納税猶予の適用を受けていた農業相続人又は農地等の生前一括贈与の適用を受けていた受贈者で、障害、疾病などの事由により自己の農業の用に供することが困難な状態であるため賃借権等の設定による貸付け（以下「営農困難時貸付け」といいます。）をし、税務署長に届出をした人

④　死亡の日まで特定貸付け等を行っていた人

　　㊟　「特定貸付け等」とは、農業経営基盤強化促進法、都市農地の貸借の円滑化に関する法律又は特定農地貸付けに関する農地法等の特例に関する法律などの規定による一定の貸付けをいいます。

(2)　農業相続人の要件

　　農業相続人は、上記(1)の被相続人の相続人で、次の①から④までのいずれかに該

当する人であること（措法70の6①、措令40の7②）

① 相続税の申告期限までに農業経営を開始し、その後も引き続き農業経営を行うと認められる人

② 農地等の生前一括贈与の特例の適用を受けた受贈者で、特例付加年金又は経営移譲年金の支給を受けるためその推定相続人の1人に対し農地等について使用貸借による権利を設定して、農業経営を移譲し、税務署長に届出をした人

③ 農地等の生前一括贈与の特例の適用を受けた受贈者で、営農困難時貸付けをし、税務署長に届出をした人

④ 相続税の申告期限までに特定貸付け等を行った人

(3) 農地等の要件

特例の対象となる農地等は、次の①から⑤までのいずれかに該当するもので、相続税の期限内申告書にこの特例の適用を受ける旨を記載したものであること（措法70の6①）

① 被相続人が農業の用に供していた農地等で相続税の申告期限までに遺産分割されたもの

② 被相続人が特定貸付け等を行っていた農地又は採草放牧地で相続税の申告期限までに遺産分割されたもの

③ 被相続人が営農困難時貸付けを行っていた農地等で相続税の申告期限までに遺産分割されたもの

④ 被相続人から生前一括贈与により取得した農地等で、被相続人の死亡の時まで贈与税の納税猶予又は納期限の延長の特例の適用を受けていたもの

⑤ 相続や遺贈によって財産を取得した人が相続開始の年に被相続人から生前一括贈与を受けていたもの

(注)1 「農地等」とは、農地及び採草放牧地（特定市街化区域農地等に該当するものを除きます。）並びに準農地をいいます。

2 「特定市街化区域農地等」とは、都市計画法第7条第1項に規定する市街化区域内に所在する農地又は採草放牧地で、平成3年1月1日において三大都市圏の特定市の区域内に所在し、都市営農農地等に該当しないものをいいます。

3 「準農地」とは、農用地区域内にある土地で、農業復興地域整備計画において用途区分が農地や採草放牧地とされているもののうち、10年以内に農地

や採草放牧地に開発して、農業の用に供するものをいいます。

⑷　その他の要件

相続税の申告書を申告期限内に提出するとともに、納税猶予分の相続税額と利子税額に相当する担保を提供すること

2　納税猶予される相続税額

農業相続人の納税猶予される相続税額は、次の①から②を差し引いた金額となります。

①　各相続人が取得したすべての財産を通常の評価額によって計算し、それを基として計算した相続税の総額

②　上記１の⑶の農地等については農業投資価格を基準として計算した価額により、またそれ以外の財産については通常の価額によりそれぞれ計算し、それらを基として計算した相続税の総額

㊟　「農業投資価格」とは、納税猶予の適用を受ける農地等につき、その所在する地域において恒久的に耕作又は養畜の用に供されるべき土地等として自由な取引が行われるものとした場合におけるその取引において通常成立すると認められる価格として、その地域の所轄国税局長が決定した価格をいいます（措法70の6⑤）。

3　納税猶予税額の免除

農地等納税猶予税額は、次のいずれかに該当することとなったときに免除されます（措法70の6㊴）。

①　特例の適用を受けた農業相続人が死亡した場合

②　特例の適用を受けた農業相続人がその農地等の全部について、「農地等を贈与した場合の納税猶予の特例」（⇨問12）に基づき農業の後継者に生前一括贈与した場合

③　特例の適用を受けた農業相続人が、平成３年１月１日において三大都市圏の特定市以外の区域内に所在する市街化区域内農地等（生産緑地等を除きます。）について特例を受けた場合

④　相続税の申告書の提出期限から農業を20年間継続した場合

4　納税猶予の打ち切り

上記事由が生じた日前に特例農地等の譲渡等をしたり、特例農地等の買取りの申出等があったなどの場合には、「農地等を贈与した場合の贈与税の納税猶予の特例」の適用を受けている場合と同様に、納税猶予税額の全部又は一部について猶予が打ち切

られます。なお、一定の場合には、納税猶予の継続適用を受けることができることとされています（⇨問13）。

5　納税猶予の適用を受けるための手続き

　この納税猶予の適用を受けようとする相続人は、「農地等を贈与した場合の納税猶予の特例」の適用を受けるための手続きと同様に、相続税の申告書及び担保提供に関する書類などのほか3年目ごとに引き続きこの特例の適用を受ける旨の届出書の提出をする必要があります。

〔15〕　特例付加年金（経営移譲年金）を受給するため使用貸借による権利の設定があった場合の贈与税の納税猶予の継続適用

> 問　私は10年前に父から農地の一括生前贈与を受け、この農地について贈与税の納税猶予の特例の適用を受けていますが、さらに、父の存命中にこの農地について私の後継者である長男に対して使用貸借による権利を設定して、特例付加年金の支給を受けたいと思っています。すでに受けている贈与税の納税猶予はどうなりますか。

〔回答〕　一定の要件を満たしたときは、引き続いて現在適用を受けている贈与者（父）の死亡の日まで、その贈与税の納税が猶予されます。

　農地等を贈与した場合の贈与税の納税猶予の特例は、贈与した人の死亡の日まで、その贈与税の納税を猶予しようとする特例ですので、原則として贈与者の存命中にその特例の適用を受けている農地等を第三者に譲渡等すれば、その譲渡等の時点で納税の猶予は打ち切られます（⇨問13）。

　しかし、一括生前贈与を受けた人が、独立行政法人農業者年金基金法に基づく特例付加年金（農業者年金基金法の一部を改正する法律附則第8条第1項の経営移譲年金を含みます。）の支給を受けるため、贈与を受けた農地等のすべてについて、その人の推定相続人のうちの1人である後継者に対し使用貸借による権利を設定した場合で、次の要件のいずれにも該当するときは、引き続いて納税が猶予されます（措法70の4⑥）。

1　適用要件

(1)　特例の継続適用を受けようとする人が、①移譲後、遅滞なく特例付加年金（経営移譲年金）の受給の裁定を請求したこと、及び②経営移譲を受ける人（後継者）の

営む農業に従事する見込みであること（措令40の6⑰）。

(2) その後継者が、次の要件のいずれにも該当する個人であることについて、農業委員会（同委員会が置かれていない市町村にあっては市町村長）が証明した人であること（措令40の6⑮）。

① 権利の設定を受けた日における年齢が18歳以上であること

② 権利の設定を受けた日まで、引き続き3年以上農業に従事していたこと

③ 権利の設定を受けた日以後、速やかにその農地と採草放牧地について農業経営を行うと認められること

2　引き続き納税猶予の適用を受けるための手続き

　この納税猶予の適用を引き続き受けようとする人は、その後継者に使用貸借による権利の設定をした日から2か月以内に、その権利の設定及び後継者が上記の要件を満たしていることなどについて所轄税務署長に届け出ることが必要です。

〔16〕　夫婦間における農業所得の帰属　その1 （小規模経営の場合）

> 問　わが家はいわゆる第二種兼業農家と呼ばれる小規模経営農家で、50アールの田畑は妻が耕作に当たり、私は町役場に勤めています。
> 　田畑は私の所有名義になっていますが、このような場合には、農業所得は私たち夫婦のどちらに帰属するのでしょうか。

〔回答〕　農業がきわめて小規模であって、農耕従事者の内職程度と認められるときは、農耕従事者の所得と推定されます。

　夫婦間において農業所得が誰に帰属するかを判定する場合には、生計を一にしていない夫婦のような例外的な場合を除き、一般的にはその農業の経営方針の決定について支配的影響力をもつと認められる人が、その農業所得の帰属者（以下「事業主」といいます。）に該当するものと推定されます。この場合、誰がこの支配的影響力をもつと認められるかの判定に当たっては、夫婦の農業経営についての協力度合、耕地の所有権の所在、農業経営についての知識経験の程度、家庭生活の状況等を総合勘案して判定します。そして、このような観点から検討しても、支配的影響力をもつ人が夫婦のうちのいずれであるかを判定できないときは、生計を主宰している人が事業主に該当するものと推定

されます。

ただし、生計を主宰している人が会社、官公庁に勤務するなど他に主たる職業をもち、他方が家庭にあって農耕に従事している場合で、農業がきわめて小規模で農耕従事者の内職の域を出ないと認められるときは、生計の主宰者ではなく、農耕従事者が事業主であると推定されます（所基通12－3(2)）。

なお、農業がきわめて小規模であるかどうかの判定に当たっては、おおむね水田50アール（収穫量に著しい差異のある田畑、又は野菜畑や果樹畑などについては、平年作における稲作水田50アール程度の所得を得る面積）程度を基準として判定します（昭33直所1－16）。

ご質問の場合には、生計の主宰者と思われる夫が町役場に勤め、妻が農耕に従事していますが、耕作面積が50アールと狭いので、例えば特殊施設を使って野菜の集約栽培を行うなど特に高収益をあげる農業経営の場合は別にして、一般的には生計の主宰者や田畑の所有権者が誰であるかにかかわらず、妻が事業主と推定されます。

〔17〕 夫婦間における農業所得の帰属　その2 （全く農業に従事しない場合）

> 問　私は、1.2ヘクタールの田畑をもっていますが、勤務先の会社が遠く片道の通勤に2時間もかかるため、農耕にはほとんど従事することができず、妻に一切をまかせています。このような場合には、農業所得は妻の所得になると思いますがどうでしょうか。

〔回答〕　生計の主宰者が全く農耕に従事できない事情があるときは、特別な場合を除き農耕従事者の所得と推定されます。

夫婦間において農業所得が誰に帰属するかを判定する場合には、原則としてその農業の経営方針の決定に支配的影響力をもつと認められる人が事業主（農業所得の帰属者）であるものと推定し、その者が判定できないときは、生計を主宰する人が事業主であるものと推定されます（⇨問16）。

しかし、生計を主宰する人が会社、官公庁等に勤務するなど他に主たる職業を有し、夫婦の他方が家庭にあって農耕に従事している場合には、次のように取り扱われます。

すなわち、生計を主宰している人が、主たる職業に専念していること、農業に関する

知識がないこと又は勤務地が遠隔であることのいずれかの事情により、ほとんど又は全く農耕に従事していない場合には、家庭にあって農耕に従事している人がその農業の事業主と推定されます。ただし、その農業が水田1.5ヘクタール（収穫量に著しい差異のある田畑、又は野菜畑や果樹畑などについては、平年作における稲作水田1.5ヘクタール程度の所得を得る面積として取り扱うこととされています。）程度の規模以上であり、生計を主宰している人を事業主とみることを相当とする場合を除きます（所基通12－3(3)、昭33直所1－16）。

　なお、①家庭にあって農耕に従事している人がその大部分の農地の所有権又は耕作権を有している場合（婚姻後に生計を一にする親族から名義の変更を受けたことによる場合を除きます。）、②農業がきわめて小規模である場合（⇨問16）には、上記の「主たる職業に専念していること、農業に関する知識がないこと又は勤務地が遠隔であることのいずれかの事情」がなくても、家庭にあって農耕に従事している人がその農業の事業主と推定されます（所基通12－3(1)、(2)）。

　ご質問の場合は、勤務先が遠隔地にあるため本人はほとんど農耕に従事することができず、妻がもっぱら農耕に従事しており、また、経営規模も1.2ヘクタールと中程度の規模であるので、妻が農業の事業主と推定されます。

〔18〕　親子間における農業所得の帰属

> 問　私の家では、私と長男夫婦が農業に従事しています。このうち長男の妻は孫の世話をするために主な農業従事者は、私（60歳）と長男（33歳）の二人です。このような場合、農業の経営主は誰になりますか。
> 　なお、田畑や農機具類は私の名義になっています。

〔回答〕　一般的には親ですが、子が相当の年齢に達した場合には子となるケースもあります。

　生計を一にする親子間において農業所得が誰に帰属するかを判定する場合には、両者の年齢、農耕能力、耕地の所有権の所在などを総合勘案して、その農業の経営方針の決定に支配的影響力をもつと認められる人が、その農業所得の帰属者（「事業主」といいます。）に該当するものと推定されます。

　この場合、誰が支配的影響力をもつと認められる人か明らかでないときは、次に掲げ

る場合にはそれぞれ次に掲げる人が事業主に該当するものと推定されます（所基通12－4、昭33直所1－16）。

⑴　親と子がともに農耕に従事している場合……原則として親ですが、子が相当の年齢（おおむね30歳以上とされます。）に達し、生計を主宰するに至ったと認められるときは、子とされます。

⑵　生計を主宰している親が会社、官公庁等に勤務するなど他に主たる職業を有し、子が主として農耕に従事している場合……原則として子ですが、子が若年（おおむね25歳未満とされます。）であるとき、又は親が本務のかたわら農耕に従事しているなど親を事業主とみることを相当とする事情があると認められるときは、親とされます。

⑶　生計を主宰している子が会社、官公庁等に勤務するなど他に主たる職業を有し、親が主として農耕に従事している場合……夫婦間における農業所得の帰属（⇨問16、17）に準じて判定します。

　ご質問の場合には、あなたと長男がともに農耕に従事しており、長男は33歳で相当の年齢に達しているので、生計を主宰するに至ったと認められる事実があれば、田畑等の名義があなたであっても、農業の事業主は長男と推定されます。

〔19〕　老齢福祉年金の支給に伴う親子間の農業経営者の判定

> 問　私は70歳を超えており、老齢福祉年金の受給資格があります。農業経営を子に移譲すれば年金の支給を受けられるそうですが、所得税の申告をする場合に子への農業経営の移譲は認められますか。
>
> 　また、農業経営の移譲をした場合には、贈与税の問題はどうなりますか。

〔回答〕　子を農業の事業主として所得税の申告をすれば認められます。また、農地等については贈与税は課税されません。

　老齢福祉年金などの支給を受けるため、従来から父が農業の事業主であるとして所得税の確定申告をしてきた人が、子を事業主であるとする確定申告書を提出した場合には、子がおおむね30歳以上で生計を主宰するに至ったと認められるときはもちろん、従来の生計の主宰関係にあまり変化がないときであっても、父が年金の受給資格年齢（70歳）以上に達し、子が生計を主宰しうるに至っていると認められるときは、これを認めることとして取り扱われています。しかし、いったん子に変更した後は特別な事情がない限

り、再び父を事業主に変更することは認められません。

　また、事業主が子とされたことに伴い、農業用財産に対する課税問題が生じますが、これについては、次のように取り扱われます（昭35直所1－14）。

(1)　不動産のうち農地と採草放牧地については、農地法第3条の規定による許可を受けて子へ移転しない限り、贈与税の問題は生じません。

(2)　農地及び採草放牧地以外の不動産については、特に贈与したと認められるものを除き、贈与はなかったものとされます。

(3)　不動産以外の農業用財産については、農産物などのたな卸資産は贈与があったものとされ、これ以外のものは特に書面で贈与を留保する旨の申出をし、しかもその申出をした財産の価額を旧経営者を被相続人とする相続財産価額に算入することを了承したものはその申出を認めることとされています。

　㊟　このほか、農地等を贈与した場合の贈与税の納税猶予の特例（⇨問12）や、農地等にかかる相続税の納税猶予（⇨問14）があります。

第2章　農家の収入と所得の種類

〔20〕 所得の種類

> 問　所得税法は所得の内容によって区分を設けているそうですが、それはどのような区分ですか。
>
> また、なぜそのような所得区分が必要なのですか。

〔回答〕　所得税法では、所得を10種類に区分しています。

　所得税法では、所得の発生原因は何か、毎年発生するものか、一時的なものかなどの観点から、あらゆる所得を次の10種類に区分し、それぞれの所得ごとに所得計算の仕方が定められています。

　① 利子所得　② 配当所得　③ 不動産所得　④ 事業所得　⑤ 給与所得

　⑥ 退職所得　⑦ 山林所得　⑧ 譲渡所得　⑨ 一時所得　⑩ 雑所得

　所得税は、他の税に比べると担税力に応じた公平な課税ができる点において優れた税金であるといわれています。所得をこのように細かく分類する主な理由は、これらの所得の発生の事情がさまざまで担税力に差があるので、所得の発生原因などに応じて所得を区分し、その区分ごとに所得の計算方法を定めることとした方が課税の公平にかなうという点にあります。

〔21〕 利子所得のあらまし

> 問　利子所得とはどのような所得をいい、どのように計算するのですか。
>
> また、利子所得には課税上の特例があるそうですがどのような内容ですか。

〔回答〕　公社債や預貯金の利子、合同運用信託や公社債投資信託及び公募公社債等運用投資信託の収益の分配金にかかる所得をいい、利子や分配金がそのまま所得になります。

　利子所得とは、①預貯金及び公社債の利子、②貸付信託などの合同運用信託、公社債投資信託及び公募公社債等運用投資信託の収益の分配金に係る所得をいいます（所法23）。したがって、例えば友人や知人に手持金を融通したことにより受け取った利息は、利子所得ではなく雑所得に該当します。

　利子所得の金額は、上記の利子や分配金がそのまま所得金額になります。

しかし、原則としてその支払を受ける金額に対して15.315％（このほかに地方税５％）の税率による源泉徴収だけで課税関係が完了する源泉分離課税とされていますので、確定申告をすることはできません（措法３①、措令１の４、復興財確法28）。

障害者等が受け取る一定の預貯金等の利子で一定の手続きをとったものは、非課税とされています（所法10、措法４）。

（注）　障害者等とは、身体障害者手帳の交付を受けている人、遺族基礎年金を受けている人及び寡婦年金を受けている人など一定の要件に当てはまる人をいいます。

なお、特定公社債等（注）の利子等については、その支払を受ける際に15.315％（このほかに地方税５％）の税率により源泉徴収されるとともに、税率15％（このほかに地方税５％）申告分離課税の対象となりますが、確定申告をしないことも選択できます。

（注）　特定公社債等とは国債、地方債、外国国債、公募公社債、上場公社債など一定の公社債や公募公社債投資信託などをいいます。

また、特定公社債以外の公社債の利子のうち、その利子の支払法人の特定の同族株主等が支払を受けるもの（同族会社の被支配法人である同族会社から支払を受ける一定のものを含みます。）は、総合課税の対象とされます。

〔22〕　配当所得のあらまし

> 問　配当所得とはどのような所得で、どのように計算するのですか。
>
> 　　また、確定申告の際に申告しないでよい配当があるそうですが、配当所得の課税上の特例としてはどのようなものがありますか。

〔回答〕　**法人から受ける剰余金の配当などや投資信託（公社債投資信託及び公募公社債等運用投資信託を除きます。）及び特定受益証券発行信託の収益の分配に係る所得をいい、配当金や分配金から特定の負債利子を差し引いて計算します。**

配当所得とは、法人から受ける剰余金の配当、利益の配当、剰余金の分配、投資法人の出資総額等の減少に伴う金銭の分配のうち一定のもの、基金利息、投資信託（公社債投資信託及び公募公社債等運用投資信託を除きます。）及び特定受益証券発行信託の収益の分配に係る所得をいいます（所法24①）。したがって、例えば生命保険契約や生命共済契約に基づく剰余金の分配金や配当金は、配当所得には含まれません。

このほか、法人の株主等がその法人から金銭その他の資産の交付を受けるなどにより

実質的に株主に利益配当したことと同様の結果になる場合には、配当があったものとみなして配当所得に含めます（所法25①）。

配当所得の金額は、次の算式により計算します。

$$\underset{\text{金の収入金額}}{\text{配当金や分配}} - \underset{\text{に要した負債の利子}}{\text{元本を取得するため}} = \underset{\text{の金額}}{\text{配当所得}}$$

配当所得については、原則として支払の際に源泉徴収されたうえ、他の所得と総合して確定申告を行いますが、申告分離課税となるものや源泉分離課税となるもの、申告不要を選択できるものなど課税上の特例が設けられており、これらを表にすると次のようになります。

区　　分	源泉徴収	課税関係	
①　上場株式等の配当等（大口株主等が支払を受けるものを除き、国内の支払の取扱者を通じて交付を受ける外国上場株式等の配当等を含みます。） ②　公募投資信託（特定株式投資信託は①に含まれます。）の収益の分配 ③　特定投資法人から支払を受ける投資口の配当等 ④　特定受益証券発行信託の収益の分配（契約締結時において委託者が取得する受益権の募集が一定の公募により行われたものに限ります。） ⑤　特定目的信託（契約締結時において原委託者が有する社債的受益権の募集が一定の公募により行われたものに限ります。）の社債的受益権の剰余金の配当	所得税15% ※他に 　住民税5%	選択	総合課税
			申告分離課税
			申告不要
⑥　私募公社債等運用信託の受益権の収益の分配 ⑦　特定目的信託（上記⑤に掲げるものを除きます。）の社債的受益権の剰余金の配当 ⑧　国外私募公社債等運用投資信託等の配当等で国内の支払者を通じて支払を受けるもの	所得税15% ※他に 　住民税5%	源泉分離課税	
⑨上記以外の配当等	所得税20%	選択	総合課税
			申告不要 （10万円×配当計算期間÷12月以下のもの）

　（注）1　平成25年1月1日から令和19年12月31日までは、上記所得税が源泉徴収される際に復興特別所得税が併せて徴収されます（⇨問236、問237）。

　　　　2　上記の表中の「大口株主等」とは、その配当等の支払基準日においてその内国法人の発行済株式（投資法人にあっては、発行済みの投資口）又は出資の総数又は総額の3％以上に相当する数又は金額の株式（投資口を含む。）又は出資を有

する個人をいいます。

　なお、令和５年10月１日以後に支払を受ける配当等については、その配当等の支払を受ける人で、その配当等の支払基準日において、その人を判定の基礎となる株主として選定した場合に同族会社に該当することとなる法人と合算して、その法人の発行済株式又は出資の総額又は総額の３％以上に相当する数又は金額の株式又は出資を有することとなるものを含みます（措法８の４①）。

〔23〕　不動産所得のあらまし

問　不動産所得とはどのような所得で、どのように計算するのですか。

〔回答〕　**不動産や船舶などの貸付けによる所得をいい、収入金額から必要経費を差し引いて計算します。**

　不動産所得とは、不動産、不動産の上に存する権利、船舶（20トン未満のものを除きます。）又は航空機の貸付けによる所得（事業所得又は譲渡所得に該当するものを除きます。）をいいます（所法26）。この場合の「貸付け」には、地上権又は永小作権の設定その他他人に不動産を使用させることが含まれます。したがって、例えば広告のために土地や塀を使用させる場合の対価、アパートなどのように食事を供さないで室を賃貸する場合の賃貸料は不動産所得に該当しますが、下宿のように食事を供して室を賃貸する場合の賃貸料、自己の責任において他人の自動車や自転車を保管する駐車（輪）場の収入は不動産所得でなく、事業所得又は雑所得になります（所基通26－４、同27－２）。

　不動産所得の金額は次の算式により計算します。

$$\text{不動産所得の収入金額} - \text{必要経費} = \text{不動産所得の金額}$$

〔24〕　事業所得のあらまし

問　事業所得とはどのような所得で、どのように計算するのですか。
　　また、農業所得と事業所得とは、所得税の計算においてどのような関係にあるのですか。

〔回答〕　事業所得とは、農業、漁業、製造業、卸売業、小売業などの事業から生ずる所得をいい、収入金額から必要経費を差し引いて計算します。

　事業所得とは、農業、漁業、製造業、卸売業、小売業、サービス業その他対価を得て継続的に行う事業から生ずる所得（山林所得又は譲渡所得に該当するものを除きます。）をいいます（所法27）。ただし、事業用固定資産の譲渡による所得は原則として譲渡所得となること、また、事業資金を銀行預金した場合の預金利子は事業所得でなく利子所得になることなどに注意する必要があります。

　事業所得の金額は、次の算式により計算します。

　　　　　　事業所得の収入金額　－　必要経費　＝　事業所得の金額

　農業所得は、所得税法上、事業所得に区分されていますので、収入金額や必要経費など所得の計算方法は原則として事業所得全体に共通する方法と変わりありません。ただし、米麦などの農産物の収入金額の計上時期に係る収穫基準（⇨問66以下）など農業所得の計算に限って適用される規定があるので、この点に注意する必要があります。

〔25〕　給与所得のあらまし

> 問　給与所得とはどのような所得で、どのように計算するのですか。
> 　また、給与所得について、どのような課税上の特例が認められていますか。

〔回答〕　俸給、給料、賃金、賞与、歳費などが給与所得とされ、所得金額は、収入金額から給与所得控除額を差し引いて計算します。

　給与所得とは、俸給、給料、賃金、歳費及び賞与並びにこれらの性質を有する給与にかかる所得をいいます（所法28）。

　このほか、事業に従事したことにより支給を受ける青色事業専従者給与又は事業専従者控除相当額も給与所得とされます（所法28、57①④）。

　なお、国民年金法、独立行政法人農業者年金基金法、厚生年金保険法、国家公務員（地方公務員等）共済組合法や農林漁業団体職員共済組合法に基づく年金、恩給（一時恩給を除きます。）、過去の勤務に基づき使用者であった者から支給される年金、適格退職年金契約に基づく一定の退職年金などは給与所得にはなりません（これらは、雑所得とされます。⇨問44、213）。

1 給与所得控除額

給与所得の金額は、給与等の収入金額から給与所得控除額を控除して求めます。

給与所得控除額は、次表の算式で計算します（所法28③）。

給与等の収入金額		給与所得控除額
	1,625,000円まで	550,000円
1,625,000円超	1,800,000円まで	収入金額 × 40% － 100,000円
1,800,000円超	3,600,000円まで	収入金額 × 30% ＋ 80,000円
3,600,000円超	6,600,000円まで	収入金額 × 20% ＋ 440,000円
6,600,000円超	8,500,000円まで	収入金額 × 10% ＋ 1,100,000円
8,500,000円超		1,950,000円

(注)　給与等の収入金額が660万円未満である場合には、簡易給与所得表により、収入金額から直接、給与所得の金額を求めます（所法28④）。

　　給与所得者に対しては、一定の要件に当てはまる特定支出をした場合には特定支出控除を受けることができます（所法57の２）（⇨問26）。

2 所得金額調整控除

給与所得の計算において、次のとおり所得金額調整控除が適用されます。

(1)　子ども・特別障害者等を有する人

　　その年の給与等の収入金額が850万円を超える人で、次に該当する場合には、給与等の収入金額（その給与等の収入金額が1,000万円を超える場合には、1,000万円）から850万円を控除した金額の10％相当額を、給与所得の金額から控除します（措法41の３の３①⑤）。

① 本人が特別障害者に該当する人

② 年齢23歳未満の扶養親族を有する人

③ 特別障害者である同一生計配偶者または扶養親族を有する人

(2)　給与所得及び年金所得を有する人

　　その年の給与所得控除後の給与等の金額及び公的年金等に係る雑所得の金額がある人で、給与所得控除後の金額及び公的年金等に係る雑所得の金額の合計額が10万円を超える人の総所得金額を計算する場合には、給与所得控除後の給与等の金額（10万円を限度）及び公的年金等に係る雑所得の金額（10万円を限度）の合計額から10万円を控除した金額を、給与所得の金額から控除します（措法41の３の３②⑤）。

〔26〕 給与所得者の特定支出控除

> 問 給与所得者が研修費や交際費を給与所得から控除できると聞きました。具体的な計算例を示して説明してください。

〔回答〕 その年中の特定支出の合計額が一定の金額を超える場合は、その超える部分の金額を給与所得控除後の金額から控除することができます。

1 特定支出の控除の特例

給与所得者が特定支出をした場合、その年中の特定支出の額の合計額が、給与所得控除額の2分の1に相当する金額を超える場合は、給与所得の計算上、その超える部分の金額を給与所得控除後の金額から控除することができます（所法57の2①）。

2 特定支出の範囲

(1) 通勤のために通常必要な交通機関の利用又は交通用具の使用のための支出

(2) 勤務する場所を離れて職務を遂行するために直接必要な旅費等で通常要する支出

(3) 転任に伴う転居のための支出

(4) 職務の遂行に直接必要な技術又は知識を習得するために受講する研修のための支出

(5) 職務の遂行に直接必要な資格取得費

(6) 転任に伴い単身赴任をしている人の帰宅のための往復旅費

(7) 職務の遂行に直接必要なものとして給与等の支払者により証明がされた次の支出（その支出額の合計額が65万円を超える場合には、65万円までの支出に限ります。）。

　① 書籍、定期刊行物その他の図書で職務に関連するものを購入するための支出

　② 制服、事務服その他の勤務場所において着用することが必要とされる衣服を購入するための支出

　③ 交際費、接待費その他の費用で、給与等の支払者の得意先、仕入先その他職務上関係のある人に対する接待、供応、贈答その他これらに類する行為のための支出

3 ご質問の場合

令和4年分の給与収入が360万円、研修費20万円及び交際費80万円を支払った場合を例に給与所得の金額を計算すると次のようになります。

① 給与所得控除額の計算

3,600,000円　×　30%　+　80,000円　=　1,160,000円

② 給与所得控除額の2分の1に相当する金額（上記1）

1,160,000円　÷　2　=　580,000円

③ 特定支出の計算（上記2(4)(7)）

200,000円（研修費）+650,000円（交際費）=850,000円

※ 800,000円（交際費）>650,000円　⇒ 650,000円

④ 特定支出控除額の計算

850,000円（上記③）-580,000円（上記②）= 270,000円

⑤ 給与所得の金額

3,600,000円　－　1,160,000円　－　270,000円　= 2,170,000円

〔27〕 退職所得のあらまし

> 問　退職所得とはどのような所得をいい、どのように計算するのですか。

〔回答〕　退職手当、一時恩給などのほか、独立行政法人農業者年金基金法に基づく一時金なども退職所得とされ、所得金額は、収入金額から退職所得控除額を差し引いた残額の2分の1相当額とされます。

　退職所得とは、退職手当、一時恩給その他退職により一時に受ける給与及びこれらの性質を有する給与にかかる所得をいいます（所法30）。このほか、国民年金法、独立行政法人農業者年金基金法、国家公務員（地方公務員等）共済組合法などの公的年金制度に関する法律に基づいて支払われる一時金、適格退職年金契約に基づく一時金なども退職所得とされます（所法31）。

　退職所得の金額は、次の算式により計算します（所法30、所令71の2）。

(1) 一般退職手当等の場合

$$\left(\begin{array}{c} 退職手当等 \\ の収入金額 \end{array} - \begin{array}{c} 退職所得 \\ 控除額 \end{array} \right) \times \frac{1}{2} = \begin{array}{c} 退職所得 \\ の金額 \end{array}$$

(2) 特定役員退職手当等の場合

$$\left(\begin{array}{c} 特定役員退職手当等 \\ の収入金額 \end{array} - \begin{array}{c} 退職所得 \\ 控除額 \end{array} \right) = \begin{array}{c} 退職所得 \\ の金額 \end{array}$$

「特定役員退職手当等」とは、退職手当等のうち、次の役員等としての役員勤続年数が５年以下である人が支払を受ける退職手当等のことをいいます。

① 法人税法に規定する役員

② 国会議員及び地方公共団体の議会の役員

③ 国家公務員及び地方公務員

(3) 短期退職手当等に該当する場合（令和４年分以後適用）

退職手当等が「短期退職手当等（短期勤続年数に対応する退職手当等として支払を受けるものであって、特定役員退職手当等に該当しないもの）」に該当する場合については、その退職手当等の額から退職所得控除額を差し引いた額のうち300万円を超える部分については、上記(1)の計算式の２分の１計算の適用はありません（所法30②④）。

この場合の「短期勤続年数」とは、役員等以外の者として勤務した期間により計算した勤続年数が５年以下であるものをいい、この勤続年数については役員等として勤務した期間がある場合、その期間を含めて計算します（所法30④、所令69の2①）。

上記(1)から(3)までの退職所得控除額は、次表の算式で求めます。

勤 続 年 数	退職所得控除額
20年以下	勤続年数×40万円（最低80万円）
20年超	800万円＋（勤続年数−20年）×70万円

㊟1 勤続年数に１年未満の端数がある場合には、たとえ１日であっても１年として計算します。
 2 上記算式によって計算した金額が80万円に満たない場合は、退職所得控除額は80万円になります。
 3 障害者になったことに直接基因して退職した場合は、上記で計算した金額に100万円を加算した金額が退職所得控除額となります。

なお、被相続人の死亡によって、死亡後３年以内に支払が確定した退職金を相続人が受け取った場には、その退職金は相続税の課税対象となり、所得税の課税対象にはなりません。

また、被相続人の死亡後３年経過した後に支払が確定した退職金は、受け取った相続人の一時所得として所得税の課税対象となります。

第2章　農家の収入と所得の種類　　47

〔28〕　山林所得のあらまし

> **問**　山林所得とはどのような所得をいい、どのように計算するのですか。
>
> 　また、山林所得の計算上認められている特例としてはどのようなものがありますか。

〔回答〕　**山林の伐採又は譲渡による所得をいい、収入金額から必要経費、山林所得の特別控除額を差し引いて計算します。**

　山林所得とは、山林を伐採して譲渡したことにより生ずる所得又は山林を伐採しないで譲渡したことにより生ずる所得をいいます。ただし、取得の日以後5年以内に伐採し又は譲渡することによる所得は、山林所得には含まれないこととされています（事業所得又は雑所得になります。）（所法32）。

　山林をその生立する土地とともに譲渡した場合には、その土地の譲渡による所得は山林所得にはなりません（譲渡所得になります。）。

　山林所得の金額は、次の算式により計算します。

$$\begin{array}{c}\text{山林所得の}\\\text{収入金額}\end{array} - \text{必要経費} - \begin{array}{c}\text{山林所得の}\\\text{特別控除額}\end{array} = \begin{array}{c}\text{山林所得}\\\text{の金額}\end{array}$$

　山林所得の必要経費は、不動産所得や事業所得の必要経費の計算方法とは異なり、伐採又は譲渡した山林の植林費、取得に要した費用、管理費、伐採費その他その山林の育成又は譲渡に要した費用とされています。

　なお、譲渡した山林が、譲渡した年の15年前の12月31日以前から引き続き所有していたものである場合は、上記算式の計算に代え、「概算経費率（50％）」を使って次の算式により山林所得を計算することができます（措法30、措令19の5、措規12）。

$$(\text{収入金額} - Ⓐ) \times \begin{array}{c}\text{概算経費率}\\50\%\end{array} + Ⓐ = Ⓑ$$

$$\text{収入金額} - Ⓑ - \begin{array}{c}\text{山林所得の}\\\text{特別控除額}\end{array} = \begin{array}{c}\text{山林所得}\\\text{の金額}\end{array}$$

　㊟1　Ⓐは、伐採費、運搬費、仲介手数料その他山林の譲渡や伐採に要した費用を示します。

　　2　Ⓑは、概算経費率を使って計算した必要経費を示します。

　山林所得の特別控除額は50万円（収入金額から必要経費を差し引いた残額が50万円に

満たない場合はその残額）です。

このほか、森林法等の規定による市町村の長等の認定を受けて森林経営計画に基づいて山林を伐採又は譲渡した場合には、森林計画特別控除の特例が適用されます（措法30の2、措令19の6、措規13）。

〔29〕 譲渡所得のあらまし

> 問　譲渡所得とはどのような所得をいい、どのように計算するのですか。

〔回答〕　**資産の譲渡による所得（棚卸資産の譲渡による所得や山林の譲渡による所得などを除きます。）をいい、収入金額から取得費、譲渡費用、譲渡所得の特別控除額を差し引いて計算します。**

譲渡所得とは、資産の譲渡による所得をいいます。

資産とは、売買の対象として経済的な価値のあるものをいい、土地や家屋などの不動産のほか、車両や機械などの動産、特許権などの無形固定資産も含まれます。

譲渡とは、所有権その他財産上の権利を移転させる行為をいい、通常の売買のほか、交換、代物弁済、財産分与、収用なども含まれます。資産の譲渡による所得であっても次表のⒶの所得は除かれ、また、資産の譲渡による所得ではありませんがⒷの所得は譲渡所得に含まれることとされています（所法33、所令81）。

<table>
<tr>
<td rowspan="2">Ⓐ

譲渡所得にならないもの</td>
<td>

(1)　棚卸資産（これに準ずる次のような資産を含みます。）の譲渡その他営利を目的として継続的に行われる資産の譲渡による所得……事業所得、雑所得などとなります。

(2)　棚卸資産に準ずる資産（所基通2－13）

　　イ　飼育中の牛馬、豚、家きんなどの動物（販売の目的で保有されるものに限ります。次のロ～へも同じ。）

　　ロ　定植前の苗木

　　ハ　育成中の観賞用の植物

　　ニ　まだ収穫しない水陸稲、麦、野菜類等の立毛や果実

　　ホ　養殖中ののり等の水産植物でまだ採取されないもの

　　へ　仕入等に伴って取得した空箱、空かん等

(3)　少額減価償却資産（使用可能期間が1年未満であるもの又は取得価額が10万円未満のもの。ただし、取得価額が10万円未満のものであっても業務の性格上基本的に重要なもの（少額重要資産）を除きます。）

　　(注)　少額重要資産の譲渡は、原則として譲渡所得となりますが、養豚業における繁殖用又は種付用の豚のように、事業の用に供された後に反復継続して譲渡することが、その事業の性質上通常である少額重要資産の譲渡による所得は、事業所得となります。

(4)　取得価額が20万円未満の減価償却資産で一括償却資産の3年均等償却の適用を受けたもの（少額重要資産を除きます。）

(5)　中小企業者である青色申告者が取得した減価償却資産で、その取得価額が30万円未満のもの（少額重要資産を除きます。）

(6)　山林の伐採又は譲渡による所得……山林所得、事業所得、雑所得となります。

</td>
</tr>
</table>

<table>
<tr>
<td>Ⓑ

譲渡所得になるもの</td>
<td>

　　建物若しくは構築物の所有を目的とする借地権又は特定の地役権の設定等（借地権に係る土地の転貸その他他人にその土地を使用させる行為を含みます。）のうち、その対価として支払いを受ける金額が、次の(1)又は(2)に掲げられた金額の10分の5相当額を超えるものに係る所得（所令79、80）

(1)　建物や構築物の全部の所有を目的とする借地権又は地役権の設定等の場合……その土地の価額（借地権又は地役権の設定が地下又は空間について上下の範囲を定めたものである場合は、その土地の価額の2分の1に相当する金額）

(2)　建物や構築物の一部を所有することを目的とする借地権又は一定の地役権の設定等の場合……

$$\text{その土地の価額} \times \frac{\text{その借地権に係る建物又は構築物の一部の床面積}}{\text{建物又は構築物の床面積の合計}}$$

</td>
</tr>
</table>

譲渡所得の金額は、次の算式により計算します。

$$\begin{pmatrix} 譲渡所得の \\ 収入金額 \end{pmatrix} - \left[\begin{pmatrix} その資産 \\ の取得費 \end{pmatrix} + \begin{pmatrix} 改良費、 \\ 設備費 \end{pmatrix} + \begin{pmatrix} 譲渡 \\ 費用 \end{pmatrix} \right] = 譲渡益$$

$$譲渡益 - \begin{pmatrix} 譲渡所得の \\ 特別控除額 \end{pmatrix} = 譲渡所得の金額$$

(注)1 譲渡所得の特別控除額は50万円ですが、譲渡益が50万円未満のときは、その譲渡益相当額とされます。

なお、譲渡した資産の保有期間が5年を超える場合は、譲渡所得の金額の2分の1相当額が総所得金額に算入されます。

2 土地、建物、借地権、地上権などを譲渡した場合には、他の所得と区分して課税（申告分離課税）することとされています（⇨問30）。

3 有価証券の譲渡による所得の課税関係については、問36、37、38参照

〔30〕 土地建物等の譲渡所得のあらまし

問 農地などの土地を売った場合には、土地以外の資産を売った場合と違った課税がなされるそうですが、そのあらましを教えてください。

〔回答〕 土地建物等の譲渡による所得は、他の所得と区分し、その譲渡資産の所有期間が5年を超えるかどうか、譲渡所得金額はいくらかなどによりそれぞれ税額を計算します。

1 譲渡所得の区分

譲渡資産の所有期間により、長期譲渡所得と短期譲渡所得とに区分します。

(1) 長期譲渡所得……譲渡の年の1月1日現在で所有期間が5年を超える土地等や建物等（以下「土地建物等」といいます。）の譲渡による所得をいいます。この所有期間は、譲渡した土地建物等を取得（建設を含みます。）した日の翌日から引き続き所有していた期間をいいます。なお、譲渡した土地建物等が、交換、相続等により取得したものである場合の所有期間は、原則として交換譲渡資産の所有期間や被相続人等の所有期間を通算したところによります（措法31、措令20）。

(2) 短期譲渡所得……土地建物等のうち上記(1)以外のものの譲渡による所得をいいます（措法32）。

第2章　農家の収入と所得の種類　　51

2　税額の計算

　土地建物等の譲渡所得に関する所得税は、次のように計算します。

(1)　一般資産の長期譲渡所得（措法31①）

　　課税長期譲渡所得金額×15％＝税額

(2)　優良住宅地の造成等のための譲渡による所得及び国等に対する譲渡による所得（措法31の2）

　①　課税長期譲渡所得金額が2,000万円以下の場合

　　　課税長期譲渡所得金額×10％＝税額

　②　課税長期譲渡所得金額が2,000万円を超える場合

　　　課税長期譲渡所得金額×15％－100万円＝税額

(3)　所有期間10年超の居住用財産の譲渡による所得（措法31の3）

　①　課税長期譲渡所得金額が6,000万円以下の場合

　　　課税長期譲渡所得金額×10％＝税額

　②　課税長期譲渡所得金額が6,000万円を超える場合

　　　課税長期譲渡所得金額×15％－300万円＝税額

(4)　一般資産の短期譲渡所得（措法32①）

　　課税短期譲渡所得金額×30％＝税額

(5)　軽減資産の短期譲渡所得（国等に対する譲渡による所得）（措法32③）

　　課税短期譲渡所得金額×15％＝税額

3　土地建物等の譲渡による所得の計算上の注意事項

　土地建物等の譲渡による所得については、課税の特例が数多く設けられているので、例えば、国や地方公共団体、独立行政法人都市再生機構等に対する譲渡、居住用財産の譲渡、農地の換地処分、農地の交換、収用等、特定土地区画整理事業等や特定住宅地造成事業等のための譲渡などがあったときは、最寄りの税務署におたずねください。

〔31〕　土地建物等の譲渡による赤字の取扱い

> 問　土地建物等の譲渡所得の計算上生じた赤字は、他の所得と差引計算するのでしょうか。

〔回答〕　土地建物等の譲渡による所得の計算上生じた赤字の金額は、他の所得の黒字の金額と差引計算することはできません。ただし、特定の長期譲渡所得については、その計算上生じた赤字の金額を他の所得の黒字の金額から差引計算し、なお引き切れない赤字の金額はその翌年以降３年内に繰り越して差引計算することができます。

1　差引計算及び繰越控除の原則

　土地建物等の譲渡所得の金額の計算上生じた赤字の金額については、土地建物等の譲渡による所得以外の所得との損益通算及び翌年以降の所得からの繰越控除は認められません（措法31、32）。

　ただし、次の２及び３の特例が認めらています。

2　居住用財産の買換え等の場合の譲渡損失の損益通算及び繰越控除

　一定の要件に当てはまる自己の居住用の家屋又は土地等の譲渡をした場合で、一定の要件に当てはまる買換資産の取得をし（その買換資産に係る住宅借入金等の金額を有する場合に限ります。）、かつ、その取得の日からその日の属する年の翌年12月31日までの間に自己の居住の用に供したとき、又は供する見込みであるときにおいて、その譲渡資産に係る譲渡損失の金額があるときは、一定の要件の下で、その譲渡資産にかかる譲渡による所得以外の所得との損益通算及び翌年以降３年内の繰越控除が認められます（措法41の５①）。

　居住者が、この損益通算及び繰越控除の特例の適用を受けた場合においても、その適用に係る買替資産の取得については、住宅借入金等特別控除との併用が認められています。

　なお、合計所得金額が3,000万円を超える年分については、この繰越控除の適用を受けることはできません（措法41の５④）。

　また、純損失の繰越控除制度及び純損失の繰戻し還付制度における純損失の金額には、その譲渡資産に係る譲渡損失の金額を含めないこととされています（措法41の５、措令26の７）。

3　特定居住用財産の譲渡損失の損益通算及び繰越控除

　その有する家屋又は土地等でその年１月１日において所有期間が５年を超えるもののその個人の居住の用に供しているものの譲渡（親族等に対するものを除きます。）をした場合（その個人がその譲渡に係る契約を締結した日の前日においてその譲渡資産に係る一定の住宅借入金等の金額を有する場合に限ります。）において、その譲渡

第2章　農家の収入と所得の種類　　53

資産に係る譲渡損失の金額があるときは、一定の要件の下で、その譲渡資産の譲渡による所得以外の所得との損益通算及び翌年以降３年内の繰越控除が認められます（措法41の５の２①）。

　なお、合計所得金額が3,000万円を超える年分については、この繰越控除の適用を受けることはできません（措法41の５の２④）。

　また、純損失の繰越控除制度及び純損失の繰戻し還付制度における純損失の金額には、その譲渡資産にかかる譲渡損失の金額を含めないこととされています（措法41の５の２、措令26の７の２）。

㊟　「合計所得金額」とは、総所得金額、土地等に係る事業所得等の金額（当分の間は適用はありません。問３参照。）、短期・長期譲渡所得（特別控除前）、申告分離課税の適用を受ける上場株式等に係る配当所得等の金額、株式等に係る譲渡所得等の金額、先物取引に係る雑所得等の金額、山林所得金額（特別控除後）及び退職所得金額（２分の１後）の合計額をいいます。ただし、純損失や雑損失の繰越控除、居住用財産の買換え等の場合の譲渡損失の繰越控除又特定居住用財産の譲渡損失の繰越控除の適用を受ける場合には、その適用前の金額となります。

〔32〕　保証債務を履行した後で債権の回収が不能となった場合

> 問　私は友人の債務を保証していましたが、昨年友人のために水田を売却してその債務を履行しました。ところが、その友人が今年交通事故で死亡したため、友人に対する債権が回収不能となりました。債権の回収不能により被った損失について何か救済方法はありませんか。

〔回答〕　その事由が生じた日の翌日から２か月以内に限り更正の請求をすれば、その資産を譲渡した年分の所得を減額することができます。

　保証債務を履行するため資産を譲渡（棚卸資産や棚卸資産に準ずる資産の譲渡その他の営利を目的として継続的に行われる山林やその他の資産の譲渡を除きます。）した場合で、その履行に伴う求償権の全部又は一部を行使することができなくなったときは、その行使できなくなった部分の金額（不動産所得、事業所得又は山林所得の計算上必要経費となる金額を除きます。）は、その資産の譲渡による収入金額のうち回収することができなくなった金額とみなされ、過去にさかのぼって所得金額がなかったものとされ

ます。

　ご質問の場合、その事由が生じた日の翌日から２か月以内に限り更正の請求をすれば、その資産を譲渡した年分の所得を減額することができます（所法64②、152）。

〔33〕　農地等を優良住宅地の造成等のために譲渡した場合の課税の特例

> 問　農地等を優良住宅地の造成等のために譲渡した場合には、譲渡所得の課税の特例があるそうですが、どんな内容ですか。

〔回答〕　農地等を優良住宅地の造成等のために譲渡した場合には、一般の土地等を譲渡したときよりも、分離課税の長期譲渡所得金額に対する税率が軽減されます。

1　特例の適用が受けられる場合

　この特例は、分離課税の長期譲渡所得がある場合（⇨問30）において、次に掲げる農地等の譲渡をした場合に適用されます（措法31の２）。

(1)　国、地方公共団体その他これらに準ずる法人に対する土地等の譲渡で一定のもの

(2)　宅地若しくは住宅の供給又は土地の先行取得の業務を行うことを目的とする独立行政法人都市再生機構、土地開発公社その他これらに準ずる法人に対する農地等の譲渡で、その譲渡した農地等がその業務を行うために直接必要であると認められるもの

(3)　土地開発公社に対する被災市街地復興推進地域内等にある土地等の譲渡で、その譲渡に係る土地等が被災市街地復興土地区画整理事業の用に供されるもの

(4)　収用交換等による農地等の譲渡

(5)　第一種市街地再開発事業の用に供するための施行者に対する農地等の譲渡

(6)　防災街区整備事業の用に供するための施行者に対する農地等の譲渡

(7)　防災再開発促進地区の区域内における認定建替計画に従って建築物の建替えの事業を行う認定事業者に対する農地等の譲渡

(8)　都市再生事業の用に供するための認定事業者に対する農地等の譲渡

(9)　国家戦略特別区域法の認定区域計画に定められる特定事業の用に供するための事業者に対する農地等の譲渡

(10)　所有者不明土地の利用の円滑化等に関する特別措置法による一定の地域福利増進

事業を実施する者に対する特定所有者不明土地その他一定の土地等の譲渡で、その譲渡に係る土地等が地域福利増進事業の用に供されるもの

⑾　マンション建替事業の用に供するための施行者に対する農地等の譲渡

⑿　マンション敷地売却事業の用に供するための事業者に対する農地等の譲渡

⒀　建築面積150㎡以上の建築物の建築事業（施行地区の面積が500㎡以上であること等一定の要件を満たすものに限られます。）の用に供するための事業者に対する農地等の譲渡

⒁　特定の民間再開発事業の用に供するための事業者に対する農地等の譲渡

⒂　都市計画法の開発許可を受けて住宅建設の用に供される一団の宅地の造成の用に供するための事業者に対する農地等の譲渡

⒃　都市計画区域内の宅地の造成につき開発許可を要しない場合において、住宅建設の用に供される1,000㎡以上の一団の宅地の造成（優良宅地の認定を受けたものに限られます。）の用に供するための事業者に対する農地等の譲渡

⒄　都市計画区域内において25戸以上の一団の住宅又は15戸以上若しくは床面積1,000㎡以上の中高層耐火共同住宅（優良住宅の認定を受けたものに限られます。）の建設の用に供するための事業者に対する農地等の譲渡

⒅　土地区画整理事業の施行地区内の農地等（仮換地の指定がされたものに限られます。）の譲渡のうち、その譲渡がその指定の効力発生の日から３年を経過する日の属する年の12月31日までに、一定の住宅又は中高層の耐火共同住宅の用に供するための農地等の譲渡

なお、収用等に伴い代替資産を取得した場合の課税の特例（措法33）のほか、措法33の２から33の４まで、措法34から35の３まで、措法36の２、措法36の５、措法37、措法37の４から37の６まで、37の８又は37の９の適用を受ける場合には、この特例は適用されません（措法31の２④）。

2　特例の内容

分離課税の課税長期譲渡所得に対する税率は、次のとおり軽減されます（⇨問30の２(2)）。

①　課税長期譲渡所得の金額が2,000万円以下の部分………10％

②　課税長期譲渡所得の金額が2,000万円を超える部分……15％

〔34〕 農地保有の合理化等のために農地等を譲渡した場合の課税の特例

> **問** 農地保有の合理化等のために農地を譲渡した場合には、譲渡所得の課税の特例があるそうですが、どのような内容ですか。

〔回答〕 農地保有の合理化等のために農地を譲渡した場合で、一定の要件を満たすときには、その譲渡所得から800万円の特別控除を受けることができます。

1 特例の適用が受けられる場合

この特例は、次に掲げる農地の譲渡をした場合に適用されます（措法34の3）。

(1) 農業振興地域の整備に関する法律によって農用地区域として定められた区域内の土地等を市町村長の勧告にかかる協議、知事の調停、農業委員会のあっせんにより譲渡した場合

(2) 農業振興地域の整備に関する法律に規定する農用地区域内にある土地等を農地中間管理事業の推進に関する法律による農用地利用集積等促進計画の定めるところにより譲渡した場合

(3) 特定農山村地域における農林業等の活性化のための基盤整備の促進に関する法律による所有権移転等促進計画の定めるところにより農地等を譲渡した場合（令和4年4月1日以降、適用対象から除外されます。）

(4) 農村地域への産業導入の促進等に関する法律の規定による産業導入地区内の土地等を施設用地のために譲渡した場合

(5) 土地改良法による土地改良事業の施行により、農用地以外の用途に供する土地又は農用地に供することを予定する土地に充てるための不換地又は一筆一部不換地について清算金を取得する場合

(6) 林業経営の規模の拡大、林地の集団化など林地保有の合理化に資するため、森林組合法の森林組合又は森林組合連合会に委託して地域森林計画の対象とされた山林にかかる土地を譲渡した場合

(7) 林業経営基盤の強化等の促進のための資金の融通等に関する暫定措置法の規定による都道府県知事のあっせんにより、山林に係る土地を譲渡した場合（令和4年4月1日以降、適用対象から除外されます。）

(8) 農業振興地域の整備に関する法律に規定する農用地等とすることが適当な土地及

第2章　農家の収入と所得の種類　　57

びこれらの土地の上に存する権利について、同法による交換分合が行われ、清算金
を取得する場合

(9)　集落地域整備法に規定する農用地及びその農用地の上に存する権利につき、同法
に規定する交換分合が行われ清算金を取得する場合（令和4年4月1日以降、適用
対象から除外されます。）

　なお、農地保有の合理化等のために譲渡した農地等の全部又は一部について事業
用資産の買換え特例（措法37）、事業用資産の交換の特例（措法37の4）、土地等の
先行取得をした場合の特例（措法37の9）の適用を受ける場合には、この特例は適
用されません（措法34の3①）。

2　特例の内容

　この特例の適用を受けた場合、その譲渡所得（譲渡益）から800万円を控除するこ
とができます。

　ただし、他の譲渡所得について、収用などにより資産を譲渡した場合の5,000万円
控除（措法33の4）、特定土地区画整理事業等のために土地等を譲渡した場合の2,000
万円控除（措法34）、特定住宅地造成事業等のために土地等を譲渡した場合の1,500万
円控除（措法34の2）、居住用財産を譲渡した場合の3,000万円控除（措法35）、特定
期間に取得した土地等を譲渡した場合の1,000万円控除（措法35の2）、低未利用土地
等を譲渡した場合の100万円控除（措法35の3）を受ける場合には、この800万円控除
の特例を含めたこれらの特別控除額の合計額は、最高5,000万円が限度とされます（措
法36①、措令24）。

　この特例の適用を受けようとする場合は、確定申告書第二表の「特例適用条文等」
欄に「措法34条の3」と記載するとともに、譲渡所得計算の明細書や買取りの証明書
を申告書に添付する必要があります（措法34の3③、措規18）。

〔35〕　特定の交換分合により農地等を取得した場合の課税の特例

> 問　農住組合の組合員が、農住組合法の規定により交換分合により農地等の譲渡を
> し、かつ、その交換分合により農地等を取得した場合には、課税の特例があるそ
> うですが、どのような内容ですか。

〔回答〕　一定の法律の規定による交換分合により土地等の譲渡をし、かつ、その交換分合により土地等又は土地等とともに清算金の取得をした場合には、その清算金の部分についてだけ課税されます。

1　特例の適用が受けられる場合

　　この特例は、次に掲げる場合に適用されます。

⑴　農業振興地域の整備に関する法律の規定による交換分合（林地等交換分合又は協定関連交換分合に限ります。）により土地等の譲渡をし、かつ、その交換分合により土地等又は土地等とともに清算金を取得した場合（措法37の6①一）

⑵　集落地域整備法の規定による交換分合により土地等の譲渡をし、かつ、その交換分合により土地等又は土地等とともに清算金を取得した場合（令和4年4月1日以降、適用対象から除外されます。）（旧措法37の6①二）

⑶　農住組合の組合員又は農住組合の組合員以外の人で交換分合計画において定める土地等を有する人が、農住組合法の規定による交換分合により土地等の譲渡をし、かつ、その交換分合により土地等又は土地等とともに清算金を取得した場合（措法37の6①二）

2　特例の内容

⑴　譲渡所得の金額等

　　交換分合により土地等だけを取得した場合には、土地等の譲渡はなかったものとみなされます。

　　交換分合により土地等と清算金とを取得した場合には、清算金の額に対応する部分だけ譲渡があったものとして、長期譲渡所得の課税の特例（措法31）又は短期譲渡所得の課税の特例（措法32）の規定が適用されます。

　　なお、交換分合により譲渡した土地等が棚卸資産及び雑所得の基因となる土地等に該当する場合には適用されません（措法25の5①）。

　　また、農業振興地域の整備に関する法律第3条に規定する農用地等及び同法第8条第2項第3号に規定する農用地等とすることが適当な土地並びにこれらの土地の上に存する権利及び集落地域整備法第2条第1項に規定する農用地並びにその農用地の上に存する権利につき、交換分合が行われた場合（措法37の6①一、二）において、同法第13条の3の規定（集落地域整備法第12条において準用する場合を含みます。）により清算金のみを取得するときは、農地保有合理化等のために農地等を譲渡した場合の譲渡所得の特別控除（⇨問34）の規定の適用があります（措通37の

6－2）。

(2) 取得時期の引き継ぎ

交換分合により取得した土地等の取得時期は、交換分合により譲渡した土地等の取得時期を引き継ぐことになります（措法37の6④）。

(3) 取得価額の引き継ぎ

この特例の適用を受けて取得した土地等（交換取得資産）につき、その取得の日以後に譲渡、相続、遺贈又は贈与があった場合において、その交換取得資産にかかる事業、所得の金額、譲渡所得の金額又は雑所得の計算をするときは、交換取得資産の取得価額は、次の取得価額が引き継がれます。

イ　交換取得資産のみを取得した場合には、交換譲渡資産の取得価額とその交換分合による譲渡経費や交換取得資産の取得に要した経費の合計額が交換取得資産の取得価額となります。

ロ　交換取得資産の取得の際に清算金を支払っている場合には、イの金額に、その清算金を加算した金額が、交換取得資産の取得価額となります。

ハ　交換取得資産と清算金とを取得した場合には、次により求められる金額が引き継ぎ取得価額とされます（措令25の5）。

$$\left(\begin{array}{c}\text{交換譲渡資産} \\ \text{の取得価額}\end{array} + \begin{array}{c}\text{譲渡} \\ \text{経費}\end{array}\right) \times \frac{\text{交換取得資産の価額}}{\begin{array}{c}\text{交換取得} \\ \text{資産の価額}\end{array} + \text{清算金}} + \text{交換取得資産の取得経費}$$

なお、この特例の適用を受けようとする場合は、確定申告書第二表の「特例適用条文等」欄に「措法37条の6」と記載するとともに、交換分合計画の写し等を申告書に添付する必要があります（措法37の6②、措規18の7）。

〔36〕 有価証券の譲渡による所得の課税関係

> 問　ゴルフ会員権や株式など有価証券を譲渡した場合、どのように課税されるのですか。概要について教えてください。

〔回答〕　有価証券の種類等により、総合課税、申告分離課税又は申告不要制度などに区分されます。

(1)　総合課税

　　ゴルフ会員権の譲渡による所得は、所有期間が５年以内のものは短期譲渡所得、５年を超えるものは長期譲渡所得として、総合課税の対象となります。なお、ゴルフ会員権の譲渡により生じた損失は、原則として、給与所得など他の所得と損益通算することはできません（所法22、33、69、所令178、措法37の10、措令25の８、所基通33－６の２、33－６の３）。

(2)　申告分離課税

　　問37に掲げる株式等又は上場株式等の譲渡による所得については、上記(1)又は下記(3)及び(4)に該当するものを除き、他の所得と区分して、原則として15％の税率によって課税されます（措法37の10①②、37の11①②）。

(3)　**金融商品取引法に規定する先物取引等の方法による株式等の譲渡による所得**

　　商品先物取引法に規定する先物取引及び商品デリバティブ取引並びに商品取引法に規定するデリバティブ取引及びカバードワラントの取得に係る差金等決済等をした場合には、その差金等決済等による事業所得、譲渡所得及び雑所得については、他の所得と区分して、原則として15％の税率によって課税されます（措法41の14①）。

(4)　**土地譲渡類似の申告分離課税**

　　次の株式等の譲渡で一定のものは、土地等の短期譲渡所得と同様に30％の税率により所得税が課税されます（措法32②、措令21③）。

①　その有する資産の時価総額に占める短期所有（その譲渡の年の１月１日における所有期間５年以下）の土地等の時価額の合計額が70％以上である法人の株式又は出資

②　その有する資産の時価総額に占める土地等の時価額の合計額が70％以上である法人の株式又は出資で、その譲渡の年の１月１日における所有期間が５年以下のもの

(5)　**特定口座内取引による所得の源泉徴収及び確定申告不要**

　　特定口座のうち源泉徴収選択口座における上場株式等の譲渡による所得及びその口座において処理した上場株式等の信用取引又は発行日取引に係る差金決済による所得（特定口座内調整所得金額）については、15％の税率による源泉徴収を選択することができることとされています。また、その源泉徴収選択口座による損益の金額については、確定申告をする所得金額に含めない（確定申告不要とする）ことができることとされています（措法37の11の４①、37の11の５①）（⇨問38(6)）。この場合の「上場株式等」とは問37(2)に掲げるものをいいます。

(注)　上記(2)、(3)及び(5)について、平成25年1月1日から令和19年12月31日までは、源泉徴収の際に併せて復興特別所得税が課税されます（⇨問236、問237）。

〔37〕　分離課税の株式等に係る譲渡所得のあらまし

> 問　株式等の譲渡による所得は、他の所得として区分して所得税が課税されると聞きました。その概要について説明してください。

〔回答〕　一般株式の譲渡等によるものと、上場株式等の譲渡等によるものとに区分して計算し、他の所得と区分して15%の税率により課税されます。

　平成28年1月1日以後に、次の(1)に掲げる株式等の譲渡を行った場合には、その譲渡による所得については、一般株式等（(1)の株式等のうち(2)に掲げる上場株式等以外のものをいいます。）の譲渡によるものと、上場株式等（(1)の株式等のうち(2)に掲げる上場株式等をいいます。）の譲渡によるものとに区分し、それぞれについて、その年分の事業所得、譲渡所得又は雑所得の金額を計算します。そして一般株式等に係る譲渡所得等の金額又は上場株式等に係る譲渡所得等の金額について、他の所得と区分して、原則として15%の税率によって課税されます（措法37の10①②、37の11①②）。

　(注)　平成25年1月1日から令和19年12月31日までは、復興特別所得税が課税されます（⇨問236、問237）。

(1)　**株式等**

　申告分離課税の対象となる「株式等」とは、次に掲げるもの（ゴルフ会員権に類する株式又は出資者の持分を除きます。）をいいます（措法37の10②）。

①　株式（株主又は投資主となる権利、株式の割当てを受ける権利、新株予約権及び新株予約権の割当てを受ける権利を含みます。

　なお、「株式」には、投資信託及び投資法人に関する法律に規定する投資口（REIT）を含みます（措法8の4①一）。

　また、法人課税信託の受益権は、株式又は出資とみなされます（所法6の3四、措法2の2②）。

②　特別の法律により設立された法人の出資分の持分、合名会社、合資会社又は合同会社の社員の持分、協同組合等の組合員又は会員の持分その他法人の出資者の持分（出資者、社員、組合員又は会員となる権利及び出資の割当てを受ける権利を含み、

③及び④に掲げるものを除きます。）

③　協同組織金融機関の優先出資に関する法律に規定する優先出資（優先出資者となる権利及び優先出資の割当てを受ける権利を含みます。）

④　資産の流動化に関する法律に規定する優先出資（優先出資社員となる権利及び同法に規定する一定の引受権を含みます。）

⑤　投資信託の受益権

⑥　特定受益証券発行信託の受益権

⑦　社債的受益権(資産の流動化に関する法律に規定する社債的受益権をいいます(措法8①)。)

⑧　公社債（預金保険法に規定する長期信用銀行債等、農水産業協同組合貯金保険法に規定する農林債及び償還差益について発行時に源泉徴収された割引債を除きます（措令25の8③)。）

(2)　上場株式等

「上場株式等」とは、上記(1)の株式等のうち次に掲げるものをいいます（措法37の11②、措令25の9②、措規18の10①)。

①　金融商品取引所に上場されている株式等

②　店頭売買登録銘柄として登録された株式（出資を含みます。）

③　店頭転換社債型新株予約権付社債（新株予約権付社債で、認可金融商品取引業協会がその売買価格を発表し、かつ、発行法人に関する資料を公表するものとして指定したものを含みます。）

④　店頭管理銘柄株式

⑤　認可金融商品取引業協会の定める規則に従い、登録銘柄として認可金融商品取引業協会に備える登録原簿に登録された日本銀行出資証券

⑥　外国金融商品市場において売買されている株式等

⑦　投資信託でその設定に係る受益権の募集が公募により行われたもの（特定株式投資信託は①に含まれます。）の受益権

⑧　特定投資法人の投資口

「特定投資法人」とは、その投資法人の規約に投資主の請求により投資口の払戻しをする旨が定められており、かつ、その設立の際の投資口の募集が公募により行われたものをいいます（措法8の4①三)。

⑨　公募に係る特定受益証券発行信託の受益権

⑩ 公募に係る特定目的信託の社債的受益権

⑪ 国債及び地方債

⑫ 外国又は外国の地方公共団体の発行債券

⑬ 会社以外の法人が特別の法律により発行する債券

⑭ 公募に係る公社債、外国公募公社債

⑮ 社債のうち、その発行の日前９月以内（外国法人にあっては12月以内）に有価証券報告書等を内閣総理大臣に提出している法人が発行するもの

⑯ 金融商品取引所（これに類するもので外国の法令に基づき設立されたものを含みます。）において公表された公社債情報に基づき発行する一定の公社債

⑰ 国外において発行された公社債で一定のもの

⑱ 外国法人が発行し、又は保証する債券で一定のもの

⑲ 銀行又はその銀行等の関連会社発行した社債（その取得をした人が実質的に多数でないものとして一定のものを除きます。）

⑳ 平成27年12月31日以前に発行された公社債（その発行の時において同族会社に該当する会社が発行したものを除きます。）

〔38〕 株式等に係る譲渡所得等の金額の計算

> 問 私は農業を営む傍ら株式の売買を少々行っています。
>
> 株式取引に係る所得の計算はどのように行うのですか。

〔回答〕 株式等の譲渡による所得が事業所得又は雑所得に該当する場合と譲渡所得に該当する場合とでは、計算方法が異なります。

申告分離課税の一般株式等に係る事業所得の金額、譲渡所得の金額及び雑所得の金額又は上場株式等の譲渡に係る事業所得の金額、譲渡所得の金額及び雑所得の金額は、他の所得と区分し、それぞれ次のとおり計算します。

(1) 事業所得又は雑所得の金額

事業所得又は雑所得に該当する場合には、次によりこれらの所得金額を計算します（所法27②、35②二、37①）。

$$\text{株式等の譲渡に係る総収入金額} - \left(\text{株式等の取得費} + \text{株式等の譲渡に係る必要経費} \right)$$

�（注）　株式等の譲渡に係る必要経費は、借入金利子、売買手数料、管理費その他株式等に係る所得を生ずべき業務について生じた費用をいいます。

(2)　譲渡所得の金額

　株式等の譲渡に係る所得が譲渡所得に該当する場合には、次により所得金額を計算します（所法33③、38、措法37の10⑥、37の11⑥）。

$$\text{株式等の譲渡に係る総収入金額} - \left[\text{株式等の取得価額} + \text{株式等の取得価額} + \text{株式等の譲渡に係る必要経費} \right]$$

(3)　譲渡所得等の金額の計算上損失が生じた場合

　その年中の一般株式等の譲渡に係る事業所得の金額、譲渡所得の金額及び雑所得の金額の合計額が「一般株式等に係る譲渡所得等の金額」とされ（措法37の10①、措令25の8①）、その年中の上場株式等の譲渡に係る事業所得の金額、譲渡所得の金額及び雑所得の金額の合計額が「上場株式等に係る譲渡所得等の金額」とされます（措法37の11①、措令25の9①）。

　そして、一般株式等の譲渡に係る事業所得の金額の計算上生じた損失の金額は、一般株式等の譲渡に係る譲渡所得の金額から控除することができますが、控除しきれなかった損失の金額は生じなかったものとみなされます（措法37の10①、措令25の8①）。同様に、上場株式等の譲渡に係る事業所得の金額の計算上生じた損失の金額は、上場株式等の譲渡に係る譲渡所得の金額から控除することができますが、控除しきれなかった損失の金額は生じなかったものとみなされます（措法37の11①、措令25の9①）。

　したがって、一般株式等に係る譲渡所得等の金額の計算上生じた損失の金額は、原則として、上場株式等に係る譲渡所得等の金額から控除することはできず、上場株式等に係る譲渡所得等の金額の計算上生じた損失の金額は、一般株式等に係る譲渡所得等の金額の計算上控除することはできません。これらの関係は次表のようになります。

株式等の譲渡			
一般株式等の譲渡		上場株式等の譲渡	
事業所得の金額 譲渡所得の金額 雑所得の金額	合計	事業所得の金額 譲渡所得の金額 雑所得の金額	合計
一般株式等に係る譲渡所得等の金額		上場株式等に係る譲渡所得等の金額	
損失の金額は生じなかったものと みなされる		損失の金額は生じなかったものと みなされる	

　また、これらの損失の金額は総合課税の対象とされる他の所得（給与所得等）の金

額から控除することはできませんし、総合課税の対象とされる他の所得に損失の金額がある場合についても、その金額を株式等に係る譲渡所得等の金額から控除することはできません。

(4) 上場株式等に係る譲渡損失の損益通算

上場株式等を、金融商品取引業者等を通じて譲渡したこと等により生じた譲渡損失（以下「上場株式等に係る譲渡損失」といいます。）の金額がある場合は、確定申告により、上場株式等に係る配当所得等の金額（上場株式等に係る配当所得については、申告分離課税を選択したものに限ります。）を限度として、その年分の上場株式等に係る配当所得等の金額の計算上控除（損益通算）することができます（措法37の12①）。

(5) 上場株式等に係る譲渡損失の繰越控除

上場株式等に係る譲渡損失の金額について、上記(4)の計算によってもなお控除しきれない金額は、翌年以後3年内の各年分の上場株式等に係る譲渡所得等の金額及び申告分離課税を選択した上場株式等に係る配当所得の金額から控除することができます（措法37の12の2①⑥）。

(6) 特定口座内取引における所得計算の特例

居住者等が、金融商品取引業者等に特定口座を開設した場合に、その特定口座内における上場株式等（問37(2)に掲げるものをいいます。）の譲渡による譲渡所得等の金額については、特定口座外で譲渡した他の株式等の譲渡による所得と区分して計算します（措法37の11の3①②）。この計算は金融商品取引業者等が行いますので、金融商品取引業者等から送られる特定口座年間取引報告書により、簡易申告口座を利用して、簡便に確定申告を行うことができます。

また、特定口座内で生じる所得に対して源泉徴収することを選択した場合には、その特定口座（以下「源泉徴収選択口座」といいます。）における上場株式等の譲渡による所得は原則として、確定申告は不要です（⇨問36(5)）。

ただし、他の口座での譲渡損益と相殺する場合や上場株式等に係る譲渡損失を繰越控除する特例の適用を受ける場合には、確定申告を行う必要があります。

≪特定口座制度の概要≫

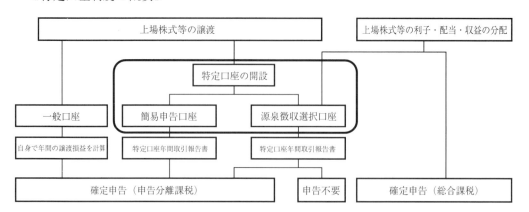

なお、源泉徴収選択口座に受け入れた上場株式等の配当等に対する源泉徴収税額を計算する場合において、その源泉徴収選択口座内における上場株式等の譲渡損失があるときは、その配当等の額の総額からその上場株式等の譲渡損失の金額を控除した残額に対して源泉徴収税率を乗じて徴収すべき所得税の額を計算することとされています（措法37の11の6⑥）。

この場合において、その上場株式等に係る譲渡損失の金額について、申告により、他の株式等に係る譲渡所得等の金額又は上場株式等に係る配当所得の金額から控除するときは、この特例の適用を受けた上場株式等の配当等については、原則として上場株式等の配当等に係る申告不要の特例は適用しないこととされています（措法37の11の6⑩）。

〔39〕 国外転出をする場合の譲渡所得等の特例

問　高額資産家が国外に転出する場合、保有する有価証券について課税されると聞きました。その制度の概要を教えてください。

〔回答〕　国外に転出する一定の高額資産家は、国外転出時に未実現のキャピタルゲイン（含み益）について課税されます。

1　制度の概要

　　国内に住所及び居所を有しないこととなる（「国外転出」といいます。）人が、有価証券若しくは匿名組合契約の出資の持分（「有価証券等」といいます。）又は決済をしていないデリバティブ取引、信用取引若しくは発行日取引（「未決済デリバティブ取

引等」といいます。）を有する場合には、その国外転出の時に、次の①及び②に掲げる区分に応じそれぞれに掲げる金額によりその有価証券等の譲渡又はその未決済デリバティブ取引等の決済をしたものとみなして、事業所得の金額、譲渡所得の金額又は雑所得の金額を計算します（所法60の2①②③）。

つまり、海外移住する時に株式などに係る未実現のキャピタルゲイン（含み益）をわが国の所得税の課税の対象とするというものであり、いわゆる「資産フライト」を防止する目的があります。海外勤務の場合でも課税の対象となるケースがあります。

① 国外転出の日の属する年分の確定申告書の提出時までに納税管理人の届出をした場合など……国外転出の時における有価証券等の価額に相当する金額又は未決済デリバティブ取引等の決済にかかる利益の額若しくは損失の額

② ①に掲げる場合以外の場合……国外転出の予定日の3か月前の日における有価証券等の価額に相当する金額又は未決済デリバティブ取引等の決済にかかる利益の額若しくは損失の額

(注) 海外の銀行に現地口座を開設し、その口座に預金するなど日本国内の資産を国外に移転することを一般に「資産フライト」と呼んでいます。

2 特例の適用対象者

この特例の対象となる人は、次の①及び②に掲げる要件を満たす人です（所法60の2⑤）。

① 上記①及び②に定める金額の合計額が1億円以上である人

② 国外転出の日前10年以内に、国内に住所又は居所を有していた期間の合計が5年超である人

3 納税の猶予

国外転出の日の属する年分の所得税のうち、有価証券等の譲渡又はその未決済デリバティブ取引等の決済があったものとされた所得にかかる部分については、同日の属する年分の確定申告書に納税の猶予を受けようとする旨を記載することにより、納税管理人の届出及び担保の提供を条件に、国外転出の日から5年を経過する日まで、その納税が猶予されます。納税猶予の期限は、申請により国外転出の日から10年を経過する日までとすることができます（所法137の2①②）。

納税猶予の期限が到来した場合において、その期限が到来した日における有価証券等の価額又は未決済デリバティブ取引等の決済による損益が、この特例の対象となった金額を下回るときなどには、更正の請求をすることにより所得税額の減額等をする

ことができます（所法60の2⑩、153の2③）。

　また、納税猶予の期限までに、この特例の対象となった有価証券等又はその未決済デリバティブ取引等の譲渡又は決済をした場合には、その納税猶予に係る所得税のうちその譲渡又は決済等があった有価証券等又は未決済デリバティブ取引等に係る部分については、その譲渡又は決済等があった日から4月を経過する日をもって納税猶予にかかる期限とされ、その譲渡に係る譲渡価額又は決済に係る利益の額が国外転出の時に課税された額を下回るときなどは、更正の請求をすることにより所得税額の減額等をすることができます（所法60の2⑧、137の2⑤、153の2②）。

4　国外転出後5年（10年）を経過する日までに帰国等をした場合の取扱い

　その国外転出の日から5年又は10年を経過する日までに、①この特例の適用を受けた人が帰国をした場合において、その国外転出の時において有していた有価証券等又は未決済デリバティブ取引等をその後引き続き有していたとき、②その人が国外転出の時に有していた有価証券等又は未決済デリバティブ取引等にかかる契約を贈与により居住者に移転した場合、③その人が死亡したことにより、その人が国外転出の時に有していた有価証券等又は未決済デリバティブ取引等に係る契約が相続又は遺贈により移転した場合において、同日までに、その相続人又は受遺者のすべてが居住者になったときは、原則として、更正の請求をすることによりこの特例による課税を取り消すことができます（所法60の2⑥⑦、153の2①）。

5　贈与、相続又は遺贈により非居住者に有価証券等が移転する場合の取扱い

　上記2の①及び②に掲げる要件を満たす人の有する有価証券等又は未決済デリバティブ取引等が、贈与、相続又は遺贈により「非居住者」に移転した場合には、居住者が「国外転出」をする場合と同様に、その贈与、相続又は遺贈の時に、その時における価額に相当する価額により、有価証券等の譲渡又は未決済デリバティブ取引等の決済があったものとみなして、事業所得の金額、譲渡所得の金額又は雑所得の金額を計算することになります（所法60の3）。この場合にも、所定の手続をすることにより、贈与等の日から5年又は10年を経過する日まで、その納税が猶予されるとともに、所定の場合に該当するときには、更正の請求をすることもできます（所法137の3①②③、153の3①）。

6　二重課税の調整

　わが国から出国して非居住者となった場合又はわが国に入国して居住者となった場合において、入出国先との二重課税となるときは、それぞれ調整する措置が設けられ

ています（所法60の４、所令170の３）。

〔40〕 金融類似商品の課税方法

> 問　定期積金の給付補てん金を受け取りました。源泉徴収されている所得税について、確定申告において清算できますか。

〔回答〕　定期積金の給付補てん金に対しては、15％の税率により源泉分離課税が適用されますので、確定申告をすることはできません。

　次に掲げる定期積金等のいわゆる金融類似商品の給付補てん金等で、国内において支払いを受けるべきものは、原則として15％（復興特別所得税を加えた税率は15.315％で、このほかに地方税５％）の税率により源泉徴収だけで課税関係が完了する源泉分離課税制度が適用されます（所法174三～八、所法209の２、209の３、措法41の10、復興財確法28）。

① 　定期積金の給付補てん金
② 　相互掛金の給付補てん金
③ 　抵当証券に基づき締結された契約により支払われる利息
④ 　貴金属（これに類する物品を含みます。）の売戻条件売買の利益
⑤ 　外貨建預貯金で、その元本と利子をあらかじめ約定した率により円又は他の外貨に換算して支払うこととされているものの差益（いわゆる外貨投資口座の為替差益など）
⑥ 　一時払養老保険又は一時払損害保険等の差益（保険期間等が５年以下のもの又は保険期間が５年を超えるもので保険期間等の初日から５年以内に解約されたものに基づく差益）

　したがって、お尋ねの源泉分離課税とされる定期積金の給付補てん金は、確定申告で精算することはできません。

〔41〕 NISA（少額投資非課税制度）の概要

> 問　NISA（ニーサ）を利用して、株式の投資をしたいと思います。
> 　その概要を教えてください。

〔回答〕　NISA（ニーサ）とは、「非課税口座内の少額上場株式等に係る配当所得及び譲渡所得等の非課税の特例」のことで、上場株式等の配当等や上場株式等の譲渡益が非課税となる制度のことをいいます。

1　NISAの概要

　NISAは、20歳以上（口座開設の年の1月1日現在）の居住者等を対象として、非課税口座で取得した上場株式等（投資額は年間120万円が上限）について、その配当等やその上場株式等を売却したことにより生じた譲渡益が、非課税管理勘定が設けられた日の属する年の1月1日から最長5年間非課税とされる制度です（年分ごとにつみたてNISAとの選択適用）（措法9の8①一、措法37の14）。

(注)1　「20歳」とあるのは、令和5年1月1日以後に非課税口座を開設する場合については「18歳」となります。

　　2　非課税とされる配当等は非課税口座を開設する金融機関を経由して交付されるものに限られていますので、上場株式等の発行者から直接交付されるものは課税扱いとなります（つみたてNISA及びジュニアNISAにおいても同様です。）。

　　3　非課税口座で取得した上場株式等を売却したことにより生じた損失はないものとみなされます。したがって、その上場株式等を売却したことにより生じた損失について、特定口座や一般口座で保有する上場株式等の配当等やその上場株式等を売却したことにより生じた譲渡益との損益通算、繰越控除をすることはできません（つみたてNISA及びジュニアNISAにおいても同様です。）。

2　つみたてNISAの概要

　つみたてNISAは、20歳以上（口座開設の年の1月1日現在）の居住者等を対象として、平成30年から令和24年までの間に、非課税口座で取得した一定の投資信託（投資額は年間40万円が上限）について、その収益の分配やその投資信託を売却したことにより生じた譲渡益が、累積投資勘定が設けられた日の属する年の1月1日から最長20年間非課税とされる制度です（年分ごとにNISAとの選択適用）（措法9の8①二、措法37の14）。

(注)　「20歳」とあるのは、令和5年1月1日以後に非課税口座を開設する場合については「18歳」となります。

3　ジュニアNISAの概要

　ジュニアNISAは、20歳未満（口座開設の年の1月1日現在）またはその年に出生した居住者等を対象として、未成年者口座で取得した上場株式等（投資額は年間80万

円が上限）について、その配当等やその上場株式等を売却したことにより生じた譲渡
益が、非課税管理勘定が設けられた日の属する年の１月１日から最長５年間非課税と
される制度です（措法９の９、37の14の２）。

　なお、NISAやつみたてNISAと異なり、上場株式等の配当等や売却代金の払出し
に一定の制限が設けられています。

㊟　「20歳」とあるのは、令和５年１月１日以後に非課税口座を開設する場合につい
　　ては「18歳」となります。

〔42〕　一時所得のあらまし

> 問　一時所得とはどのような所得をいい、どのように計算しますか。
> 　　生命保険が満期になり保険金を受け取りましたが、この保険金はどのような課
> 　税を受けますか。

〔回答〕　**利子所得から譲渡所得までに該当しない所得のうち、一時的なもので、しかも**
　　　　対価としての性質を有しないものをいい、収入金額から支出金額と一時所得の特
　　　　別控除額を差し引いて計算します。

　一時所得とは、利子所得、配当所得、不動産所得、事業所得、給与所得、退職所得、
山林所得及び譲渡所得以外の所得のうち、①営利を目的とする継続的行為から生じた所
得以外の、②一時の所得で、③労務その他役務又は資産の譲渡の対価としての性質を有
しないものをいいます（所法34）。

　例えば、生命共済契約に基づいて支払いを受ける一時金や借家人が立退きに際して受
ける立退料は一時所得に該当します。しかし、小作地を地主に返すに当たって耕作権の
対価を受ける場合には、その対価は原則として譲渡所得に該当します（⇨問52）。

　一時所得の金額は、次の算式により計算します。

$$\begin{matrix}\text{一時所得の}\\\text{収入金額}\end{matrix} - 支出金額 - \begin{matrix}\text{一時所得の}\\\text{特別控除額}\end{matrix} = \begin{matrix}\text{一時所得の}\\\text{金額}\end{matrix}$$

㊟　一時所得の特別控除額は50万円ですが、収入金額から支出金額を差し引いた残額
　　が50万円未満のときは、その残額相当額とされます。なお、総所得金額に算入する
　　際は、一時所得の金額の２分の１相当額が算入されます（所法22②二）。

〔43〕　農業協同組合等から支払いを受ける共済金

> 問　農業協同組合から生命共済契約に基づく満期一時金150万円の支払いを受け、また台風被害を被った家屋について建物共済の共済金50万円の支払いを受けました。建物共済の目的となっている家屋は、60％が蚕室や作業場など農業用に使い、残り40％を居間などの住居に使っています。
>
> 　これらの共済金は、所得税の計算上どのように取り扱われますか。

〔回答〕　生命共済契約に基づく満期一時金は一時所得（又は贈与）、建物共済契約に基づく共済金（災害補償部分に限ります。）は非課税とされます。

1　生命共済金の課税関係

　生命共済契約に基づいて満期により支払いを受ける一時金は、一時所得又は贈与税の課税対象とされます。このように課税上の処理が二つに分かれるのは、生命共済の掛金を誰が負担したかによって課税関係が異なるためです。

　生命共済金の支払いを受ける場合、その共済金の支払原因が満期によるものか、死亡に基づくものか、また、掛金の負担者は誰かなどにより、それぞれ課税関係が異なります。

生命共済の支払原因	被保険者	掛金の負担者（契約者）	共済金受取人	課税関係	
				税目	課税される者等
満期	夫	夫	夫	所得税	夫の一時所得※
満期	夫	夫	妻	贈与税	妻に贈与税
満期	夫	妻	妻	所得税	妻の一時所得※
夫の死亡	夫	夫	夫	相続税	夫の相続財産
夫の死亡	夫	夫	妻	相続税	妻に相続税
夫の死亡	夫	妻	妻	所得税	妻の一時所得※
夫の死亡	夫	妻	子	贈与税	子に贈与税

　※　満期保険金等を年金で受領した場合には、公的年金等以外の雑所得になります（⇨問44）。

　　　この場合、雑所得の金額は、その年中に受け取った年金の額から、その金額に対応する払込保険料または掛金の額を差し引いた金額です。

　例えば、生命共済の掛金を負担した人自身がその満期共済金の支払いを受けた場合には、生命共済金は、その支払いを受けた人の一時所得として、次の算式で計算した

金額の２分の１を他の所得（農業所得など）と総合した上、所得税を計算します（⇨問42）。

$$
\begin{array}{l}
\text{生命共済金の} \\
\text{収入金額Ⓐ}
\end{array}
-
\left[
\begin{array}{l}
\text{Ⓐにつき負} \\
\text{担した掛金}
\end{array}
-
\begin{array}{l}
\text{Ⓐにつき支払わ} \\
\text{れた剰余金等}
\end{array}
\right]
$$

$$
-
\begin{array}{l}
\text{一時所得の特} \\
\text{別控除額㊟}
\end{array}
=
\text{一時所得の金額}
$$

2 建物共済金の課税関係

損害保険契約に基づく保険金及びこれに準ずる共済契約に基づく共済金のうち、資産の損害に基因した支払いを受けるものについては、原則として所得税を課さないこととされています（所令30二）。

しかし、資産の損害について、事業（農業）所得の必要経費に算入しようとするとき、又は雑損控除の対象にしようとするときは、その損害額から共済金の額を差し引いた金額によって必要経費の額や雑損控除の額を計算することにご注意ください（⇨問77、216）。

3 ご質問の場合

まず、生命共済金150万円については、その支払いを受けた者がその掛金を負担しているかどうかにより、負担している場合は一時所得として所得税の課税対象とされ、また、負担していない場合は贈与税の課税対象とされます。

次に、建物共済金50万円については非課税とされますが、蚕室や作業場などの農業用部分の台風被害による必要経費の額を計算する場合や居間などの居住部分の台風被害について雑損控除額を計算する場合には、それぞれ該当する部分に相当する共済金の額を差し引きます。

〔44〕 雑所得のあらまし

> 問　雑所得とはどのような所得をいい、どのように計算しますか。
> 　　今年から生命保険の年金の支給を受けることになりましたが、この所得はどのように計算したらよいでしょうか。

〔回答〕　利子所得から一時所得までのいずれにも該当しない所得をいい、収入金額から必要経費を差し引いて計算します。

第2章　農家の収入と所得の種類

　雑所得とは、利子所得、配当所得、不動産所得、事業所得、給与所得、退職所得、山林所得、譲渡所得及び一時所得のいずれにも該当しない所得をいいます（所法35）。公的年金等や生命共済契約などに基づいて支払いを受ける年金も雑所得とされます（所基通35－1）。

㊟「公的年金等」とは、国民年金法、独立行政法人農業者年金基金法、厚生年金保険法や国家公務員（地方公務員等）共済組合法に基づく年金、恩給（一時恩給を除きます。）、過去の勤務に基づき使用者であった者から支給される年金、適格退職年金契約に基づく一定の退職年金などをいいます（所法35③）。

1　雑所得の金額の計算

　雑所得の金額は、次の①及び②の算式で計算した④と⑧の合計額です。

①　公的年金等の収入金額　－　公的年金等控除額　＝　④

※公的年金等控除額➩問54

②　公的年金等の収入金額以外の雑所得の総収入金額　－　必要経費　＝　⑧

　生命保険の年金に係る雑所得は、上記②の算式により、その年中に支給を受けた年金額から必要経費（この場合は、これまでに掛けた保険料）を差し引いて計算しますが、その年分の必要経費として差し引く保険料の金額は、次により計算します（所令183①）。

$$\left(\begin{array}{l} その保険契約に係る \\ 保険料の支払総額 \end{array} - \begin{array}{l} 年金開始日前に支 \\ 払われた剰余金等 \end{array} \right) \times \dfrac{その年中に支給を受ける年金の額}{\begin{array}{l} 年金の総額（又は \\ その見込額） \end{array}}$$

$$= \begin{array}{l} 必要経費となる \\ 保険料の金額 \end{array}$$

2　雑所得を生ずべき業務に係る申告手続き等

　近年、シェアリングエコノミー等の新分野の経済活動が広がりを見せる中、適正課税の確保に向けた取組みを制度面から整備する観点から、雑所得を生ずべき業務に係る申告手続き等について、以下の改正が行われ、令和4年分以後の所得税について適用されます。

(1)　雑所得を生ずべき小規模な業務を行う人の収入及び費用の帰属時期の特例等

　　雑所得を生ずべき業務を行う人でその年の前々年分のその業務に係る収入金額が300万円以下である場合は、その年分のその業務に係る雑所得の金額の計算上総収

入金額及び必要経費に算入すべき金額は、その業務につきその年において収入した金額及び支出した費用の額とすること（いわゆる現金主義による収入費用の計上）ができます（所法67②、所令196の2）。

(2)　雑所得を生ずべき業務に係る雑所得を有する人に係る収支内訳書の確定申告書への添付義務

雑所得を生ずべき業務を行う人でその年の前々年分のその業務に係る収入金額が1,000万円を超える人が確定申告書を提出する場合は、その雑所得に係るその年中の総収入金額及び必要経費の内容を記載した収支内訳書をその確定申告書に添付しなければなりません（所法120⑥、所規47の3①）。

(3)　雑所得を生ずべき業務に係る雑所得を有する人の現金預金取引等関係書類の保存義務

雑所得を生ずべき業務を行う人でその年の前々年分のその業務に係る収入金額が300万円を超える場合は、5年間、その業務に関して作成し、又は受領した請求書、領収書その他これらに類する書類のうち、現金の収受若しくは払出し又は預貯金の預入若しくは引出しに際して作成されたものを保存しなければなりません（所法232②、所規102⑦⑧）。

〔45〕　大農機具の譲渡による損益

> 問　この春、乗用型トラクターを購入しましたが、これに伴って3年前に80万円で購入した耕運機を30万円で売り払いました。この売却により生ずる損益は、どのように取り扱われますか。

〔回答〕　**大農機具などの減価償却資産の譲渡による損益は、原則として譲渡所得として所得計算を行います。**

大農機具は、減価償却資産に該当しますが、減価償却資産の譲渡による所得は、一般的には、譲渡所得に該当しますので、農業所得の計算とは区分して所得の計算を行います（所法33）。

すなわち、減価償却資産の譲渡による収入金額から、その資産の取得価額（譲渡の日までの減価償却費の累計額を差し引いた後の金額）と譲渡費用を差し引き、その差し引いた後の金額が黒字の場合にはそれから更に50万円の特別控除額（黒字の額が50万円未

満のときは黒字の額相当額とされます。また、2以上の資産を譲渡しているときは、全体の譲渡損益を通算した上で50万円を差し引きます。）を差し引いた金額が譲渡所得の金額になります。この譲渡所得の金額は、農業（事業）所得や配当所得などの他の所得と総合されて所得税の計算の基礎になるわけです。また、譲渡による収入金額から取得価額と譲渡費用を差し引いた金額が赤字の場合には、その赤字の額を農業所得や配当所得などの他の所得から差し引くことができます（⇨問3）。

　ご質問の場合には、次のように15万6千8百円の譲渡所得の赤字が生じますから、別に計算した農業所得などからこの赤字を差し引きます。

（譲渡所得の計算）

$$\begin{bmatrix}譲渡\\収入\end{bmatrix} \quad \begin{bmatrix}譲渡日の\\取得価額\end{bmatrix} \quad \begin{bmatrix}譲渡\\費用\end{bmatrix}$$

　　300,000円 － 456,800円 － 0円　　＝△156,800円　　……譲渡所得の赤字

耕運機の譲渡の日における取得価額は、次のように計算します。

なお、耕運機は、定額法により計算しています。

$$\begin{bmatrix}取得\\価額\end{bmatrix} \quad \begin{bmatrix}耕運機の\\償却率\end{bmatrix} \quad \begin{bmatrix}使用\\期間\end{bmatrix}$$

　　800,000円 × 　0.143 　× 　3年　　＝343,200円　　……償却費の累計額

　　800,000円－343,200円＝456,800円……譲渡の日における取得価額

(注)　減価償却資産を譲渡した場合の所得区分については、少額減価償却資産の譲渡（⇨問46）など例外的取扱いがあります。

〔46〕　小農機具の譲渡による所得

> 問　3年前に6万円で購入した噴霧器を、知人に5千円で売却しました。この5千円は、所得税の計算上どのように扱われますか。

〔回答〕　少額減価償却資産の譲渡による所得は、農業所得に含まれます。

　農機具などの減価償却資産を譲渡したことによる所得は、一般的には譲渡所得に該当します（⇨問29）。

　しかし、譲渡した資産が「少額減価償却資産」（取得価額が10万円未満のもの又は使用可能期間が1年未満のものをいいます。）であるときは、原則として、その譲渡によ

る所得は譲渡所得には該当せず、少額減価償却資産が使用されていた業務の種類に応じて事業（農業）所得、不動産所得又は山林所得とされます（所法33②一、所令81二）。

これは、少額減価償却資産については、一般の減価償却資産のように減価償却の対象とせず、その購入の際に購入価額のすべてをその年分の必要経費に算入するように取り扱っていることとの関係によるものです（⇨問119）。

ご質問の場合は、6万円で購入した噴霧器は少額減価償却資産に該当し、3年前の購入時に購入価額6万円をその年分の農業所得の計算上必要経費に算入する処理が行われていると思われますので、本年分の農業所得の計算上は噴霧器の譲渡代金5,000円を収入金額に計上します。

〔仕訳例〕
○3年前に8万円で購入した噴霧器を知人に5千円で売却した。
（借）現金　5,000円　　　（貸）雑収入　5,000円

〔47〕　農業協同組合の貯金利子

> 問　農業協同組合の営農口座に振り込まれた農作物の販売代金の一部を定期貯金にしておいたところ、このほどその利子が入金されました。これは何所得になりますか。

〔回答〕　**金融機関などが受け入れた預貯金の利子は、利子所得になります。**

銀行や信用金庫などの金融機関のほか、預貯金の受け入れをする農業協同組合などが受け入れた預貯金の利子にかかる所得は、利子所得に該当します。したがって、農産物の販売代金のような農業所得の収入金額を貯金した場合に、その貯金について生じた利子であっても、農業所得ではなく利子所得に該当します。

なお、利子所得については、障害者等が受け取る一定の預貯金等の利子で非課税とされているものを除き、原則として15.315％（このほかに地方税5％）の税率により源泉徴収されるだけで納税が完了する源泉分離課税とされています（措法3、措令1の4、復興財確法28）（⇨問21）。

〔仕訳例〕
　○定期預金利子398円が普通預金に入金となった。
　　（借）普通預金　398円　　　（貸）事業主借　398円

〔48〕　農事組合法人から支払いを受ける従事分量配当

> **問**　私は農事組合法人○○組合の組合員ですが、このたび○○組合からいわゆる従事分量配当（○○組合の事業に従事した程度に応じて支払われる分配金）72万円の支給を受けました。この従事分量配当は、所得計算上どのように取り扱われますか。
>
> 　　なお、○○組合は、その事業に従事する組合員に対して給与を支払っていません。

〔回答〕　組合員に給与を支給しない農事組合法人から支給を受けた従事分量配当は、農業所得とされます。

　３人以上の農家が集まって農業経営の協業化を図ろうとするときは、農事組合法人を設立することができます。農事組合法人は、その事業に従事する組合員に対して給与を支払うほか、定款で定めるところにより、組合員に対して剰余金の配当をすることが認められています。この剰余金の配当は、①同組合の事業の利用分量の割合に応じて支払われるもの（例えば施設の利用に伴って支払われる利用料など）、②組合員が同組合の事業に従事した程度に応じて支払われるもの（従事分量配当）、③組合員の出資額に応じて支払われるものの３つに限られます。

　これらの配当のうち従事分量配当（上の②の配当）については、その配当を支払う農事組合法人が同組合員に対して給与（給料、賃金、賞与その他これらの性質を有する給与をいいます。）を支給しているかどうかにより、所得計算上次のように取り扱うこととされています（所令62①②）。

(1)　組合の事業に従事する組合員に対して給与と従事分量配当の両方を支給している場合

　　従事分量配当は、その支給を受けた組合員の所得計算上配当所得として取り扱われます。

(2)　組合の事業に従事する組合員に対して給与を支給せず、従事分量配当を支給している場合

従事分量配当は、その支給を受けた組合員の所得計算上原則として農業所得として取り扱われます。

ご質問の場合、○○組合はその事業に従事する組合員に対して給与を支給していないので、○○組合から支給を受けた従事分量配当72万円は、農業所得の収入金額に計上します。利用分量配当（上記①の配当）についても、上記従事分量配当と同様に取り扱います。出資配当（上記③の配当）は、配当所得となります。

〔49〕 家族に支給された従事分量配当の取扱い

> 問　わが家では私と長男が農事組合法人△△組合の組合員で、同組合の事業に従事して従事分量配当の支給を受けています。支給金額は、私が60万円、長男が84万円ですが、これらはそれぞれ私と長男の給与所得になると考えてよいでしょうか。
>
> 　なお、同組合は、その事業に従事する組合員に対して給与を支払っていません。

〔回答〕　農業所得に該当する従事分量配当は、家族分も含めて、最も多額の従事分量配当の支給を受けた人の所得とされます。

　農事組合法人から支給を受ける従事分量配当については、農事組合法人がその事業に従事する組合員に対して給与を支払っているかどうかにより、その支給を受けた組合員の所得計算上、原則として配当所得又は農業所得として取り扱われます（⇨問48）。

　従事分量配当のうち農業所得に該当するものの支給を受ける人が、生計を一にする親族のうちに２人以上いる場合には、これらの親族のうちもっとも多額の従事分量配当の支給を受けた人が、他の親族の従事分量配当も支給を受けたものとみなして所得を計算します（所令62③）。

　したがって、従事分量配当の支給を受けた親族のうち、もっとも多額に支給を受けた人以外の人は、従事分量配当の支給を受けなかったものとみなされるわけです。

　ご質問の場合についてみると、まず、△△組合はその事業に従事する組合員に対して給与を支払っていませんから、△△組合から支給を受けた従事分量配当は、その受給者の農業所得に該当します。次に、あなたと長男が生計を一にしているかどうかが設問上明らかになっていませんが、仮りに生計を一にしているものとすれば、長男の従事分量配当84万円は、あなたの従事分量配当60万円を上回るので、両者を合わせた144万円が

長男の農業所得の収入金額となります。

　なお、あなたは、農業に専従していると思われますので、長男の農業所得の計算上、事業専従者控除又は青色事業専従者給与の必要経費の特例の適用があるものと思われます。

〔50〕　農事組合法人が組合員に給与を支給しているかどうかの判定

> 問　私が組合員となっている農事組合法人××組合は、従事分量配当が確定する前に毎月仮払金として事業に従事する組合員に５万円ずつ支給し、決算により従事分量配当が確定した後に毎月の仮払金を清算しています。この場合には、××組合が毎月支給する仮払金は、給与と認定されることになりますか。

〔回答〕　仮払金として経理した金額で、従事分量配当が確定後清算されるものは給与とされません。

　農事組合法人がその事業に従事する組合員に対して給与を支給しているかどうかは、従事分量配当の支給を受ける組合員にとってその所得計算に当たり大きく影響します。そのため、農事組合法人が組合員に対し、給与を支給するものであるかどうかの判定については、それぞれ次のように取り扱われます（所令62①三②、所基通23～35共－３）。

(1)　農事組合法人の役員又は事務に従事する使用人である組合員に対して給与を支給しても、給与を支給する農事組合法人であるかどうかの判定には関係させません。

(2)　その事業に従事する組合員に対して、その事業年度分の従事分量配当として確定すべき金額を見合いとして金銭を支給し、その事業年度の剰余金処分により従事分量配当が確定するまでの間、仮払金、貸付金などとして経理した場合には、仮払金などとして経理した金額は、給与として支給されたものとはされません。

(3)　その事業に従事する組合員に対して生産物等を支給した場合には、通常の家事消費の程度を超え、しかも給与の支給に代えて支給されたものと認められるときに限り、給与を支給する農事組合法人に該当することとされます。

　ご質問の場合は、××組合の事業に従事する組合員に毎月支給する５万円は仮払金として経理され、その後従事分量配当が確定してから清算することになっているので、この仮払金は給与として支給されたものと認定されることはありません。

〔51〕 小作料収入等の所得区分

> 問 所有農地の一部を友人に貸与し、小作料として15万円受け取りました。また、現在耕作中の水田の中に電力会社の高圧架線の電柱が設置されることになり、その対価として60万円、本年分の地代として1万円を受け取りました。これらの収入はどのように計算しますか。

〔回答〕 **農地などの不動産の貸付けによる所得は、不動産所得として計算します。**

　土地や建物のような不動産を貸付けたことによる所得は、原則として不動産所得になります。農地などのように農業のため使用していた不動産を賃貸した場合でも、変わりがありません（所法26）。

　また、この場合の「貸付け」には、地上権や永小作権の設定、その他他人に不動産を使用させる場合も含まれます。電力会社の高圧電線を架設する場合は、一般的には地役権を設定することが多いようですが、この場合にも不動産の貸付けに当たり、その対価は原則として不動産所得に該当します。ただし、電力会社の特別高圧電線を架設するために地役権を設定した場合において、その設定の対価が、その設定をした土地の価額の5割相当額を超えるときは、その設定の対価は不動産所得ではなく譲渡所得に該当します（所令79①一）。

　ご質問の場合は、友人から受け取った小作料15万円、電力会社から受け取った地代等61万円は、いずれも不動産所得の収入金額とされます。ただし、電力会社から受け取った61万円のうちの60万円が、特別高圧電線の架設のために設定された地役権の対価であり、しかも架設された水田の価額の5割相当額を超えるものであれば、この60万円は不動産所得ではなく、譲渡所得の収入金額とされます（⇨問29）。

〔52〕 小作地の返還に伴い地主から支払われた離作料

> 問 長年、私が小作地として耕作していた水田20アールを地主が他に売却することになり、小作地の返還を求められました。地主と交渉の結果、小作地を返還することを条件に600万円を私が地主から受け取ることになりました。この600万円は、所得計算上どのように取り扱われますか。

〔回答〕　小作地の返還に伴い地主から支払われる離作料は、譲渡所得に該当します。

　契約に基づき、譲渡所得の基因となるべき資産が消滅したことに伴い、その消滅について一時に受ける補償金その他これに類するものは、譲渡所得の収入金額とされます（所令95）。また、この場合の「譲渡所得の基因となるべき資産」とは、棚卸資産（準棚卸資産を含みます。）、山林及び金銭債権以外のいっさいの資産をいうものとされ、借家権のような事実上の権利も含まれるものとされています（所基通33-1）。

　ご質問の場合は、地主との契約に基づいて小作地を返還することにより小作人として所有していた耕作権が消滅し、その消滅について600万円を受け取ったわけですから、この600万円は譲渡所得の収入金額に該当します。

〔53〕　農業委員会等の委員報酬

> 問　私は農業委員会の委員に選任され、同委員会から報酬の支給を受けています。また、報酬とは別に僅かですが旅費の支給も受けています。これらは、所得はどのように計算しますか。

〔回答〕　委員報酬は、原則として給与所得として計算します。

　国や県・市町村などの委員会（審議会、調査会、協議会などの名前で呼ばれているものも含まれます。）の委員として支給される謝金、手当などの報酬は、原則として給与所得に該当することとされています。ただし、次のいずれにも該当する場合の委員報酬については、課税しなくてもよいことに取り扱われています（所基通28-7）。

①　その委員会を設置している国や県・市町村などから委員報酬以外に給与などの支給を受けていないこと

②　その委員会の委員として旅費その他の費用の弁償を受けていないこと

③　その年中に支払いを受ける委員報酬の額が1万円以下であること（1万円以下であるかどうかの判定は、各委員会ごとに行います。）

　ご質問の場合は、委員会から旅費が支給されるということですので、委員報酬については、その支給額の多少にかかわらず、給与所得として課税されます（給与所得については、⇨問25）。

　なお、委員会から支給される旅費については、その旅行について通常必要であると認められるものは、非課税とされています。

〔仕訳例〕
　○農業委員会の委員報酬2万円が振り込まれた。
　　（借）普通預金　20,000円　　　（貸）事業主借　20,000円
　○農業委員会から旅費3千円が現金支給された。
　　（借）現金　3,000円　　　（貸）事業主借　3,000円

〔54〕　農業者年金の課税関係

問　私は、農業者年金に加入しており、農業者老齢年金の支給を受けました。この年金は、課税上どのように取り扱われますか。

〔回答〕　農業者老齢年金は、雑所得として計算します。

　独立行政法人農業者年金基金法に基づく農業者老齢年金は、20年以上保険料を納付していた農業者年金の被保険者などが65歳に達したときに支給され、国民年金などの他の公的年金と同様に雑所得として取り扱われます（所法35③）。また、20年以上保険料を納付していた農業者年金の被保険者が65歳に達する前に農業の経営移譲をしたときに支給される経営移譲年金についても、同じく雑所得として取り扱われます（⇨問44）。

　(注)　経営移譲年金は、現在、特例付加年金とされています（⇨問15）。

　これらの公的年金等にかかる雑所得の金額は、公的年金等の収入金額から公的年金等控除額を差し引いて計算します。

　公的年金等控除額は、次表で求めた金額です（所法35④、措法41の15の3①）。

受給者の年齢	公的年金等の収入金額(A)		公的年金等控除額
65歳未満の人		1,300,000円まで	600,000円　((A)を限度とします。)
	1,300,000円超	4,100,000円まで	(A)×25％　+　275,000円
	4,100,000円超	7,700,000円まで	(A)×15％　+　685,000円
	7,700,000円超	10,000,000円まで	(A)× 5％　+　1,455,000円
	10,000,000円超		1,950,000円
65歳以上の人		3,300,000円まで	1,100,000円 ((A)を限度とします。)
	3,300,000円超	4,100,000円まで	(A)×25％　+　275,000円
	4,100,000円超	7,700,000円まで	(A)×15％　+　685,000円
	7,700,000円超	10,000,000円まで	(A)× 5％　+　1,455,000円
	10,000,000円超		1,950,000円

（注）1　令和４年分所得税については、65歳未満の人とは昭和33年１月２日以降に生まれた人、65歳以上の人とは昭和33年１月１日以前に生まれた人です。

2　上記の表は公的年金等に係る雑所得以外の所得金額が1,000万円以下の場合の控除額です。

3　公的年金等に係る雑所得以外の所得金額が1,000万円超2,000万円以下の場合の控除額は、上記の表で計算した公的年金等控除額から10万円を控除した金額です。

4　公的年金等に係る雑所得以外の所得金額が2,000万円超の場合の控除額は、上記の表で計算した公的年金等控除額から20万円を控除した金額です。

なお、独立行政法人農業者年金基金法に基づく死亡一時金は、非課税とされます。

〔55〕　山林の伐採・譲渡による所得

> 問　裏山に松茸が自生し、これを採取して毎年10万円ほどの所得がありましたが、今年この裏山の松林を伐採して売却することになりました。松茸と松林の売却による所得は、どのように計算しますか。

〔回答〕　松茸の売却による所得は雑所得に、また、松林の伐採・譲渡による所得は山林所得として計算します。

　裏山に自生する松茸を採取して販売することは農業には該当しませんが、その規模や収益の状況その他の事情から総合的に見て「事業」に該当すると認められる場合には、松茸の販売による所得は事業所得になります。しかし、ご質問の場合は、規模が小さく収益もわずかですから、事業から生ずる所得とは認められず、さらにその継続性や対価性からみて一時所得にも該当しないので、結局、雑所得に区分されます（⇨問44）。

　また、松林などの山林を伐採して譲渡することによる所得は、原則として山林所得になります（所法32①）。しかし、山林を取得した日から５年以内に譲渡したことによる所得は、山林所得に当たりません（所法32②）。この場合には、例えば相当の規模で毎年輪伐しているなど事業として山林の伐採譲渡が行われていると認められるものは事業所得に、そうでないものは雑所得にそれぞれ区分されます。

　ご質問の場合は、売却した山林の保有期間は不明ですが、「自生した松茸を毎年採取していた」ところから推測するとかなり長期間保有していたように思われますので、その保有期間が５年を超えているとすれば、山林を伐採して売却したことによる所得は、

山林所得に該当します（⇨問28）。

〔56〕 交通事故により支払いを受けた損害賠償金の課税上の取扱い

問　野菜を出荷するためトラックで搬送中に交通事故に遭い、私が負傷したほか積荷の野菜やトラックの車体に損害を被りました。

　　事故の責任は相手方にあるため、次のような損害賠償金等を相手方から受け取りました。これらの損害賠償金等の課税関係はどうなりますか。

　　①　傷の治療費30万円

　　②　入院中や加療中の所得の補償分12万円

　　③　積荷の野菜に関する損害賠償分20万円

　　④　トラックの修理代27万円

　　⑤　負傷による苦痛等に対する慰謝料50万円

なお、このほか親戚や友人から見舞金をもらいましたが、これはどうなりますか。

〔回答〕　損害賠償金等の性格に応じて、非課税又は事業所得の収入金額に計上します。

1　非課税とされる損害賠償金等

　　損害賠償金等のうち次表に掲げるものその他これらに類するものは、非課税とされています（所法9①十八、所令30）。ただし、これらのうちに被害者の所得計算上必要経費に算入される金額を補てんするための金額が含まれている場合には、その金額を差し引いた部分の金額が非課税とされます。

表1≪非課税とされる損害賠償金等≫

①　心身に加えられた損害につき支払いを受ける慰謝料その他の損害賠償金（その損害に基因して業務に従事できなかったことによる給与や収益の補償として受けるものを含みます。）

②　不法行為その他突発的事故により資産に加えられた損害につき支払いを受ける損害賠償金（次の表2に掲げるものを除きます。）

③　心身又は資産に加えられた損害につき支払いを受ける相当の見舞金

（次の表2に掲げるものその他役務提供の対価としての性質をもつものを除きます。）

2 課税対象とされる損害賠償金等

損害賠償金等のうち、次表に掲げるもので収入金額に代わる性質をもつものについては、非課税とはならず、その支払いを受けた者の事業所得等の収入金額に計上することとされています（所令94①）。

表2≪課税対象とされる損害賠償金等≫

① 棚卸資産、準棚卸資産、山林、工業所有権や著作権等について損失を受けたことにより取得する損害賠償金、見舞金その他これらに類するもの

② 業務の全部又は一部の休止、転換又は廃止その他の事由によりその業務の収益の補償として取得する補償金その他これに類するもの

3 ご質問の場合

ご質問の場合は、損害賠償金等の性格に応じて次のように課税上取り扱われることになります。

まず、傷の治療費30万円、入院中や加療中の所得の補償分12万円、負傷による苦痛等に対する慰謝料50万円は、いずれも表1の①に当たりますから非課税。また、親戚や友人からの見舞金も表1の③に当たりますから非課税になると思われます。

なお、傷の治療費30万円は、医療費控除を受ける場合には、支払った医療費の金額から差し引きます。

トラックの修理代相当額は表1の②に当たりますが、農業所得の計算上トラックの修理代が必要経費に算入されますので、これとの見合いで、トラックの修理代相当額27万円は農業所得の収入金額に計上します。

積荷の野菜に関する損害賠償分は、表2の①に当たりますから、農業所得の収入金額に計上します。

〔57〕 受託農業経営事業に係る収益の計算

> **問** わが町の農業協同組合では組合員から委託を受けて「受託農業経営事業」を行っています。私はこの「受託農業経営事業」に水田の耕作を委託し、このたび、96万円の収益の配分を受けました。配分を受けた96万円は、何所得になりますか。

〔回答〕 委託農家の農業所得に該当します。

第2章　農家の収入と所得の種類　　　　　87

　農業協同組合が組合員から委託を受けて行う「受託農業経営事業」から生ずる収益は、原則として委託者の農業所得に該当するものとされます（昭47直所3－1）。なお、夫婦間における農業所得の帰属の判定（⇨問16）や親子間における農業所得の帰属の判定（⇨問18）により委託者以外の人が農業所得の帰属者と推定されている場合には、その推定された人が受託農業経営事業から生ずる収益の帰属者とされます。

　そして、受託農業経営事業に係る農業所得の計算においては、次の算式の(1)により行うのが建前ですが、この計算を省略して、受託者（農業協同組合）がその年12月31日現在で仮決算をした結果により委託者に通知した配分見込額を農業所得の収入金額とし、その委託農地に係る固定資産税及び受託農業経営事業の用に供された減価償却資産の償却費等を必要経費として次の算式の(2)により計算しても差し支えないこととされています。

≪受託農業経営事業に係る農業所得の算式≫

(1)　原則計算

$$\text{受託農業経営事業に係る総販売額（共済金等を含む）} \times \frac{\text{基準収量により算定したその委託者の収量の合計}}{\text{基準収量により算定した受託農業経営事業に係る収量の合計}}$$

$$-\ \text{その委託者の委託面積等を基にして算定した「受託経費」} - \text{委託農地に係る固定資産税等Ⓐ}$$

$$=\ \text{その受託農業経営事業に係る農業所得}$$

　　(注)1　「受託経費」には、資材費、共済掛金、事務管理費、作業費などが含まれます。

　　　　2　上記算式中Ⓐ以外の金額は、受託者がその帳簿に基づいて計算し、各委託者に通知します。

(2)　簡易計算

$$\text{受託者から通知された配分見込額} - \text{委託農地に係る固定資産税等} = \text{受託農業経営事業に係る農業所得}$$

　ご質問の場合は、上記(2)の簡易計算の方法により、配分額96万円から、耕作を委託した水田の固定資産税等の必要経費を差し引いて農業所得を計算します。

〔仕訳例〕
　○受託農業経営事業に関する収益96万円を現金で受け取った。
　　（借）現金　960,000円　　　（貸）雑収入　960,000円

〔58〕　受託農業経営事業に係る農耕に従事した家族が受ける報酬

> 問　農業協同組合からの依頼により、同組合が受託している水田の農耕に従事して報酬を受け取りました。
>
> 　報酬額は、私の分が10万円、長男の分が20万円の合計30万円ですが、何所得になりますか。
>
> 　なお、わが家でも農地の一部の耕作を農業協同組合に委託しており、その農業協同組合が負担する受託経費のうちには18万円の作業費が含まれています。

〔回答〕　報酬額のうち、「作業費」相当部分は委託者の農業所得、超過部分は従事者の給与所得とされます。

　委託者又はその家族（委託者と生計を一にする配偶者その他の親族をいいます。）が「受託農業経営事業」に従事し、受託者から報酬を受ける場合には、その報酬のうち、受託者が負担する受託経費（⇨問57）に含まれる作業費に相当する部分は、委託者の農業所得に該当するものとされます。また、この作業費に相当する部分を超える部分は、その報酬を受けた委託者又は家族の給与所得として取り扱われます。この場合、委託者が受ける報酬からさきに農業所得に該当するものとして計算します（昭47直所3－1）。

　したがって、ご質問の場合には、あなたと長男が支払いを受けた報酬30万円のうち、作業費相当額18万円は農業所得、超過部分12万円は給与所得とされます。この場合、あなたの報酬10万円からさきに農業所得に該当するものとされるので、長男の報酬20万円のうち8万円は農業所得に、12万円は給与所得の収入金額になるわけです。

〔仕訳例〕
　○質問の場合について、作業費相当額18万円を雑収入として計上し、あなたの報酬10万円を超える金額8万円は事業主貸として計上した。
　　（借）現　　金　100,000円　　　（貸）雑収入　180,000円
　　　　　事業主貸　 80,000円
　㈲　残りの12万円は長男の給与収入とされます。

〔59〕 個人間における委託耕作の所得区分

> 問 わが家では、人手が足りないために一部の農地の耕作を遠縁に当たるＡ氏に委託しています。この農地からあがる収益については、その6割をＡ氏が、4割を私が受け取る約束です。私が受け取る収益は、何所得になりますか。
>
> また、Ａ氏の受け取る収益はどうなりますか。

〔回答〕 **委託者と受託者の農業所得となります。**

　農地法第3条第1項（農地又は採草放牧地の権利移動の制限）の規定による農業委員会の許可を受けず、他人に農地の耕作を委託し、その対価を受ける場合には、その対価は、原則として農業所得に該当します（昭47直所3－1）。

　また、他人から委託を受けてその者の農地を耕作している場合に、その農地から生ずる収益（その農地の受託耕作により委託者から報酬を受けているときは、その報酬を含みます。）は、農業所得に該当します。農地法第3条7項では、「許可を受けないでした行為は、その効力を生じない。」と規定しており、つまるところ、農業委員会を通さずに行った個人間での農地の貸し借り（無許可賃貸借）は、不動産所得に当たらず、農業所得に該当するという趣旨で、この点、農業委員会を通じて行った農地の賃貸借とは課税関係が異なります（⇨問51）。

　したがって、ご質問の場合は、受託者であるＡ氏が分配を受ける収益（6割分）と本人が分配を受ける収益（4割分）とは、いずれもそれぞれの人の農業所得とされます。

〔60〕 コンバインによる稲刈り作業収入の課税上の取扱い

> 問 わが家で昨年大型コンバインを購入したところ、第2種兼業農家である隣家から稲の刈り取り作業の依頼を受け、その作業報酬として15万円の支払いを受けました。コンバインの運転には長男が当たり、私は補助作業に従事したのですが、この作業報酬は課税上どのように取り扱われますか。

〔回答〕 **原則として農業所得の収入金額となります。**

　隣家から依頼を受けて行ったコンバインによる農作業が、農業経営の一環としてなされたものかどうかにより、この作業報酬の課税上の取扱いが異なる場合があります。す

なわち、コンバインによる農作業がその所有者の農業経営の一環として行われたものであればその報酬は農業所得の収入金額に計上されます。通常の場合は、コンバインのような農業経営に基本的に重要な機械装置を使用する作業は、農業経営の一環として行われるものと認められますから、その報酬は農業所得の収入金額とされるわけです。しかし、例えば、稲刈り作業を長男が独自に請負い、事業専従者としての勤務のかたわら自己の計算と責任において隣家の稲刈り作業を行うような場合には、その報酬が長男に帰属することも考えられないわけではないでしょう。

〔仕訳例〕
　○コンバインによる稲刈り作業の収入15万円を現金で受け取った（コンバインによる農作業は農業経営の一環として行われている場合。）。
　　（借）現金　150,000円　　　（貸）雑収入　150,000円

〔61〕　事業専従者が他の農家から受けた日当の取扱い

問　妻と長男は私の経営する農業に専従していますが、専従のかたわら他の農家の依頼を受けてその農家の農作業に従事し、日当をもらっています。この妻や長男が受け取った日当は、私の農業所得に含めなくてはいけませんか。

〔回答〕　**事業専従者が他から受けた日当は、その事業専従者の給与収入に算入します。**

　事業専従者が事業に専従するかたわら隣家の依頼を受けて隣家の農作業に従事した場合に受ける日当は、通常、その事業専従者の給与所得の収入金額とされます。したがって、この日当は、その事業専従者の専従者給与（青色事業専従者でない場合は専従者控除額）などその他の給与収入と合わせて事業専従者の給与所得の計算をします。

　なお、事業専従者が隣家の農作業に従事したことが農業経営者の指示に基づき農業経営の一環として行われたものである場合には、その日当は農業経営者の農業所得の収入金額に該当する場合もあると考えられます。

第2章　農家の収入と所得の種類　　91

〔62〕　金銭の貸付けによる所得

> 問　りんごの出荷を共同で行っているＢ氏からの要望により、Ｂ氏に事業資金を融資してその利子８万円をＢ氏から受け取りました。また、親戚のＣ氏から長女の結婚資金を一時融通するよう依頼され、融通した資金の返済に当たりＣ氏から３万円の謝礼金を受け取りました。課税上どのように取り扱われますか。

〔回答〕　金銭の貸付けによる所得は、事業所得又は雑所得に該当します。

　金銭の貸付けにより支払いを受ける利子は、預貯金の利子ではないので利子所得には該当しません（⇨問21）。このような金銭の貸付けによる利子は、その貸付口数、貸付金額、利率、貸付の相手方、担保権の設定の有無、貸付資金の調達方法、貸付けのための広告宣伝の状況などからみて事業（貸金業）から生ずると認められるものは事業所得とされ、そうでないものは雑所得とされます（所基通27－6、35－2(6)）。

　しかし、貸付口数その他の状況からみて事業と認められない金銭の貸付けであっても、その貸付けが貸金業以外の事業の遂行上取引先や使用人に対してなされたものであるときは、その貸付金の利子は貸金業以外の事業にかかる事業所得に該当することとされています（所基通27－5(1)）。

　ご質問の場合には、Ｂ氏への貸付けは農業の遂行上行われたものと認められますから、その利子８万円は農業所得の収入金額に該当します。また、Ｃ氏からの謝礼金３万円は農業や貸金業以外の収入と認められるため雑所得の収入金額に該当します。

〔仕訳例〕
　○事業遂行上の貸付金の利息８万円を現金で受け取った。
　　　（借）現金　80,000円　　　　（貸）雑収入（受取利息）　80,000円

〔63〕　農機具の貸付けによる所得

> 問　私は動力田植機を所有していますが、知人Ｄ氏からの依頼を受けてこの動力田植機を貸与しました。その返還の際に、Ｄ氏は謝礼として10万円を私に支払ってくれましたが、この10万円は課税上どのように取り扱われますか。なお、田植機の運転は、Ｄ氏の長男が行ったため、私からは田植機の本体を貸付けただけです。

〔回答〕　農機具の貸付けによる収入は、農業所得の収入金額に計上します。

　農地などの不動産の貸付けによる所得は原則として不動産所得になりますが、農機具のような動産の貸付けによる所得は、その貸付けが事業として行われている場合には事業所得とされ、それ以外の場合には雑所得とされます（所基通35－2(1)）。

　しかし、その貸付けが事業として行われていない場合であっても、事業の遂行上付随的に貸付けられたものであれば、事業所得の付随収入として事業所得の収入金額に計上します（所基通27－5）。

　ご質問の場合には、農業経営に使用するために所有している農機具を他へ貸付けることによりその謝礼金を受け取ったのですから、この謝礼金10万円は、農業所得の収入金額に計上します。

> 〔仕訳例〕
> 　○田植機を知人に貸付け、その謝礼として10万円を現金で受け取った。
> 　　　（借）現金　100,000円　　　（貸）雑収入　100,000円

〔64〕　農地を毎年切り売りしている場合の所得

> 問　このところ毎年住宅用地として畑を10アール程度ずつ切り売りしています。これまでは毎年譲渡所得として申告してきましたが、農家が継続して農地の切り売りをした場合には、雑所得として課税されると聞きました。これはどういうことですか。

〔回答〕　農地の譲渡を継続的に行った場合でも、一般的には譲渡所得となりますが、事業所得又は雑所得として課税される場合があります。

　農地の譲渡による所得は、一般的には分離課税の譲渡所得となりますが、相当の期間にわたり継続して譲渡することによる所得は、原則として、事業所得又は雑所得とされ、総合課税の対象とされます（所基通33－3）。

　ご質問の場合には、毎年住宅用地として10アール程度ずつ畑を分割して譲渡しているとのことですから、事業所得又は雑所得として、総合課税の対象になるものと考えられます。

　なお、農地の譲渡による所得が事業所得又は雑所得になる場合、所有期間が5年以下の土地等の譲渡による所得については、分離課税により課税されることとされています

（措法28の4①）が、土地等の譲渡については、当分の間、分離課税は適用されないこととされています（措法28の4⑥）（⇨問3）。

〔65〕 補償金の課税関係

> **問** 高速道路工事のために水田の一部と資材小屋の敷地が収用され、道路公団から補償金を受け取りました。補償金の内訳は、水田などの対価補償金が700万円、立毛補償金が20万円、資材小屋の移転費用が15万円の合計735万円です。
>
> これらの補償金に対する課税上の取扱いはどうなりますか。

〔回答〕 補償金の性質により、譲渡所得や事業所得等の収入金額とされ、又は非課税とされます。

資産を譲渡した場合には、一般に譲渡所得としての課税がなされますが、この場合の「譲渡」には、売買のほか、交換、競売、公売、収用、法人に対する出資などが含まれます。したがって、水田と小屋の敷地を収用されその補償金を受け取ったような場合には、譲渡があったものとしてその補償金は譲渡所得の収入金額とされます。

ところで、水田に立毛中の水稲は棚卸資産に該当しますが、棚卸資産の譲渡収入は譲渡所得ではなく事業所得になります。ご質問の場合も、水田などの対価補償金700万円は譲渡所得になりますが、立毛補償金20万円は農業所得になるわけです。

また、収用などに伴い資産の移転等の費用に充てるための金額の交付を受けた場合に、その金額を交付目的に従って資産の移転等の費用に充てたときは、その費用に充てた金額は、収入金額に算入しないこととされ、残りの金額があるときは、その残りの金額は一時所得の収入金額に算入することとされています。ただし、費用に充てた金額のうちに事業所得等の金額の計算上必要経費に算入される部分の金額は、収入金額に算入されます。ご質問の場合には、例えば、移転費用として受けた補償金15万円のうち10万円を資材小屋の移転費用に充て残りを農協へ預金したようなときは、10万円は収入金額不算入とされ、残り5万円は一時所得の収入金額に算入します（この場合でも、10万円の移転費用を農業所得の計算上必要経費に算入しているときは、この10万円は農業所得の収入金額に計上します。）。

第3章　農業の収入金額

〔66〕 農業所得の収入金額の計上時期

> **問** わが家では水田耕作と肉豚肥育を中心とする農業経営を行っています。農業所得の計算上、収入金額に計上する時期は米や肉豚を販売した時でよいですか。

〔回答〕 **米麦などの農産物は「収穫した時」、肉豚などの農産物以外は「販売した時」を収益計上時期とします。**

　農業所得の収入金額を計算する場合、「棚卸資産」（⇨問88）の販売による収入金額については、棚卸資産の引き渡しがあった日に収入金額に計上するのが建前であり、これは、農業以外の事業（商店や工場など）の収入金額を計算する場合と同様です（所基通36−8(1)）。

　しかし、農業の場合には、いわゆる「収穫基準」という収入金額の計上時期に関する特則があることに注意する必要があります。この特則は、米麦などの「農産物」（⇨問68）についてのみ設けられているもので、その内容は、農産物を収穫した場合には、その収穫した時における農産物の価額など（収穫価額）を、その収穫の日の属する年分の収入金額に計上しなければならない、というものです（所法41）。

　例えば、稲刈りが済んだら、その時点で、その年における米穀の仮渡金価格などによって収穫したモミの価額を評価し、その評価額を収入金額に計上する、ということになるわけです（販売した時の処理については問67参照）。

　これに対して、肉豚のような畜産物についてはこのような特則はありませんから、収入金額の計上時期の原則に則って、一般の商店の場合と同じように肉豚を販売して買受人に引き渡した時に収入金額に計上します。

　なお、肉豚を農協などに委託販売した場合には、受託者（農協など）に肉豚を引き渡した時ではなく、受託者が委託品である肉豚を実際に販売した時に収入金額に計上します（所基通36−8(3)）。

第3章　農業の収入金額

〔67〕　農産物を販売した場合の所得計算上の処理

> 問　米麦などの農産物については収穫した時に収入金額に計上するそうですが、そうすると農産物を販売した時には収入金額に計上しなくてもよいですか。もし販売した時に計上しなければならないとすると、二重に収入金額に計上することになりませんか。

〔回答〕　農産物を販売した場合には、販売価額を収入金額に、収穫価額を必要経費にそれぞれ計上します。

　米麦などの農産物については収穫基準が適用されますから、その農産物を収穫した時に、収穫価額（収穫時における生産者販売価額（庭先価額）をいいます。）を収入金額に計上します（所法41①）。しかし、一方において、収穫基準の適用を受けた農産物は収穫した時に収穫価額によって取得したものとみなすこととされていますから（所法41②）、その収穫価額は仕入金額に算入され、また、年末において未販売の農産物は棚卸資産（農産物は棚卸資産に該当します。）として翌年に繰り越します。

　また、その農産物を販売した場合には、商店が商品を販売した場合と同様に、その引き渡しがあった時に、その販売価額を収入金額に計上します（所法36①）。

　したがって、農産物については、収穫価額と販売価額を二重に収入金額に計上することになるわけですが、他方、収穫価額と同額を販売時に必要経費に算入しますから、所得金額としては、最終的に農産物以外の棚卸資産を販売した場合と同様の結果になります。

　これを設例により説明すると次のようになります。

【設例】

○令和４年の年初の在庫高（収穫価額）……………………………………　500,000円

○令和４年中の収穫高（収穫価額）…………………………………………3,400,000円

○令和４年中の販売高（販売価額）…………………………………………3,800,000円

○令和４年の年末の在庫高（収穫価額）……………………………………　700,000円

○令和４年中の生産経費………………………………………………………2,000,000円

○令和４年中の販売経費………………………………………………………　400,000円

【農業所得の収支計算】

○収入金額の計算

（収穫価額）3,400,000円＋（販売価額）3,800,000円＝7,200,000円

○必要経費の計算

（年初在庫高）500,000円＋（年間収穫（仕入）高）3,400,000円

－（年末在庫高）700,000円＋（生産経費）2,000,000円

＋（販売経費）400,000円＝5,600,000円

○所得金額の計算

（収入金額）7,200,000円－（必要経費）5,600,000円＝1,600,000円

　ところが、以上の収支計算の方法による場合には、収入金額が収穫時と販売時の2回、収入金額に計上され、実態とかけ離れた金額が収入金額として計上されるといった問題があります。このため、実務的には、次の方法により計算することとされています。

【実務上の農業所得の収支計算】

○収入金額の計算

（販売価額）3,800,000円＋（年末在庫高）700,000円

－（年初在庫高）500,000円＝4,000,000円

○必要経費の計算

（生産経費）2,000,000円＋（販売経費）400,000円＝2,400,000円

○所得金額の計算

（収入金額）4,000,000円－（必要経費）2,400,000円＝1,600,000円

　㊟　家事消費した農産物がある場合は、その農産物の収穫価額又は通常の販売価額に相当する金額を収入金額に加算します。

〔68〕 収穫基準が適用される範囲

　問　米麦などの農産物については、その収穫した時に収入金額に計上する「収穫基準」が適用になるそうですが、この基準が適用される範囲は、具体的にはどのようになりますか。

〔回答〕　収穫基準が適用される農産物とは、特定の圃場作物、樹園の生産物又は園芸作物をいいます。

米麦などの農産物については収穫基準が適用されますが、この場合の農産物とは、次のいずれかに該当するものをいいます（所令88）。

≪農産物の範囲≫

①　米麦等の穀物、馬鈴しょ、甘しょ、たばこ、野菜、花、種苗その他の圃場作物

②　果樹、樹園の生産物

③　温室、ビニールハウス等の特殊施設を用いて生産する園芸作物

　養蚕や畜産からの生産物は、ここにいう農産物には含まれません。したがって、これらについては収穫基準の適用はありません。

〔69〕　収穫基準による記帳の仕方

> 問　私は来年から青色申告にしたいと思っています。米麦などの農産物については、収穫基準により収入金額を計上する場合、どのような帳簿を作り、農産物の収穫時や販売時にどのような記帳をすればよいですか。

〔回答〕　収穫基準による所得金額の計算をするため、農産物受払帳を作成します。

　米麦などの農産物について「収穫基準」による所得金額の計算をするためには、これらの農産物を収穫したり、販売したりしたような時にその数量や金額などを記録・整理しておく必要があります（昭42大蔵省告示第112号の別表第一）。このため、「農産物受払帳」を作り、米、麦、りんごなどの農産物の種類ごとに別口座を設けてその受け払いを記録・整理する方法が一般的にとられています。

　農産物受払帳の様式は法令で規定されていませんので、受払年月日、数量、金額、残高、受け払いの事由が明らかにされる帳簿であれば、どのような様式でもかまいません（しかし、記帳は整然とかつ明りょうに行うことが法令で要求されていますから、そこにはおのずから限界があります。）。

　農産物受払帳の記帳は、次のようになります（平18課個5－3）。

(1)　収穫したとき

　　農産物を収穫したときは、数量を記帳すれば足り、単価と金額は記帳しないでよいこととされています（単価と金額は、年末にまとめて整理します。なお、収穫時の記帳を省略できる場合があります。）（⇨問70）。

(2) 販売したとき

農産物を販売したときは、販売数量、単価、販売金額を記帳します。

(3) 家事消費や贈与をしたとき

農産物を家事消費したり贈与したときは、原則として数量、単価、金額を記帳します。この場合、家事消費や贈与をしたつど記帳することに代えて、年末にまとめて記帳することが認められています（⇨問74）。

(4) 年末の棚卸をするとき

農産物は棚卸資産ですから年末には棚卸をする必要がありますが、この場合には、数量、単価、金額を記帳します（年末に保有する農産物を実地に棚卸して農産物受払帳の残高と照合し、突合しない数量や金額は原因を確かめた上修正記帳します。）。

(注) 白色申告者の場合は、米麦などの穀類を収穫した時にはその種類及び数量を記載しますが、販売した時には数量などの記載は要しないこととされています（昭59大蔵省告示第37号の別表）。

なお、参考に農産物受払帳などの帳簿形式の例を示します。

〔例1〕

○農産物受払　　　　　　　　　　　　　　　　　　　　　　種　類　　米

年月日	摘　要	受　入	払　　出			残　高
		生産数量	販売数量	事業消費	家事消費	数　量
		kg	kg	kg	kg	
4. 1. 1	前年より繰越					2,200
4. 1. 3	家事消費飯米用				120	2,080
4.10. 1	収穫	4,000				6,080

〔例２〕

○売掛帳

年月日	農産物の種類等	売上先等	数量	単価	売上金額	受入金額	差引残高
4. 2. 1					円	円	円 76,000
4. 2.10	いちご	○○商店（掛売）※	100	1,080	108,000		184,000
4. 2.12	いちご	○○商店（掛売）※	150	1,188	178,200		362,200
4. 2.16	預金入金					300,000	62,200

※は軽減税率対象

〔例３〕

○棚卸表　　　　　　　　　　　　　　　　　　　令和４年12月31日現在

種　　　類		数　量	単　価	金　額	備　考
農産物		kg	60kg当		
	玄米（うるち米）	600	14,500	145,000	
	玄米（もち米）	120	16,000	32,000	
	種もみ	60	12,000	12,000	

〔70〕　収穫基準を簡略化して適用できる農産物

> 問　私は青色申告をしていますが、収穫基準により収入金額を計算することは面倒です。聞くところによると野菜類その他穀物以外の農産物については収穫基準による記帳の一部を省略するなど簡略化した方法が認められているそうですが、どのような場合に、どのような方法が認められますか。

〔回答〕　米麦等の穀物以外の農産物については、収穫基準が簡略化して適用されます。

　農産物の所得計算には収穫基準が適用されるため、原則として農産物受払帳を作って収穫時や販売時に数量、単価、金額を記帳します（⇨問66、69）が、このように原則どおりに記帳しなければならない農産物は、青色申告者の場合でも米麦等の穀物だけであり（穀物についても収穫時には数量のみ記載すればよいこととされています。）、穀物以外の農産物については、次のように簡略化して記帳することが認められています（平18課個５−３）。

(1) 野菜等の生鮮な農産物

　野菜等の生鮮な農産物（「生鮮野菜等」といいます。⇨問71）については、収穫時の記帳はすべて省略することができます。また、販売時の記帳は、原則として米麦等の穀物と同じですが、数量と単価が明らかでないときは販売金額だけを記帳すれば足ります。

　家事消費や贈与をしたものは、年末にまとめて金額だけを記帳します。

　なお、年末の棚卸は記帳を省略することができます。

(2) その他の農産物

　穀物及び生鮮野菜等のいずれにも当たらない農産物（「その他の農産物」といいます。）については、収穫時と販売時には上記(1)と同様に記帳すればよいこととされています。また、家事消費や贈与をしたものは、年末にまとめて数量、単価、金額を記帳します。

　年末の棚卸時には、原則どおり数量、単価、金額を記帳しますが、数量がわずかな農産物については記帳を省略することができます。

(注) 白色申告者の場合は、収穫時には米麦などの穀物のみについて種類及び数量を記載します（昭59大蔵省告示第37号の別表）。

〔71〕 収穫基準の適用を省略できる「生鮮野菜等」の範囲

> 問　「生鮮野菜等」については、収穫基準による収入金額の計算が省略できるそうですが、その範囲を具体的に教えてください。
>
> 　また、収穫基準による計算を省略する場合には、野菜などを実際に販売した時に収入金額に計上すればよいですか。

〔回答〕　生鮮野菜等とは、すべての野菜類と、収穫時から消費時までの期間が比較的短い果物等をいいます。

　生鮮野菜等については収穫時の記帳が省略できる（⇨問70）など、収穫基準の適用が大幅に緩和されていますが、この生鮮野菜等の範囲は、具体的には次のとおりとされています。

(1) すべての野菜類

(2) 果実等のうち収穫時から販売又は消費等が終了するまでの期間が比較的短いもの

（例えば、ぶどう、もも、なし、びわなど）

　したがって、㋑果実のうち、みかん、りんご、栗などのように収穫時から販売又は消費等の終了するまでの期間が比較的長いもの、㋺甘しょ、馬鈴しょなどのいも類はこの生鮮野菜には含まれません（これらの果物やいも類は、「その他の農産物（⇨問70⑵）」に該当します。）。

　なお、生鮮野菜等について収穫基準による収入金額の計算を省略する場合には、生鮮野菜等を実際に販売し、又は家事消費等をした時に収入金額に計上します。

〔仕訳例〕
　○トマトを△△市場へ216,000円（うち市場手数料10,800円）で出荷した。
　　（借）売掛金　　　205,200円　　　　（貸）野菜売上　216,000円
　　　　　市場手数料　10,800円
　○野菜（８千円相当額）を家事消費した。
　　（借）事業主貸　　　8,000円　　　　（貸）家事消費　　　8,000円

〔72〕　収穫価額の意義

> 問　米麦などの農産物を収穫したときは、収穫価額により収入金額に計上することとされていますが、この「収穫価額」とは具体的にどのような価額をいうのですか。

〔回答〕　農産物の「収穫価額」とは、原則として農家の庭先価額をいいます。

　米麦などの農産物については「収穫基準」が適用され、農産物を収穫したときはその農産物の収穫価額により収入金額に計上することとされています（所法41、所基通41－1）。この場合の「収穫価額」とは、収穫時における生産者販売価額をいいます。

　そして「生産者販売価額」は、原則として農家の庭先における農産物の裸値（俵などの包装費用を除いた農産物だけの価額）をいうものとされています。したがって、例えば市場へ出荷された農産物についてみると、市場における販売価額のうち、市場の販売手数料、市場までの運賃、包装費、その他の出荷経費に相当する金額を販売価額から差し引いた金額が収穫価額になります。

〔73〕 金銭以外の物による収入

> 問　青果卸業者にりんご10箱（3万2千円）を販売した際、その業者から梨（2万円）といちご（1万円）を購入しました。りんごの販売代金と梨などの購入代金はほぼ同額だったので、両方を相殺することにして代金の授受はしませんでした。このような場合には、農業所得の計算はどのようになりますか。

〔回答〕　金銭以外の物により収入した場合には、その物の時価により収入金額に計上します。

　収入金額には、金銭による収入だけでなく、物や権利その他経済的な利益で収入した場合には、その物や権利その他経済的な利益の価額も含まれるとされています（所法36）。この場合には、物や権利その他経済的な利益の価額は、物や権利を取得し、又は経済的な利益を受けた時の価額によることとされており、具体的には次表のように取り扱われます（所基通36-15）。

　ご質問の場合のように販売代金と購入代金とを相殺した場合や、商品と物とを交換した場合には、相殺した相手方の債権や交換により取得した物の価額（ご質問の場合には、梨といちごの価額3万円）を収入金額に計上します。

物又は権利の態様	収入金額に計上する金額
①　資産を無償又は低い対価で譲り受けた場合	譲り受けた資産の時価−支払った対価の額
②　資産を無償又は低い対価で借り受けた場合	通常支払うべき賃借料−実際に支払った賃借料
③　金銭を無償又は低利率で借り受けた場合	通常の利率で計算した利息の額−実際に支払った利息の額
④　上記②、③以外の用役の提供を無償又は低い対価で受けた場合	通常支払うべき対価の額−実際に支払った対価の額

〔仕訳例〕
　○りんご3万2千円を販売し、その業者から家事用として梨3万円を購入した。なお、代金の授受は行っていない。
　（借）事業主貸　30,000円　　　（貸）果実売上　30,000円

〔74〕 家事消費分を収入金額に計上する場合の簡便法

> **問** 私は青色申告者です。米麦などの農産物を家事消費した場合には、そのつど記帳することになっているようですが、そのつど記帳することは面倒です。なにか簡便法はありませんか。

〔回答〕 家事消費分については、年末に一括して記帳する方法が認められます。

　青色申告者が米麦などの農産物を家事のために消費したときは、そのつど農産物受払帳へ家事消費した農産物の数量、単価及び金額を記帳することとされていますが、特例として、家事消費のつどではなく、年末に一括してその年の家事消費分を記帳することが認められています（平18課個5－3）。

　この場合、記帳する事項についても、農産物の種類に応じて次のように一部省略することが認められます。

農産物の種類	記帳する事項
① 米麦等の穀物	家事消費した農産物の数量、単価、金額
② 野菜等の生鮮な農産物	家事消費した農産物の金額
③ その他の農産物	①に同じ。

　㊟1 「野菜等の生鮮な農産物」及び「その他の農産物」の具体的な範囲については、問71参照。

　　2 この表の「単価」は、家事消費した農産物のその年中の販売価額（市場等に対する出荷価格をいいます。）の平均額によって計算しても差し支えないこととされています。

　なお、白色申告者の場合は、家事消費したものの種類別にその合計を見積り、それぞれの合計数量及び合計金額のみを年末に一括記載することとされています（昭59大蔵省告示37の別表）。

> 〔仕訳例〕
> 　○梨を家事消費したので、販売金額の平均額6千円を家事消費として計上した。
> 　（借）事業主貸　6,000円　　（貸）家事消費　6,000円

〔75〕 米や果実を贈与した場合の取扱い

> 問　嫁いだ娘のところへ、米や果実を送ってあげました。
>
> 　この場合、送った米や果実については、農業所得の計算上どのように取り扱われますか。

〔回答〕　米などを贈与したときは、その時価を収入金額に計上します。

　農産物等のたな卸資産を贈与した場合には、贈与した時における棚卸資産の価額に相当する金額を、その贈与した日の属する年分の収入金額に計上することとされています（所法40）。嫁いだ娘さんへ米や果実などの農産物を送った場合には、棚卸資産の贈与に当たりますので娘さんへ送った米や果実の価額を見積もった上、その年の農業所得の計算上収入金額に計上します。

　なお、米麦などの農産物を、時価に比べて著しく低い価額の対価（時価の7割相当額以下のものをいいます。）で売ったような場合にも、その時価と対価との差額について収入金額に計上しなければならないことがありますから、注意が必要です（所法40①二、所基通40-2）。

〔仕訳例〕
　　○嫁いだ娘に米30kg（1万2千円相当額）を無償で送った。
　　（借）事業主貸　12,000円　　　　（貸）家事消費　12,000円

〔76〕 未成木から穫れた果実の取扱い

> 問　ぶどう園を経営していますが、4年前に新品種を植えたぶどう畑から今年12万円の収穫がありました。この畑のぶどう樹はまだ未成木であり、今年もぶどう棚の補強その他で30万円の費用がかかっています。
>
> 　これらの収入や費用は、農業所得の計算上どのように取り扱われますか。

〔回答〕　未成木から収穫した果実の収入金額は、その未成木の取得価額から減額するのが建前です。

　ぶどう樹などの果樹は減価償却資産（⇨問115）に該当し、減価償却資産である果樹がまだ成木に達しない間にその果樹から果実が収穫された場合には、原則として、その果実の

価額は収入金額に計上するのではなく、果樹の取得価額（⇨問123）を計算する際に、取得価額を構成する育成費などの費用から控除することとされています（所基通49-12(1)）。

少しわかりにくいと思いますので、順を追って説明しましょう。

果樹園に係る育成費用などの経費は、その果樹園の果樹が成木に達するまでの期間中は毎年の必要経費に計上せず、その果樹の取得価額（育成費などの費用）に累積していきます。そしてその果樹が成木に達した後は、それまで毎年累積してきた育成費などの費用に基づいて取得価額を計算し、その後、この取得価額を基礎として計算した減価償却費を毎年の必要経費に算入します。

この場合において、果樹が成木に達しない間に果実が収穫されたときは、その果実の価額は収入金額に計上するのではなく、取得価額として累積計上中の育成費などの費用から差し引きます。

つまり、育成中の果樹については、成木に達するまでの期間中は、その果樹について生じた収入（果実の価額）も費用（育成費など）も、毎年の所得計算には影響を及ぼさないという考え方がとられているわけです。

なお、これには例外的な取扱いがあって、毎年継続して同一の方法によることを条件に、未成木の果樹から収穫した果実の価額を収入金額に計上する方法が認められています（平18課個5-3）。この方法を選択した場合には、育成費などの費用から上記果実の価額を差し引く必要のないことはいうまでもありません。

【設例】

A氏の本年分の農業収入は800万円で、このうち15万円は未成木のりんご園から収穫した果実の収入であった。また、経費は300万円で、このうち20万円はりんご園の育成費であり、同りんご園には前年までに180万円の育成費がかかっている。

以上の設例に基づくA氏の本年分の農業所得とりんご園の育成費などの累積額については、次のように計算します。

【原則計算の場合】

〈収入金額〉〈未成木の果実分〉〈必要経費〉〈育成費〉

(8,000,000円 － 150,000円) － (3,000,000円 － 200,000円)

＝5,050,000円……本年分の農業所得

〈前年までの累積額〉〈本年分育成費〉〈未成木の果実分〉

1,800,000円 ＋ (200,000円 － 150,000円)

＝1,850,000円……本年末の累積額（りんご園の取得価額）

〔仕訳例〕

○未成木から生じた果実を15万円で販売した。

（借）現　　金　150,000円　　（貸）果実売上　150,000円

○決算に当たり、未成木から生じた収入金額15万円を販売金額から果樹に振り替えた。

（借）果実売上　150,000円　　（貸）減価償却資産（果樹園）150,000円

○未成木の育成費用20万円を支出した。

（借）未成木育成費用　200,000円　　（貸）現　　金　200,000円

○決算に当たり、未成木に係る本年分の育成費用20万円を未成育果樹の取得価額に振り替えた。

（借）減価償却資産（果樹園）200,000円　　（貸）未成木育成費用　200,000円

【例外的取扱いの場合】

〈収入金額〉　　　〈必要経費〉〈育成費〉

8,000,000円　－　（3,000,000円－200,000円）＝5,200,000円……本年分の農業所得

〈前年末までの累積額〉　　〈本年分育成費〉

1,800,000円　　　＋　　　　200,000円　　＝2,000,000円……本年末の累積額

〔77〕　果樹共済制度の共済金の取扱い

問　台風によりみかん園に被害を受けたため、果樹共済金の支給を受けることになりました。支給される共済金は、収穫共済分が45万円、樹体共済分が15万円、合わせて60万円です。

これらの共済金は、農業所得の計算上どのように取り扱われますか。

〔回答〕　果樹共済制度には、収穫共済と樹体共済の２種類があり、収穫共済分は収入金額に計上し、樹体共済分は非課税とされます。

台風などの災害により果実の減収を補うために支給される収穫共済金については、災害を受けた果実の収穫期の属する年分の収入金額に計上することとされています（所令94①一、昭48直所４−10の２(1)）。

また、果樹の損傷に対して支給される樹体共済金については、原則として課税されません（所令30二）。しかし、損傷を受けた果樹について、その資産損失の金額を計算する場合には、その樹体損失の金額から樹体共済金の額を差し引いた金額を必要経費に算入します（所法51①、昭48直所４−10の２(2)）。

第3章　農業の収入金額　　109

　したがって、ご質問の場合、例えば台風による樹体損失が20万円であると仮定すると、まず収穫共済金45万円は収入金額に計上し、次に樹体損失20万円から樹体共済金15万円を差し引いた5万円を資産損失として必要経費に算入します。

　㊟　樹体損失の額よりも樹体共済金の額の方が多い場合には、その多い部分の金額は非課税とされます。

〔仕訳例〕
　○台風により被害を受けたみかん園について、収穫共済分45万円、樹体共済分15万円の果樹共済金が振り込まれた。
　（借）普通預金　600,000円　　　（貸）雑収入（受取共済金）　450,000円
　　　　　　　　　　　　　　　　　　　事業主借　　　　　　　　150,000円
　○台風による実際の樹体損失は20万円であったので、樹体共済金との差額を資産損失として計上した。
　（借）事業主貸　150,000円　　　（貸）減価償却資産（果樹園）　200,000円
　　　　資産損失　　50,000円

〔78〕　収穫共済金の収入金額への計上時期

> 問　台風により落果被害が出たため果樹共済の収穫共済金の支給が受けられることになりました。実際に支給されるのは来年になってからであり、まだ支給額も確定していませんが、この収穫共済金は、来年分の収入金額になると考えてよいですか。

〔回答〕　収穫共済金は、被害を受けた果実の収穫期の属する年分の収入金額とされます。

　収穫共済金の課税時期は、実際に共済金の支払いを受けた日や支払金額の通知を受けた日ではなく、災害を受けた果実の収穫期の属する年分とされています（昭48直所4－10）。例えば、本年11月に強風のため、みかん畑に落果による被害を受け、本年12月初旬に共済金の支給を申請し、翌年1月中旬共済金の支給額が確定して共済組合から支給額の通知を受け取り、2月に共済金が実際に支給されるという場合には、この共済金は、本年分の収入金額に計上することになるわけです。

　なお、共済組合からの通知が翌年3月以降になった場合のように、確定申告期限までに収穫共済金の額が確定していない場合には、共済組合において計算された概算払額を参考にして共済金の見積額を算出し、この見積額を本年分の収入金額に計上することとされています。

この場合において、その後確定した共済金の額が見積額と相違したときは、原則として、被害を受けた果実の収穫期の属する年分にさかのぼって所得金額を是正します。

したがって、共済金の確定額の方が見積額よりも多かった場合には、修正申告書を提出して当初の所得金額を増額修正し（⇨問276）、また逆に、共済金の確定額の方が見積額よりも少なかった場合には、当初の所得金額の訂正を求める更正の請求書を提出します（⇨問277）。

しかし、確定申告期限までに共済金の額が確定していないため、見積額により確定申告をしている場合において、その見積額と確定額とに差違が生じ、その差額が少額であると認められるときは、被害を受けた果実の収穫期の属する年分にさかのぼって農業所得を是正することに代えて、その翌年分（共済金が確定した年分）の農業所得を計算する際に、その差額を減算又は加算して調整することができることとされています（昭48直所4－10の2(1)）。

ご質問の場合は、共済組合において計算された概算払額を参考にして共済金の見積額を算出したうえ、この見積額を本年分の収入金額に計上することになります。

〔仕訳例〕
　○本年11月に強風のため、みかん園に被害を受けたので、本年12月に共済金の支給の申請をした。なお、共済金の見積額は50万円で翌年入金の予定である。
　（借）未収金　500,000円　　　　（貸）雑収入（受取共済金）　500,000円

〔79〕　国庫補助金等の課税上の取扱い

問　日本たばこ産業㈱から葉たばこ生産基盤強化のための助成金の交付を受け、循環式葉たばこ乾燥機を購入しました。乾燥機は附帯工事費込みで120万円、交付された補助金は40万円でしたが、この場合には所得計算上どのように処理すればよいですか。

　なお、すでに補助金の返還を要しないことが確定しています。

〔回答〕　交付目的に従って固定資産を取得したため返還する必要のないことが確定した国庫補助金等は、収入金額に計上しません。

固定資産の取得又は改良に充てるために国庫補助金等（都道府県補助金や市町村補助金のほか、独立行政法人農畜産業振興機構法に基づく独立行政法人農畜産業振興機構の

第3章　農業の収入金額　　111

補助金や日本たばこ産業株式会社法に基づく葉たばこ生産基盤の強化のための助成金で一定の事業にかかるものなどを含みます。）の交付を受け、交付を受けた年中にこれらの補助金でその交付目的にそった固定資産の取得又は改良をした場合には、その補助金を返還する必要がないことがその年の12月末までに確定した場合に限り、その取得や改良に充てた金額は、収入金額に計上しないこととされています。

　なお、収入金額に計上しないこととされた補助金で取得又は改良した固定資産の取得価額を計算するときは、その補助金相当額については取得価額がないものとみなされます（所法42①⑤、所令89、90）。

　ご質問の場合は、循環式葉たばこ乾燥機の取得を交付目的として日本たばこ産業㈱から助成金の交付を受け、交付目的にそってこの乾燥機を取得したため本年中に助成金の返還を要しなくなったものと認められますので、40万円の助成金は収入金額に計上する必要はありません。また、同乾燥機の取得価額は80万円（120万円－40万円）になります。

　㈲　この補助金の収入金額不算入の適用を受けるためには、「国庫補助金等の総収入金額不算入に関する明細書」を添付した確定申告書を所轄税務署長に提出する必要があります（所法42③、所規20）。

〔80〕　条件付国庫補助金等の課税上の取扱い

> 問　県から国庫補助金等の交付を受け、年内にその交付目的に適合した固定資産を取得しました。しかし、県の事務処理の遅れなどにより、その年の12月31日までに補助金等の返還を要しないことが確定しませんでした。この場合には、県からの国庫補助金等の取扱いはどうなりますか。
>
> 　また、交付を受けた年の翌年にその返還を要しないことが確定した場合には、どのように取り扱われますか。

〔回答〕　返還が必要かどうか未確定の国庫補助金等は、確定まで収入金額に計上しません。翌年以降その確定があったときは、必要経費に算入した減価償却費の額に対応する補助金等の額を収入金額に計上します。

　国や都道府県等から国庫補助金等の交付を受けた場合には、通常は問79の回答にあるとおりに取り扱われますが、この場合、その国庫補助金等を返還する必要のないことがその年の12月末までに確定していないときは、その国庫補助金等は収入金額に計上しな

いこととされています（所法43）。これは、返還の要否がどちらとも確定しない状態の国庫補助金等を、未決算勘定の性格をもつものとみて所得計算上の処理を保留しておく趣旨のものと思われます。

(注)　その国庫補助金等で取得等した固定資産の減価償却費の計算は、実際の取得価額によって計算します。

　なお、その年の翌年以後国庫補助金等の返還を要しないことが確定した場合は、その確定した年において問79の回答にある取扱い（収入金額不算入）が適用になりますが、この場合、国庫補助金等で取得又は改良した固定資産が減価償却資産であるときは、次の算式で計算した金額を収入金額に計上することになります（所令91①）。

(1)　補助金を減価償却資産の取得に充てたとき

$$
\text{返還を要し}\atop\text{ないことが}\atop\text{確定した部}\atop\text{分の補助金} \times \left\{ 1 - \frac{Ⓐ - \begin{array}{c}\text{その減価償却資産の取得の日から}\\\text{補助金の返還を要しなくなった日}\\\text{までの期間の減価償却費の累積額}\end{array}}{\begin{array}{c}\text{その減価償却資産の}\\\text{取得に要した金額Ⓐ}\end{array}} \right\}
$$

(2)　補助金を減価償却資産の改良に充てたとき

$$
\text{返還を要し}\atop\text{ないことが}\atop\text{確定した部}\atop\text{分の補助金} \times \left\{ 1 - \frac{Ⓑ - \begin{array}{c}\text{その減価償却資産の改良の日から補助金}\\\text{の返還を要しなくなった日までの期間の}\\\text{改良に要した金額の減価償却費の累積額}\end{array}}{\begin{array}{c}\text{その減価償却資産の}\\\text{改良に要した金額Ⓑ}\end{array}} \right\}
$$

【設例】

　日本たばこ産業株式会社法に基づく助成金400,000円の交付を受け、自己資金800,000円を負担し、葉たばこ乾燥機を取得しました（耐用年数…10年、定額法、償却率…0.1）。

　なお、1年後に助成金の全部について返還を要しないことが確定しました。

(1)　助成金の交付を受けた年分

　①　400,000円は総収入金額に算入しません。

　②　減価償却費は次のように計算します。

　　　1,200,000円　×　0.1　＝　120,000円

(2)　助成金の返還を要しないことが確定した年分

　①　収入金額に計上する金額は次のように計算します。

$$400,000円 \quad \times \quad \left\{ 1 - \frac{1,200,000円 - 120,000円}{1,200,000円} \right\} = \quad 40,000円$$

② 減価償却費の取得価額は、1,200,000円から返還を要しないことが確定した助成金400,000円を控除した金額、つまり自己負担分の800,000円で取得したものとみなされます。

③ 減価償却費は次のように計算します。

$$800,000円 \quad \times \quad 0.1 \quad = \quad 80,000円$$

④ 未償却残高は次のように計算します。

①で収入金額に計上した40,000円については、減価償却費として必要経費に算入されなかったものとみなされます。

$$800,000円 - (120,000円 + 80,000円 - 40,000円) = \quad 640,000円$$

〔81〕 移転等の支出に充てるための交付金の取扱い

> 問　農業用倉庫を建てた土地が道路工事のために収用されたので、倉庫を移築しました。移築費用は16万円ですが、これは市からの交付金20万円の中から支払いました。
>
> 　これは、農業所得の計算上どのような処理をすればよいですか。

〔回答〕　移転等の支出に充てるための交付金は、原則として収入金額に計上しません。

国、都道府県、市町村から、その行政目的の遂行のために必要な資産の移転等の費用に充てるため補助金の交付を受けたり、あるいは収用などのやむを得ない理由による資産の移転等の費用に充てるため交付金の交付を受けた場合には、その交付目的にしたがって資産の移転等の費用に充てたときに限り、その費用に充てた金額は収入金額に計上しないこととされています。

しかし、その費用に充てた金額のうち農業（事業）所得の必要経費に算入される部分に相当する金額については、農業所得の収入金額に計上しなければなりません（所法44）。

したがって、ご質問の場合は、市からの交付金20万円のうち移築費用に充てた16万円に相当する部分は収入金額に計上されません。しかし、その移築費用16万円を農業所得の計算上必要経費に算入しているときは、交付金16万円は収入金額に計上しなければな

りません。

　なお、残りの部分4万円は一時所得の収入金額に計上します。

〔仕訳例〕
　○農業用倉庫を建てた土地の収用に関し、市から移築費用として20万円が振り込まれた。
　（借）普通預金　200,000円　　　（貸）事業主借　　　　　　200,000円
　○農業用倉庫の移転費用16万円を支払い必要経費に算入した。
　（借）必要経費　160,000円　　　（貸）普通預金　　　　　　160,000円
　　　　事業主貸　160,000円　　　　　　雑収入（交付金）　160,000円

---

〔82〕　現金主義による所得計算の特例

問　収入金額の計算の特例として「現金主義」があると聞きました。

　　この特例は、農家でも利用できますか。また、現金主義を選択すると収入金額の計算はどうなりますか。

〔回答〕　前々年分の所得（青色事業専従者給与や事業専従者控除を差し引く前）が300万円以下の青色申告農家は、現金主義が受けられます。現金主義を選択すると、その年に実際に収入した金額が収入金額とされます。

1　現金主義による所得計算が受けられる人

　現金主義による所得計算が受けられるのは、「小規模事業者」に限られます。この小規模事業者というのは、次の①～③のいずれにも該当する人とされています（所法67、所令195）。

①　青色申告者で、事業（農業）所得又は不動産所得を生ずべき業務を行っていること

②　現金主義によろうとする年の前々年分の事業（農業）所得及び不動産所得（青色事業専従者給与又は事業専従者控除を差し引く前の金額）の合計額が300万円以下であること

③　すでに現金主義の適用を受けたことがあり、かつ、その後適用を受けないこととなった人である場合は、再びこの現金主義によることについて税務署長の承認を受けていること

第3章　農業の収入金額　　115

　現金主義の適用を受けようとするためにはその旨の届出書を、受けようとする年の3月15日までに所轄税務署長に提出しなければなりません（所令197①）。

　また、この適用を受けることをやめようとする場合にも、そのやめようとする年の3月15日までに所轄税務署長に届け出る必要があります（所令197②）。

2　現金主義による所得計算

　現金主義を選択した場合には、その年において①実際に収入した金額（金銭による収入のほか、金銭以外の物又は権利その他経済的利益による収入も含みます。（⇨問73））と、②農産物などの棚卸資産を家事消費や贈与した場合との合計額を収入金額に計上することとされています（所法67、所令196）。

　この場合には、農産物に関する収穫基準（⇨問66）も適用されませんから、農産物を収穫した際の収入金額への計上は必要ありません。

　この現金主義を選択しますと、収入金額だけでなく、必要経費の計算についてもこの基準が適用されます。したがって、肥料や農薬を購入しても実際にその購入代金を支払うまでは必要経費に計上されませんし、また、年末の棚卸もする必要はありません。

第4章 農業の必要経費

〔83〕 必要経費の範囲

> 問 農業所得を計算する際に必要経費になるものと、その範囲を教えてください。

〔回答〕 **所得金額の計算上、収入から差し引くことのできる費用を必要経費といい、必要経費には売上原価や一般管理費など収入を得るために必要な費用のほか、貸倒損失など所得税法上特別に定められたものがあります。**

　農業所得は、所得税法上、事業所得に区分されますが、この事業所得の金額は、次の算式のように農産物の販売収入や農作業などによって得た総収入金額からその収入を得るために必要な経費を控除して計算します（所法27②）。

　　　　事業所得の総収入金額－必要経費＝事業所得の金額

　ところで、個人が支出するすべての費用が必要経費となるものではありません。

　必要経費として収入から控除できるものは、事業に関して生じた費用に限られ、食費や住居費などの個人の生活費は家事費と呼ばれ、必要経費になりません（所法45①）。ある費用が必要経費に該当するかどうかは、費用支出の原因や結果などの因果関係のほか、その費用が事業の遂行上一般に支出されるものであるかどうかなどによって判断されます。

〔84〕 債務の確定していない費用

> 問 野菜を市場へ運ぶ途中、ちょっとした交通事故を起こしましたが、被害者に支払う賠償金の額は、相手方と交渉中でまだ決まっていません。大体の額を見積って必要経費としていいですか。

〔回答〕 **支払うべき金額が確定していない費用は原則として必要経費には算入できません。**

　必要経費に算入できる金額は、特別の規定があるものを除き、売上原価その他総収入金額を得るために直接要した費用の額と、その年の販売費、一般管理費、その他業務について生じた費用の額に限られます。そして、これらの費用のうち、償却費以外の費用についてはその年に債務の確定していないものは含まれません（所法37①）。

　ところで、償却費以外の費用で債務の確定しているものとは、次の①から③までの要件のすべてに該当するものをいいます（所基通37－2）。

　①　その年の12月31日までにその費用に係る債務が成立していること

② その年の12月31日までにその債務に基づいて具体的な支払いを行う原因となる事実が発生していること

③ その年の12月31日までにその金額を合理的に計算することができること

なお、業務の遂行に関連して他人に損害を与え、損害賠償をする場合には、その年の12月31日までにその賠償すべき額が確定していないときであっても、その年の12月31日までにその賠償額として相手方に申し出た金額（相手方に対する申し出に代えて第三者に寄託した額を含みます。）に相当する金額（保険金等により補てんされることが明らかな部分は除きます。）をその年分の必要経費としても差し支えないこととされています（所基通37－2の2）。

(注) 損害賠償金を年金として支払う場合には、その年金の額は、これを支払うべき日の属する年分の必要経費とすることとされています。

したがって、ご質問の場合は、その年の12月31日までに賠償金の額が具体的に確定していなければ原則として必要経費にはできませんが、その年の12月31日までに賠償すべき額として相手方に申し出た金額から保険金等で補てんされることが明らかな金額を差し引いた金額については、その年分の必要経費とすることができます。

なお、賠償金の額が翌年になって確定したときは、その確定した額から、すでにその年分の必要経費とした額を差し引いた残りを翌年分の必要経費とします。

しかし、損害賠償金を負担した場合であっても、故意又は重大な過失がある場合は必要経費になりません（所法45①八、所令98②、所基通45－6）（⇨問154）。

〔仕訳例〕
　○業務遂行上起こした交通事故につき、被害者に支払う賠償金として、相手方に対し100万円の支払いを申し出た。なお、この事故に関しては、保険金80万円が支払われる見込みである。

| （借）雑費（損害賠償金） | 1,000,000円 | （貸） | 未 払 金 | 1,000,000円 |
| （借）未収金 | 800,000円 | （貸） | 受取保険金 | 800,000円 |

---

〔85〕 翌年以後の期間の賃貸料を一括して収受した場合の必要経費

問　私は、田30アールを10年間の契約で貸し付け、10年分の賃貸料を一括して受け取りました。この場合には、必要経費の方も10年分を見込んで賃貸料に関する所得を計算しないと理屈に合わないと思いますが、どうですか。

〔回答〕　**賃貸料を一括して収受した場合の必要経費は、総収入金額に算入した年分に算入します。**

　不動産所得の計算上、賃貸料収入の収入すべき時期は、原則として「契約や慣習などにより支払日が定められている場合は、その定められた支払日」とされているため、数年分の地代や家賃を一括して受け取った場合は、その全額をその年分の総収入金額に計上します（所基通36－5）。

　ところが、必要経費は原則として「その年において債務の確定しているものに限る」としている（所基通37－1）ことから、数年分の賃貸料を一括して受け取ったときには、2年目以降は収入がないにもかかわらず必要経費のみ計上することになり、収入と経費が対応しないことが起きるわけです。

　そこで、資産の貸付けの対価としてその年分の総収入金額に算入された賃貸料で、その翌年以後の貸付期間にわたるものに係る必要経費については、その収入金額に算入された年において生じたその貸付けの業務に係る費用や損失の金額と、その年の翌年以後、その賃貸料に係る貸付期間が終了する日までの各年において、通常生ずると見込まれるその業務に係る費用の見積額との合計額を、その総収入金額に算入された年分の必要経費に算入することができるとされています（所基通37－3）。

　したがって、ご質問の場合、貸し付けた10年間分の固定資産税等の見積額は、貸し付けた当初の年分の必要経費に算入することができます。

> 〔仕訳例〕
> 　○田を10年契約で貸し付け、10年分の賃貸料を一括して受け取った。この貸し付けについて、10年分の固定資産税6万円（6千円×10年）を見積り必要経費に計上した。なお、本年1年分の固定資産税6千円は現金で納付済である。
> 　（借）租税公課　60,000円　　　（貸）現　金　　6,000円
> 　　　　　　　　　　　　　　　　　　　　未払金　54,000円

　なお、貸し付けた翌年以後において実際に生じた費用の金額がその見積額と異なることとなったときは、その差額をその異なることとなった日の属する年分の総収入金額又は必要経費に算入します。

第 4 章　農業の必要経費　　121

〔86〕　バラの種苗代の必要経費への算入時期

> 問　私は切花用バラの生産を行っています。そのバラの種苗は 1 本500円で、500本を計25万円で購入したものです。
>
> 　バラにも求める人の好みや流行がありますので、数年後には品種更新をすることになり、その場合には、そのバラの種苗はおそらく廃棄することになると思われます。
>
> 　この場合の種苗の購入費は、購入した年における農業所得の金額の計算上、必要経費に算入することができますか。

〔回答〕　収益発生期間に配分して必要経費に算入することになります。

　植物の耐用年数については「減価償却資産の耐用年数等に関する省令」の「別表第四」において、限定された植物のみその種類ごとの耐用年数が掲示されていますが、バラの親株については耐用年数が定められていません。したがって、バラの親株の取得費の処理としては以下のことが考えられます。

①　取得費を取得の年の必要経費とする。

②　親株を入れ換えて古い親株を除却した年の必要経費に算入する。

③　収益発生期間に配分して必要経費に算入する（繰延資産の償却と同じ考え方です。）。

　ご質問のような場合には、費用と収益を対応させるという観点から、③の収益発生期間にバラの取得費を配分して必要経費に算入するという方法が妥当ではないかと考えられます。

　なお、品種更新によって、以前から植えていたバラの種苗を除却した場合には、その未償却残高を除却損として必要経費に算入します。

〔87〕　自家労賃の課税関係

> 問　農業所得の計算に当たり、私自身の給料を取ろうと考えていますが、この給料は経費になりますか。自己が提供した労力は生産費調査の場合と同様に必要経費にすべきと考えますが、どうですか。

〔回答〕　**自家労賃は必要経費に算入することはできません。**

　所得税では、自家労賃に限らず元入資金に対する利息や自己所有の建物に対する家賃などเも、必要経費とはなりません。これは、仮にこれらの支出を事業上の必要経費だとしても、反面、これらの経費を受ける側からみれば所得を得たことになるからです。つまり、経費を支払う人も、その支払いを受ける人も同一人である以上、プラスマイナス零となって、課税関係は生じないというわけです。

　所得税が課税の対象としている事業の所得とは、一般に、個人が提供する労働又は資本の対価であるといわれています。また、この所得をその性質によって分類しますと、労務性のものと資産性のものとに大別されます。すなわち、個人が提供する労務又は資本の反対給付として受けるものが所得でありますから、自家労働の対価そのものは個人の所得を構成するものであって、経費ではないというのが所得税の基本的な考え方です。

　農林水産省が行っている生産費調査は、個々の農産物等の生産費を算定するという独自の目的から自家労賃も生産費に含めていますが、所得税法上の所得金額を計算する場合には、上記のような理由で自家労賃を必要経費に算入することはできません。

〔88〕　棚卸資産の意義

> 問　決算を行う上で、年末に棚卸の計算を行わなければならないそうですが、棚卸は、何のためにするのですか。

〔回答〕　**棚卸は、その年に販売した農産物の原価や肥料などの消費高を正確かつ簡便に計算するために必要です。**

　事業所得の金額は、その年中の総収入金額から必要経費を差し引いて計算します（所法27②）。例えば、農産物である米を販売した場合は、その売り上げが収入金額になり、その米の原価やその他の経費が必要経費になりますが、販売した米の個々の原価計算を行うことは困難ですので、米の年初、年末の在庫高とその年中の収穫高を調べ、次の算式によって一年間の総売り上げに対応する総体の原価を計算します。

　つまり、棚卸はこの総体の原価を計算するために必要なわけです（⇨問67）。

　　年初の農産物在庫高＋その年中の収穫（仕入）高－年末の農産物在庫高

　　　　＝その年中に販売した農産物の原価

　農産物、未収穫農産物、販売用動物、肥料、農薬などは、年末（12月31日）現在で実

地に棚卸しを行い、棚卸表を作成します。

○棚卸表　　　　　　　　　　　　　　　　　　　（令和4年12月31日現在）

種　　　類		数　　量	単　　価	金　　額	適　　用
農産物	玄米	300kg	60kg当たり 15,000	75,000	
	種もみ	20kg	12,000	4,000	
肥料農薬	化成肥料	3袋	3,000	9,000	
	除草剤	20本	1,500	30,000	

（注）1　農産物の棚卸高は、収支内訳書の「農産物の棚卸高」の「期末」欄に記載します。
　　　2　1以外の棚卸高は、収支内訳書の「農産物以外の棚卸高」の「期末」欄に記載します。

〔89〕　棚卸資産の範囲と棚卸の時期

> 問　棚卸をしなければならない農業用資産とはどんなものですか。
>
> また、棚卸は、どうしても12月31日に行わなければなりませんか。

〔回答〕　棚卸資産とは、販売又は消費のために保有している資産をいいます。棚卸の時期は、実際に棚卸しをするまでの仕入れ及び払出高を記帳していれば、12月31日でなくても差し支えありません。

　棚卸をしなければならない農業用資産は、農業に係る次に掲げる資産です（所法2①16、所令3）。

①　米、麦、果実などの農産物

②　購入肥料、購入飼料、農業薬剤、未使用の購入俵、苗代用ビニール、杭等の諸材料などの農業用品

③　豚、牛馬、めん羊等の家畜及び家きん類（販売目的で飼育しているものに限ります。）

④　まだ収穫しない水陸稲、麦、野菜類の立毛及び果実などの未収穫作物

　次に、棚卸の時期ですが、棚卸は、死亡したり出国したりした場合以外は12月31日に行います（所法47①）。しかし、12月31日にできない場合は、12月31日から多少隔たった日に実施棚卸を行い、12月31日現在の棚卸を推定するという方法で計算しても差し支えありません。

〔90〕 棚卸資産の評価方法

> **問　棚卸資産の評価にはどのような方法がありますか。**

〔回答〕　棚卸資産の評価方法には、原価法と低価法とがあり、原価法にはさらに、個別法、先入先出法などがあります。

　棚卸資産の評価は、事業の種類ごとに、かつ、商品又は製品（副産物及び作業くずを除きます。）、半製品、仕掛品、主要原材料及び補助原材料その他の棚卸資産の区分ごとに、次の方法のうちいずれか一つの方法を選定して税務署長に届け出て、その方法によって評価します（所法47、所令99、100）。もっとも、税務署長の承認を受ければ、これらの評価方法以外の方法で評価することもできます（所令99の２）。

　なお、(2)の低価法は青色申告者しか選択することができません。

(1)　原　価　法

　年末において有する棚卸資産につき、個別法、先入先出法、総平均法、移動平均法、最終仕入原価法及び売価還元法のうち、いずれかの方法によってその取得価額を算出し、その算出した取得価額をもって、年末棚卸資産の評価額とする方法です（所令99①一）。

(2)　低　価　法

　年末において有する棚卸資産をその種類等の異なるごとに区分し、その種類等の同じものについて(1)のうちあらかじめ選定している方法によって評価した価額と、その年の年末における価額（一般的に正常な条件により第三者間で取引されたとした場合における価額）とのいずれか低い価額をもってその評価額とする方法です（所令99①二）。

〔91〕 法定評価方法

> **問　棚卸資産の評価方法を選定しなかった場合は、どのような方法で棚卸資産の評価をすればよいのですか。**

〔回答〕　最終仕入原価法によって評価します。

　棚卸資産の評価方法を選定して税務署長へ届け出なかった場合は、原価法の一つであ

第 4 章　農業の必要経費　　125

る最終仕入原価法によって、棚卸資産の評価をします（所法47①、所令102①）。

　㊟　「最終仕入原価法」とは、棚卸資産を評価する際、年末に最も近い時期に仕入れ
　　たものの単価により評価額を決定する方法をいいます。計算が容易である反面、最
　　終の仕入単価が評価額に大きく影響するという特徴があります。

〔92〕　評価方法の変更

> 問　棚卸資産の評価方法を変更するには、どのような手続きが必要ですか。

〔回答〕　変更しようとする年の 3 月15日までに「棚卸資産の評価方法の変更承認申請
　　書」を税務署長に提出し、承認を得なければなりません。

　棚卸資産の評価方法を新しく採用するときは、単に税務署長に届け出るだけであるの
に対し、評価方法を変更するには、新しい評価方法を採用しようとする年の 3 月15日ま
でに、どの方法に変更するかということと、変更しようとする理由などを記載した「棚
卸資産の評価方法の変更承認申請書」を税務署長に提出して承認を受けなければなりま
せん（所令101①②、所規23）。

　この申請書が提出されますと、税務署長は、この申請を承認するか却下するかを決定
し、書面で申請者に通知します。なお、申請をした年の12月31日までにその通知がない
ときは、承認されたものとみなされます（所令101③から⑤）。

〔93〕　棚卸資産の取得価額

> 問　棚卸資産の取得価額はどのように計算しますか。

〔回答〕　棚卸資産の取得の態様により異なります。

　棚卸資産の取得価額は、その取得の態様により次の金額とその資産を消費し、又は販
売するため直接要した費用の額との合計額です（所法47②、所令103①③）。

(1)　購入した棚卸資産

　　その資産の購入代価。ただし、引取運賃、荷役費、運送保険料、購入手数料なども
　取得価額に含まれます。

〔仕訳例〕
　○期末において農産物以外の棚卸を行い、未使用の肥料６万円を確認した。
　（借）肥料等貯蔵品　60,000円　　　　（貸）期末棚卸高（農産物以外）　60,000円

(2)　自己の製造、採掘、採取、栽培、養殖などによる棚卸資産

　　その資産の製造等のために要した原材料費、労務費及び経費の額の合計額。ただし、

製造後に要した製品の検査、検定費用、保管費用なども取得価額に含まれます。

(3)　(1)及び(2)以外の方法により、取得した棚卸資産

　　その取得の時における当該資産の取得のために通常要する価額

(4)　収穫した農産物

　　収穫した農産物の取得価額は、農産物の収穫時の価格（⇨問72）によって計算しま

す。

　　なお、「野菜等の生鮮な農産物（⇨問71）」については、棚卸を省略して差し支えあ

りません。

　　また、甘しょ、馬れいしょなどのいも類やみかん、りんご、くりなどの果実につい

ても、数量がわずかなものは棚卸を省略できます。

〔仕訳例〕
　○期末において農産物の棚卸を行い、玄米200kg（収穫価額５万円）を確認した。
　（借）農産物（玄米）　50,000円　　　　（貸）期末棚卸高（農産物）　50,000円

(5)　未収穫の農産物

　　未収穫農産物である幼麦、野菜類の棚卸価額については、種苗費、肥料費及び薬剤

費に限定して差し支えありません。

　　なお、毎年同程度の規模で作付等をする未収穫農産物については、棚卸を省略して

も差し支えありません（平18課個５－３）。

〔94〕　相続などにより取得した棚卸資産の取得価額

> 問　本年４月に父が死亡したため、農業経営の一切を相続しましたが、相続した棚
> 　卸資産の取得価額はどのように計算するのですか。

〔回答〕　被相続人の選定していた評価方法で計算します。

　相続や著しく低い価額で譲り受けた棚卸資産の取得価額は、次の金額とされます（所

令103②）。

(1)　贈与（相続人に対する贈与で被相続人である贈与者の死亡により効力を生ずるものに限ります。）、相続又は遺贈（包括遺贈及び相続人に対する特定遺贈に限ります。）により取得した棚卸資産……被相続人や包括遺贈者の死亡の時において、その被相続人などがその資産につき、選定していた評価の方法により評価した金額

(2)　著しく低い価額で譲り受けた棚卸資産……その譲り受けの対価の額とその譲り受けにより実質的に贈与を受けたと認められる金額との合計額にその資産を消費し、又は販売の用に供するために直接要した費用の額を加算した金額

　したがって、ご質問の場合、相続の時に、父親のこれまで選定されていた方法で評価した金額を、相続した棚卸資産の取得価額とします。

〔95〕　棚卸資産の評価損

> 問　市況の変動などにより翌年に持ち越したみかんが値下がりしました。この値下がり損は経費にみてもらえますか。

〔回答〕　**値下がり損は、必要経費にすることはできません。**

　棚卸資産は問90に掲げる方法によって評価しますが、棚卸資産の価額が単に物価変動、過剰生産、建値の変更などの事情によって低下しただけでは、12月31日現在の時価をその取得価額としてその棚卸資産の評価はできません（所令104、所基通47－24）。したがって、市況の変動などによる商品（みかん）の値下がり損を見積って必要経費にすることはできません。

　なお．青色申告者のうち低価法によって棚卸資産の評価を行うことを選定している人については、年末在庫を実際の取得価額より低い「時価」で評価することにより、市況の変動によるみかんの値下がり損を加味することができます（所令99①二）。

〔96〕 棚卸資産を事業用資産とした場合の取得価額の振替え

> 問 肉豚として販売目的で肥育していた豚のうち、1頭を子取り用の繁殖豚に仕上げました。この場合、どのような経理処理が必要になりますか。
>
> なお、この豚は前年に出生したもので、前年末の棚卸価額は 25,000円であり、本年中に飼育に要した費用は45,000円と見込まれます。

〔回答〕 収入金に加算する方法又は期首棚卸価額と飼料費を修正する方法の2つがあります。

販売を目的として飼育している子豚は、通常棚卸資産として経理します。しかし、販売を目的として飼育していた子豚を繁殖豚として事業の用に供する場合は、棚卸資産から、事業用資産に振り替えることが必要となります。この場合、帳簿処理は、次の1又は2のいずれか簡便な方法をとることができます。

1 収入金に加算する方法

(1) 事業の用に供した時に、前年末の棚卸価額の25,000円と本年中に飼育に要した費用45,000円の合計額の70,000円を収入金額に計上します。

(2) その子豚の取得価額を70,000円として事業用資産に計上します。

ただし、ご質問の場合は、その取得価額が10万円未満であるので、少額減価償却資産として、その全額を事業の用に供した日の属する年分の必要経費に算入します（⇒問119）。

2 期首棚卸価額と飼料費を修正する方法

(1) 事業の用に供した時に、前年末の子豚全体の棚卸価額からその子豚の期首棚卸価額の25,000円を減額します（決算書の期首棚卸価額が、前年末の子豚全体の棚卸価額よりその分だけ少なく計上されます。）。

(2) 同じように飼料費からその子豚の飼育に要した費用45,000円を減額します。

(3) その子豚の取得価額を70,000円として事業用資産に計上します（ただし、ご質問の場合は上記1の(2)と同様に、その全額を必要経費に計上します。）。

〔仕訳例〕
○販売目的で飼育している肉豚1頭を繁殖豚とした（前年末の棚卸価額2万5千円、飼育に要した費用4万5千円の計7万円）。
（借）事業用資産（繁殖豚）　70,000円

　　　　　　　　　　　　　（貸）期首棚卸資産（農産物以外）　25,000円
　　　　　　　　　　　　　　　　飼料費　　　　　　　　　　　45,000円
○事業用資産として計上した繁殖豚を少額のためその年分の必要経費に算入した。
（借）必要経費　70,000円　　　　（貸）事業用資産（繁殖豚）　70,000円

〔97〕 採卵用鶏の取得費

問　私は採卵業者です。採卵用鶏は成鶏を買い入れることもありますが、ほとんど中びなを育てて成鶏にしています。この場合、成鶏や中びなの購入費と中びなの育成費用は、どのように取り扱われますか。

〔回答〕　採卵用鶏の購入費や中びなの育成費用は、購入又は育成した年分の必要経費とすることができます。

　採卵用鶏は、成鶏になってから廃鶏になるまでの業務の用に供する期間が13カ月程度と短いこと、ひなの購入→育成→採卵→廃鶏→譲渡までを継続して行っているのが通例であること等から、採卵業者が種卵、ひな、成鶏等を購入するために要した費用及びひなを成鶏とするために要した育成費用（採卵用鶏の取得費）については、その購入又は育成をした年分の必要経費に算入することができるとされています。

　なお、採卵用鶏の取得費については、上記の方法によらず、棚卸資産又は減価償却資産として取り扱うこともできますが、いったん上記の方法に改めた年分以降の年分については、その方法を継続することとされています（昭57直所5－7）。

〔98〕 農業所得の計算上必要経費とならない租税公課

問　農業所得の計算上、必要経費とならない税金には、どのようなものがありますか。

〔回答〕　所得税、市町村民税、相続税、贈与税やこれらの延滞税、加算税などは必要経費となりません。

　農業所得の計算上必要経費に算入されない税金には次のようなものがあります（所法45①、所令97）。

① 　所得税及び所得税にかかる延滞税、利子税（ただし、確定申告による税額の延納に係る所得税の利子税のうち、農業所得に対する所得額に対応する部分の金額を除きます。）

② 　道府県民税及び市町村民税（都民税及び特別区民税を含みます。）並びにこれらの延滞金

③ 　国税の過少申告加算税、無申告加算税、不納付加算税及び重加算税

④ 　地方税の過少申告加算金、不申告加算金、重加算金

〔99〕　土地改良区に支払った受益者負担金

> 問　従前から所有している農用地の区画整理に係る土地改良区の賦課金を10アール当たり15,000円納付しました。この賦課金は、農業所得の計算上、必要経費に算入できますか。

〔回答〕　賦課金のうち永久資産の取得費対応部分以外の部分は、支出した年分の必要経費に算入することができます。

　農用地の区画整理等の土地改良事業（現に事業の用に供されている農用地に係る土地改良事業をいい、公有水面の埋立て又は干拓に係る土地改良事業などを除きます。）のために支出する受益者負担金については、次のように取り扱われます。

(1)　受益者負担金のうち、①土地改良施設の敷地等の土地の取得費及び農用地の整理、造成に要した金額のような永久資産の取得費対応部分は必要経費不算入とし、②減価償却資産及び公道その他一般の用に供される道水路等の取得費対応部分は繰延資産（⇨問143）に該当するものとしてその償却額を必要経費に算入し、③毎年の維持管理費に相当する金額は支出した年分の必要経費に算入します（昭43直所4−1）。

　　受益者負担金のうち、②の繰延資産に係る資産の取得費対応部分の金額の償却費計算は、その支出効果の及ぶ期間にわたって毎年均分償却を行うこととされていますが、土地改良法の規定に基づいて土地改良区、国、地方公共団体等が行う土地改良事業の

第4章　農業の必要経費　　131

受益者負担金については、毎年受益者が支出する賦課金のうち、繰延資産対応部分を
その年分の償却額として、各受益者のその支出した年分の必要経費に算入して差し支
えないこととされています。

(2)　なお、賦課金の金額が10アール当たり10,000円未満の場合は、上記の区分計算を省
略し、支出した賦課金の全額をその年の必要経費に算入して差し支えないこととされ
ています。

ご質問の場合には、賦課金の金額が10アール当たり10,000円を超えていますので、上
記(1)により計算した金額のうち、②及び③の金額はその年の農業所得の計算上必要経費
に算入することができます。

〔仕訳例〕
　○水田100アールに係る土地改良区の賦課金の通知があり現金で支払った。賦課金
　は15万円（10アール当たり1万5千円）であり、このうち土地の取得費対応部分
　は20％である。
　（借）土　地　　　　　　30,000円　　　　（貸）現　金　150,000円
　　　　土地改良費　120,000円
　※土地の取得費対応部分の計算例　150,000円×20％＝30,000円

---

〔100〕　たばこ耕作組合会館建設のための拠出金

> 問　たばこ耕作組合会館を建設することになり、その資金として10万円拠出しまし
> た。この拠出金については、寄附金控除の対象になりますか。寄附金控除の対象
> にならないとすれば、農業所得の計算上必要経費に算入できますか。

〔回答〕　**事業遂行上直接の必要に基づく拠出金は必要経費に算入します。**

　寄附金控除の対象となる寄附金は、国、地方公共団体に対するもの、教育又は科学の
振興、文化の向上などに寄与するものとして財務大臣が指定した公益法人等に対するも
のなど、特定の寄附金に限られます（所法78②）ので、たばこ耕作組合会館の建設に必
要な資金を拠出しても寄附金控除の対象とはなりません。

　また、自己の所属する耕作組合が、その共同的施設として会館等の建設に負担金を徴
収する場合に支払った金額は、繰延資産となります（所令7①三）（⇒問143）。

　したがって、ご質問の場合には繰延資産として毎年分の償却費を農業所得の計算上必
要経費に算入することができます。

そして、この場合の償却期間は、その会館が建設費の負担者又は組合員の共同の用に供されるものである場合、又は耕作組合の本来の用に供されるものである場合は、その施設の耐用年数の70％に相当する年数とされています（所基通50－3）。

なお、会館が、耕作組合の本来の用に供されるものについては、上記の年数が10年を超える場合には当分の間10年間とされています（所基通50－4）。

〔101〕 農業協同組合の賦課金

> 問　私はＡ農業協同組合の組合員で、農業協同組合から賦課される会費が各種あります。私の農業所得の計算上これらの会費を必要経費に算入できますか。

〔回答〕　**事業遂行上直接の必要に基づくものは必要経費となります。**

事業を営む人が加入している各種の団体に対して支払う会費については、その団体の活動が加入者の営む事業と相当程度の関係があると認められる場合は、その会費は事業について生じた費用として事業所得の計算上必要経費に算入することができます。

したがって、ご質問の場合は、繰延資産（⇨問143）に該当する部分の金額を除き、その支出の日の属する年分の農業所得の必要経費に算入します（所基通37－9）。

〔仕訳例〕
　○農業協同組合に対する賦課金6千円を現金で支払った。
　（借）雑費（諸会費）　6,000円　　　（貸）現　金　6,000円

〔102〕 旅費、交通費

> 問　私は、りんご園を経営していますが、毎年、Ｔ市の農業試験場で行われる品種改良研修会に、長男（専従者）と2人で、3日間泊り込みで出掛けます。この時の旅費、宿泊費は農業所得の計算上必要経費に算入できますか。

〔回答〕　**事業遂行上必要な範囲の費用は必要経費に算入します。**

農業を営む人やその事業専従者又はその使用人が、農業を行っていく上で必要な技能又は知識の習得又は研修等を受けるために要する費用は、通常必要とされるものに限り、必要経費に算入します（所基通37－24）。

第4章　農業の必要経費　　133

　また、事業専従者や使用人が研修等を受けるための費用は、その費用が適正なもので
あれば、事業専従者や使用人の源泉徴収税額を計算する際に、給与等として課税されま
せん（所法9①十五、所基通9－16）。

　なお、研修等で遠方に出掛けた場合に支出する費用であっても、併せて観光したり、
知人を訪問したような場合は、これらの個人的な理由で支出した費用は必要経費になり
ませんので、支出した費用を事業遂行上必要な部分と家事費の部分とに区分する必要が
あります。

〔仕訳例〕
　○事業専従者及び使用人に対する旅費6万円を事業専従者に前払いした。
　　（借）仮払金　　　　　　　　60,000円　　　（貸）現　金　60,000円
　○事業専従者が出張から帰ったので、不足分2万円を精算した。
　　（借）旅費交通費（雑費）　　80,000円　　　（貸）仮払金　60,000円
　　　　　　　　　　　　　　　　　　　　　　　　　　現　金　20,000円

---

〔103〕　海外渡航費

問　私は、たばこ耕作をしていますが、本年8月、アメリカへ実地研修のため渡航
　します。通訳が必要なので、ちょうど英語を専攻している長女（大学生）を通訳
　として同行しようと思いますが、この場合、長女の費用は必要経費にしてもよい
　ですか。また、渡航したついでに、カナダへも観光旅行してきた場合は私や長女
　の渡航費用はどうなりますか。

〔回答〕　海外渡航費は、その渡航が事業の遂行上直接必要である場合に限り、その必要
　　　な部分の金額を必要経費に算入します。

　事業遂行のために海外渡航した場合の旅費は、当然国内の出張旅費と同じように必要
経費に算入できます。

　しかし、ご質問のように海外渡航に親族又はその事業に常時従事していない人を同行
した場合には、その同行者にかかる費用については原則として必要経費に算入すること
はできませんが、その目的を遂行するために外国語に堪能な人又は高度の専門的知識を
有する人を必要とするような場合に使用人のうちに適任者がいないため、自己の親族を
同行する場合には、必要経費に算入することができます（所基通37－20）。

　次に、研修の旅行と観光の旅行を併せ行った場合には、研修のための旅行費用だけが

必要経費に算入されます。

　すなわち、ご質問のアメリカまでの旅費は問題ないと思われますが、アメリカ以外の
カナダへ行かれたような場合のその旅費については、必要経費には算入できません。ま
た、アメリカ滞在中にも観光を行ったような場合には、アメリカ滞在中の費用について
研修に要した日数と観光に要した日数等の期間の比によりあん分計算を行い、研修に要
した部分の費用のみ必要経費に算入します。

〔104〕 交際費、接待費の取扱い

> 問　数人で野菜の出荷組合をつくっています。この総会を慰安会と兼ねて年1回旅
> 行先の旅館で開いていますが、このための経費は必要経費となりますか。また、
> 得意先を食事に招待した費用はどうでしょうか。

〔回答〕　もっぱら事業の遂行上必要な支出であれば、必要経費に算入します。

　いわゆる交際費や接待費でも、その支出がもっぱら農業の遂行上必要なものであれば、
農業所得の計算上必要経費に算入します（所法37①）。

　したがって、ご質問の出荷組合の総会の費用も、その総会の性格、目的等からみて、
それへの出席が農業の遂行上必要なものであり、しかもその金額が、その出席のために
通常必要と認められる程度のものであれば、必要経費として差し支えないものと考えら
れます。

　また、食事の費用も、その接待がその相手方、接待の理由などからみてもっぱら農業
遂行上必要なものであれば、必要経費になります。

〔仕訳例〕
　○出荷組合の総会出席費として2万円を現金で支出した。
　　（借）雑費（会議費）20,000円　　　（貸）現　金　20,000円

第4章　農業の必要経費　　135

〔105〕　友人との会食費や冠婚葬祭費用

問　地区の仲間4人とグループを作って養豚経営の勉強をしていますが、お互いの親睦を図るため2カ月に1回程度会食をしています。このための支出は交際費として必要経費になりますか。

また、仲間に対する結婚祝や香典、新築祝の費用はどうですか。

〔回答〕　もっぱら事業の遂行上必要がない冠婚葬祭費や個人的な支出は必要経費になりません。

支出した交際費が所得計算上の必要経費に該当するかどうかは、その支出の相手方、目的等からみて、事業遂行上もっぱら必要なものかどうかによりますが、ご質問のような勉強仲間が親睦のためにする会食の費用は、個人的な家事上の費用に該当し、所得の獲得のためのものというよりは所得の処分としての性質を有するものといえますから、農業所得の必要経費にはなりません。

同様に、ご質問のような、冠婚葬祭費についても、農業の遂行上もっぱら必要なものというよりは家事費として支出するものであり、農業所得の必要経費にはならないものと考えられます。これらの費用は、農業を営んでいない場合でも支出するものであるところからみても個人的な費用に該当するものと思われます。

しかし、農業を営む上で必要な、例えば、雇人、売上先の従業員に対する冠婚葬祭費は必要経費になる場合もあると考えられます。

〔106〕　母校への寄附金等

問　母校の野球部の後輩に頼まれて、野球部に寄附したり、また、町内の子供会に対する寄附や消防自動車の購入のために寄附をしましたが、これらの寄附金は所得税法上どのように取り扱われますか。

〔回答〕　もっぱら事業遂行上必要がない寄附金は必要経費となりません。

寄附金を支払った場合の所得税の取扱いは、農業所得の計算上必要経費として差し引くか、寄附金控除として課税所得の計算に際して所得控除を行うか、又はこのいずれにも属さない家事上の費用となるかに分かれます。

寄附とは、一般に、贈与契約によって金銭を支出し、又は金銭以外の財産権を移転することをいい、寄附者の自由意志によって行われるものであり、また、寄附者は相手方から何らの反対給付を受けないものであるところからすると、寄附金には本来、費用性はないというべきでしょう。

しかし、名目は寄附であっても、実際は広告宣伝のためなど農業遂行上直接の必要に基づくもの、又は農業を営んでいるため特に負担しなければならないものは、農業について生じた費用として必要経費になると考えられます。

したがって、ご質問のうち、子供会に対する寄附は農業に関して生じた費用とは考えられないことから、原則として必要経費にはなりません。消防自動車の購入に係る寄附も必要経費になりませんが、その寄附金が国又は地方公共団体に帰属するものであれば寄附金控除が受けられます（⇨問225）。野球部への寄附は、先輩としていわば個人の立場で行うものですから、必要経費にも寄附金控除の対象にもならないと思われます。

〔107〕 必要経費となる損害（地震）保険料

> **問** 私は、養蚕業を営んでいますが、建物について支払った掛け捨ての損害保険の保険料は必要経費となりますか。なお、この建物は私や家族の住まいと養蚕経営の両方に使用していますが、保険料は一括して支払っています。

〔回答〕 事業の用に供されている部分の保険料が必要経費となります。

火災保険などの損害保険は、保険会社等が火災によって生ずる損害を補てんすることを約束し、保険契約者がこれに保険料を支払うことを約束することによって成立します。この損害保険料は、それ自体は、直接収入を得ることを目的としたものではありませんが、火災等によって損害が生じた場合にその損害を補てんした上で事業を継続するという目的があることから、事業遂行上一般に支払われる費用として必要経費になります（建築更生共済については、問109参照）。

ところで、一つの建物が事業用と居住用の双方に使用されている場合、その建物について支払う保険料は、事業用の部分に対応する金額を事業所得の計算上必要経費に算入します。

なお、支払った損害保険料が、平成18年12月31日までに契約した長期損害保険（保険期間や共済期間が10年以上の契約で、満期返戻金などの支払いのあるものに限ります。）

については、居住用の部分に対応する金額を地震保険料控除の対象とすることができます。地震保険料控除は、納税者又は納税者と生計を一にする配偶者その他の親族が所有する居住用の家屋又はこれらの人が生活に通常必要な家具、什器などのいわゆる生活用動産を、保険又は共済の目的とし、かつ、地震若しくは噴火又はこれらによる津波を直接又は間接の原因とする火災、損壊、埋没又は流出による損害によりこれらの資産について生じた損失の額をてん補する保険金又は共済金が支払われる損害保険契約等について、納税者が保険料又は掛金を支払った場合に対象となります（所法77）。

〔仕訳例〕
　　○事業所兼用住宅（事業使用割合30％）を対象とした火災共済の契約をし、1年
　　　分の共済掛金10万円を普通預金から支払った。
　　（借）事業主貸　　　　　　　　　70,000円　　　（貸）普通預金　100,000円
　　　　　支払保険料（火災共済）　30,000円

---

〔108〕　長期の損害保険料

　問　作業室兼倉庫について10年満期の満期返戻金付きの火災保険を掛け、保険料
　　を支払っています。この場合の必要経費の計算はどうなりますか。

〔回答〕　払込保険料のうち、満期返戻金の支払いに充てられる積立保険料の部分を除い
　　　た部分が必要経費となります。

　解約返戻金のない火災保険料は、支払った時に、業務用部分について必要経費に算入しますが、保険期間が3年以上の長期間の火災保険については、払込保険料の一部又は全部が満期返戻金として契約者に支払われるものがあるため、その支払った保険料の全額を支払った時の必要経費に算入することはできません。

　すなわち、次に示すとおり、払込保険料の内容は、満期返戻金の支払いに充てられる積立保険料の部分と、掛け捨ての火災保険料の構成要素である危険保険料の部分に分けられ、前者に対応する部分の金額は、満期返戻金の所得の計算上控除すべき経費として保険期間の終了時まで資産計上しておき、後者に対応する部分の金額は、支払った時の必要経費に算入するという考え方に基づくものです（所基通36・37共－18の2）。そして、資産に計上した部分は、満期返戻金を受け取る際の一時所得の計算上「収入を得るために支出した金額」として控除します（所法34②、所令184）。

その年に支払った保険料の金額
① 積立保険料に相当する部分の金額 ……資産に計上
② その他の部分の金額 ……必要経費に算入

なお、払込保険料は、保険料払込案内書や保険証券添付書類等に記載されているところにより区分します（所基通36・37共－18の2）。

〔仕訳例〕
○満期返戻金付きの火災保険の契約をし、10月に1年分の保険料10万円（このうち積立保険料に相当する部分の保険料は6万円）を支払った。
（借）保険積立金　　　　　　　60,000円　　　（貸）普通預金　100,000円
　　　支払保険料（火災共済）　40,000円

〔109〕 建物更生共済に係る掛金の取扱い

問　建物を共済の目的として農協の建物更生共済に加入し、掛金を支払っています。その建物は農業用部分と居住用部分とがありますが、農業所得の計算上はどのようになりますか。

なお、契約している建物更生共済は、地震に対する保障があらかじめセットされています。

〔回答〕　災害の補償部分のうち、事業に係る部分は必要経費となり、それ以外の居住用に係る部分は地震保険料控除の対象となります。

建物更生共済は、建物の更新を目的とする貯蓄の部分と災害の補償の部分があり、このうち災害の補償の部分については、地震保険料控除の対象となる部分と必要経費になる部分があります（⇨問107、114）。

したがって、ご質問の場合、建物更生共済のうち災害補償の部分について、居住用部分に対応する掛金部分は地震保険料控除の対象となり、農業用部分に対応する掛金部分は、農業所得の計算上必要経費になります。

第4章　農業の必要経費　　139

〔仕訳例〕
　○問114において農業部分の使用割合を6割とした場合。
　（借）保険積立金　60,000円　　（貸）普通預金　100,000円
　　　　支払保険料　24,000円
　　　　事業主貸　　16,000円

〔110〕　農機具更新共済契約の掛金等の取扱い

> 問　私は、農機具更新共済に加入していますが、この共済掛金は農業所得の必要経
> 費とされますか。
> 　また、この農機具更新共済により満期共済金や事故共済金を受け取った場合、
> 課税上どのように取り扱われますか。

〔回答〕　農機具更新共済の掛金は、農業所得の計算上、必要経費になります。
　　　　　また、満期共済金は、一時所得に係る総収入金額に算入され、事故共済金はそ
　　　の農機具の帳簿価額を超える金額については非課税とされます。

1　農機具更新共済の掛金

　農機具を対象とする農機具更新共済は、損害保険契約の一種です。農機具更新共済
の掛金については、保険料払込案内書等で区分されているところにしたがい、長期の
損害保険契約等の保険料又は掛金の額のうちの積立保険料に相当する部分の金額は、
資産に計上し、その他の部分の金額は、期間の経過に応じて、その業務に係る部分の
金額をその年分の農業所得の計算上、必要経費に算入します（所基通36・37共−18の
2）。

2　農機具更新共済の満期共済金

　農機具更新共済の満期共済金は、損害保険契約に基づく満期返戻金と同様、一時所
得に係る総収入金額に算入します（所令184②）。
　また、農機具更新共済の積立共済金は、損害保険契約に基づくものと同様に、一時
所得の計算上、満期共済金から控除します。

3　農機具更新共済の事故共済金

　農機具更新共済に基づく事故共済金は、まず、その農機具の資産損失額を補てんす
る金額に充てられます（所法51）。

事故共済金から資産損失額を補てんした残額がある場合には、その金額は非課税とされます（所令30）。

〔111〕 果樹共済の掛金の取扱い

> 問 私は、りんご園を30アール経営していますが、このたび果樹共済へ加入しました。この共済掛金は本年8月に支払いましたが、この共済掛金は本年分の農業所得の計算上必要経費に算入してよいですか。なお、私は青色申告をしています。

〔回答〕 **本年分の必要経費として差し支えありません。**

果樹共済は、災害等に基因する果実の減収を対象とする収穫共済と樹体の減損を対象とする樹体共済の二本立てとなっています（⇨問77）。

この場合の共済掛金の取扱いは次によることとされています（昭48直所4－10）。

1 収穫共済の共済掛金

その共済掛金に係る果実を収穫する日の属する年分の必要経費とします。ただし、青色申告者等継続記録を行っている人については、その共済掛金を支払った日の属する年分の必要経費とすることができます。

2 樹体共済の共済掛金

その支払うべき日の属する年分の必要経費とします。

ご質問の場合、りんごの収穫期と収穫共済の支払日の属する年分が異なる場合は、原則として収穫期の属する年分の必要経費としますが、青色申告者等継続記録を行っている場合は、支払日の属する年分の必要経費とすることができます。また、樹体共済については、支払日の属する年分の必要経費とします。

〔仕訳例〕
○りんご園の果樹共済掛金10万円が普通預金から引き落とされた。
（借）支払保険料（農業共済） 100,000円 （貸）普通預金 100,000円

第4章　農業の必要経費　　141

〔112〕　福利厚生費の範囲

> **問**　青色申告をしている友人の話によると事業所得を計算する上で、福利厚生費として必要経費に計上できるものがあるそうですが、福利厚生費とはどのようなものをいうのでしょうか。

〔回答〕　**福利厚生費とは、従業員の慰安、保健、保養などのために支払う費用をいいます。**

　一般に、「福利厚生費」とは、雇人に対する社会保険、保健衛生、慰安保養等のために必要とする費用をいいますが、そのうち福利厚生費として必要経費となるものは、雇人の福利厚生のために社会通念上一般に行われていると認められているものに係るもので、必要かつ妥当な支出でなければなりなせん。

　農業において必要経費となる福利厚生費としては、次のようなものが考えられます。

(1)　法定福利厚生費

　　法律の規定によって事業主が負担することになっている従業員に対する健康保険料、厚生年金保険料、雇用保険料等の費用

(2)　(1)以外の福利厚生費

　　次に掲げるもののうち、上記の条件の範囲内のもの。

①　従業員の慰安のための費用

②　従業員の慶弔等の費用

③　その他

〔仕訳例〕
　○雇人に対する健康保険料8万円（うち雇人負担の預り金4万円）を現金で支払った。
　（借）法定福利厚生費　40,000円　　　　（貸）現　　金　80,000円
　　　　預　　り　　金　40,000円

〔113〕 臨時雇いに係る賄費の見積り

> 問 私は、葉たばこ耕作者ですが、収穫の時など人手が足りない時には毎年臨時雇いを雇用しています。この臨時雇いに対しては、当地の農業委員会の定めたとおりの賄いを支給していますが、材料は家族の分と一緒に購入していますし、自家生産の農産物も使用していますので賄費をどのように見積ったらよいか困っています。簡単にできる方法はありませんか。

〔回答〕 農業委員会が定めている労賃の差額を賄費（福利厚生費）として差し支えありません。

　臨時雇いに支給した食事については、調理して支給するものは、その食事に係る主食、副食、調味料等の直接要した費用の額で計算し、他から購入して支給した食事は、その購入価額によって計算します（所基通36-38）。

　なお、農業委員会が賄いなしの労賃と賄いつきの労賃を定めている場合、両者の差額が上記の計算方法によって計算した額と大差がないと認められる場合は、便宜上その差額を賄費（福利厚生費）としても良いと思われます。

　また、使用人に対して支給する賄いにつき、次の二つの要件のいずれも満たす場合は、使用人の給与として課税されません（所基通36-38の2、平元直法6-1）。

① 　使用人が食事代の半分以上を負担していること

② 　食事代から使用人が負担している金額を差し引いた金額が1か月当たり3,500円（税抜き）以下であること

〔114〕 減価償却費とは

> 問 減価償却とはどういう事柄ですか。できれば設例をあげてわかりやすく説明してください。

〔回答〕 一定の資産について、その資産の使用可能期間に応じて、その資産の取得価額を各年の必要経費にする方法をいいます。

　所得税法では、業務の用に供している土地や建物、機械などの資産のうち、時の経過や使用によりその資産の価値が減少するもの（減価償却資産といいます。）で、使用可

能期間が１年以上、かつ、取得価額が10万円以上（⇨問119）の資産については、その資産の取得価額を一定の方法でその資産の使用期間の費用として配分することとされています。

例えば、本年100万円で買い入れたコンバインについて、本年の必要経費に100万円と計上するのでなく、そのコンバインの使用可能期間（通常、耐用年数といいます。）を仮に７年間とすれば、そのコンバインの取得価額を７年間の費用として配分し、必要経費に算入します。

すなわち、一般的には資産の取得に要した費用をその使用する期間の収入に対応するように期間配分することを減価償却といいます。

〔仕訳例〕
　○令和４年７月にコンバインを購入し、代金110万円は年末払いとした。
　（借）コンバイン　1,100,000円　　　（貸）未払金　　1,100,000円
　○決算に当たり、本年分のコンバインの減価償却費を計上した。
　（借）減価償却費　　78,650円　　　（貸）コンバイン　78,650円
　※1,100,000円×0.143×$\frac{6}{12}$（半年分）＝78,650円
　㈲耐用年数が７年の場合の定額法の償却率は、0.143です。減価償却費の記帳方法には直接法と間接法がありますが、仕訳例では直接法に基づいています。なお、直接法とは固定資産科目から直接減価償却費を差し引く方法をいい、間接法とは減価償却累計額科目を設定し、これに減価償却費を累計していく方法をいいます。

〔115〕 減価償却資産の意義

> 問　減価償却資産とは、どういうものでしょうか。

〔回答〕　**減価償却資産とは、時の経過等によって価値の減少する資産をいいます。**

減価償却資産とは、不動産所得や事業所得、山林所得、雑所得を生ずべき業務の用に供されている次に掲げる資産をいいます（所法２①十九、所令６）。

この減価償却資産の取得価額は、一定の方法によって各年分の費用として配分され、その配分された償却費は各年分の必要経費に算入されます。

(1)　建物及びその付属設備

(2)　構築物（橋、軌道、貯水池など土地に定着する土木設備又は工作物をいいます。）

(3)　機械及び装置

⑷　車両及び運搬具

⑸　工具、器具及び備品

⑹　次の無形固定資産

　　①　漁業権　　②　ダム使用権　　③　水利権　　④　樹木採取権

　　⑤　水道施設利用権など

⑺　次の生物

　　①　　牛、馬、豚、綿羊及びやぎ

　　②　　かんきつ樹、りんご樹、ぶどう樹、なし樹、桃樹、桜桃樹、びわ樹、くり樹、梅
　　　　樹、かき樹、あんず樹、すもも樹、いちじく樹、キウイフルーツ樹、ブルーベリー
　　　　樹及びパイナップル

　　③　　茶樹、オリーブ樹、つばき樹、桑樹、こりやなぎ、みつまた、こうぞ、もう宗竹、
　　　　アスパラガス、ラミー、まおらん及びホップ

〔116〕　減価償却資産の耐用年数

> 問　会社を退職し父が経営する果樹園を継ぐことになり、新たにトラクターとスピードスプレヤーを購入しようと思います。これらの機械は減価償却資産になると思いますが、耐用年数は何年になりますか。

〔回答〕　トラクター及びスピードスプレヤー（薬剤噴霧器）の耐用年数は、減価償却資産の耐用年数等に関する省令の別表第二の「農業用設備」に該当し、７年を適用します。

　減価償却資産の耐用年数については、耐用年数省令において、減価償却資産の区分に応じ「別表」の定めるところによる旨規定されています（耐令１①）。

　そして、「別表第一」においては、建物、構築物、車両及び運搬具、器具備品など機械及び装置以外の有形減価償却資産について、「構造又は用途」及び「細目」ごとに設定された耐用年数を定めており、「別表第二」においては、機械及び装置について、「設備の種類」及び「細目」ごとに耐用年数を定めています。

　農業用の機械については、「別表第二」の農業用設備に該当し、耐用年数７年を適用します。

　したがって、ご質問のトラクター及びスピードスプレヤーの耐用年数は７年を適用し

〔117〕 共同井戸の掘さく費用

> 問 かんがい用水を確保するため、関係農家10戸が費用を分担して井戸を掘さくしました。1戸当たりの負担額は25万円で、これを5年間の賦払いとすることになりましたが、この費用についてはどのように取り扱われますか。

〔回答〕 減価償却費を必要経費にすることができます。

　井戸は、構築物として取り扱われますので、井戸の構造に応じて次の耐用年数を適用して計算した減価償却費を各年分の必要経費に算入します（所法49、所令6、耐令1）。

(1) 掘り井戸の場合

　① コンクリート造又はコンクリートブロック造のものは、耐用年数40年

　② 石造のものは、耐用年数50年

(2) 打ち込み井戸（いわゆる掘さく井戸……垂直に掘さくした円孔に鉄管等の井戸側を装置した井戸……を含みます。）の場合は、耐用年数10年

　ただし、井戸が関係農家10戸の共有物でない場合には、各農家の負担額25万円は、共同施設に係る繰延資産に該当し、その井戸の構造に応じて(1)又は(2)に掲げられている耐用年数の70％に相当する年数を基として償却します（所基通50-3）。

〔118〕 減価償却の対象とされない資産

> 問 減価償却の対象とされない資産にはどんなものがありますか。

〔回答〕 価値の減少しない資産、現に業務の用に供されていない資産及び棚卸資産は減価償却の対象とされません。

　減価償却の認められない資産は、①時の経過により価値の減少しない資産、②現に業務の用に供されていない資産及び③棚卸資産などですが、おおむね次のようなものです（所令6、所基通2-13、2-17）。

(1) 土地

(2) 借地権

ただし、借地権又は地役権の更新料の支払いがなされるときは、一定の方法で計算した減価相当額が必要経費に算入されます（所令182）。

(3) 古美術品、古文書、出土品、遺物等のように歴史的価値又は希少価値を有し代替性のないものや、取得価額が１点100万円以上の美術品等（時の経過によりその価値が減少することが明らかなものを除きます。）（所基通２－14）

(4) 電話加入権

(5) 畜産業者、果樹等の仲買業者等が販売の目的で保有又は飼育する牛馬、果樹等の棚卸資産

(6) 建設中の固定資産又は育成中の牛馬、果樹等

(7) まだ使用していない工具、器具、備品等

〔119〕 少額な減価償却資産

> **問** 例えば、育苗材、はかり、自転車のように取得価額が少額なものや、ビニールハウスのビニールシートのように使用可能年数が短いものについても減価償却を行わなければなりませんか。

〔回答〕 10万円未満（青色申告者の場合は30万円未満）の資産であればその年の必要経費に算入します。

　減価償却資産は、その資産の使用可能期間が１年未満であるもの、又は、取得価額が10万円未満であるものは、減価償却資産の計算によらず各年の必要経費に算入することとされています（令和４年４月１日以後取得した10万円未満の減価償却資産のうち貸付けの用に供したものを除きます。）（所令138）。

　また、中小企業者である青色申告者が取得して業務の用に供した減価償却資産について、取得価額が30万円未満である場合には、減価償却資産の計算によらず各年の必要経費に算入することとされています。この場合において、その業務の用に供した年分における10万円以上30万円未満の少額減価償却資産の取得価額の合計額が300万円を超える場合は、その超える部分に係る減価償却資産については、減価償却を行い、必要経費に算入します（措法28の２）。

　したがって、ご質問のような取得価額が10万円未満（又は30万円未満）であるもの、又は使用可能期間が１年未満のものは、減価償却を行う必要はなく、取得価額の全額をその

取得した資産を使用することとなった年分の農業所得の計算上必要経費に算入します。

　なお、取得価額が10万円未満（又は30万円未満）であるかどうかの判定上、消費税及び地方消費税が含まれるかどうかについては、事業者が消費税及び地方消費税について税抜経理方式を採用している場合には含まれません（問120の場合も同様です。）が、税込経理方式を採用している場合には含まれます（平元直所3－8）。

〔120〕　一括償却資産の３年均等償却

> 問　新品の農業用機械を18万円で購入しましたが、購入代金が10万円以下でなくても20万円未満であるときは、通常の減価償却よりも早期に必要経費とする方法があると聞きました。その方法について教えてください。

〔回答〕　通常の減価償却の方法に代えて、取得価額の３分の１に相当する金額を業務の用に供した年から３年間の各年で必要経費とする方法を選択することができます。

　業務の用に供した減価償却資産で、その取得価額が20万円未満であるもの（国外リース資産及びリース資産並びに少額な減価償却資産（⇨問119）を除きます。）については、通常の減価償却の方法に代えて、その年に業務の用に供したものの全部又は一部を「一括償却資産」としてひとくくりにまとめ、その一括償却資産の取得価額の合計額の３分の１に相当する金額を、その年から３年間の各年に渡りその各年分の必要経費とする方法を選択することができます（令和４年４月１日以後に取得した減価償却資産のうち貸付けの用に供したものを除きます。）（所令139①）。

　なお、取得価額が20万円未満であるかどうかの判定は、少額な減価償却資産の場合と同様です。

　ご質問の場合は、この方法を選択することにより、その農業用機械を農業の用に供した年、その翌年、その翌々年の３年間の各年分において６万円（18万円×⅓）ずつを必要経費とすることができます。

　(注)　一括償却資産として経理したものについては、３年間の各年にわたって同一の経理をする必要があるため、一括償却資産を業務の用に供した年以後３年間の各年において、滅失等があった場合でも、必要経費に算入する金額は、３分の１の額となるので注意が必要です（所基通49－40の２）。

〔仕訳例〕
　○本年7月に農業用機械を18万円で購入し現金で支払った。
　（借）農業用機械（一括償却資産）　180,000円　　　（貸）現　金　180,000円
　○決算に当たり一括償却資産の減価償却費6万円を計上した。
　（借）減価償却費　60,000円　　　（貸）農業用機械（一括償却資産）60,000円

〔121〕　遊休設備の減価償却

> 問　耕うん機をもう1台購入し、現在ではもっぱら新しい方の耕うん機を使用して
> います。古い方の耕うん機は現在のところ使用していませんが、いずれ使用する
> 機会があるものと考えて、手入れだけは怠っておりません。この古い耕うん機の
> 減価償却費は、農業所得の計算上、必要経費に算入されますか。

〔回答〕　業務の用に供するため維持補修が行われている場合は減価償却を行うことがで
　　きます。

　減価償却資産とは、農業所得を生ずべき業務の用に供されているものをいいますから、
現在、業務の用に供されていないものは減価償却をすることはできません（⇨問115）。

　しかし、現在使用されていないもの（遊休設備）について、現に使用されていない場
合であっても、業務の用に供するために維持補修が行われており、いつでも使用できる
状態にある場合には、減価償却を行うことができるように取り扱われています（所基通
2－16）。

　したがって、ご質問の古い方の耕うん機についても減価償却をすることができ、農業
所得の計算上必要経費に算入されます。

　なお、購入はしたものの未使用の状態で保管中の資産については、いまだ事業の用に
供されていませんので、減価償却をすることはできません。

〔122〕　建築中の建物の減価償却

> 問　本年9月に倉庫の建築に着手しましたが、年末現在ではまだ完成していません。
> しかし、できあがった部分はすでに倉庫として使用しています。この場合、倉庫
> として使用している部分については減価償却をすることができますか。

〔回答〕　未完成の場合でも使用している部分については減価償却できます。

　業務の用に供される建物は、建物の全部が一体としてその用に役立つのが通常ですから、建築の中途で部分的に業務の用に供したとしても、原則として、減価償却はできないこととされています。

　ただし、建築の中途においても、そのできあがった部分が独立した建物と同様な状態にあるようなものもあり、このようなものまでも減価償却ができないとすることは実情に即さないことから、独立してその効用を十分に果たすことができる程度に完成していると認められる部分をその用に供した場合には、その効用を果たす部分を限度として減価償却を行って差し支えないものとされています（所基通2－17）。

　したがって、ご質問の場合も、建築中の建物について、倉庫用として使用した部分が、内部的に施設され、施錠等がほどこされ、倉庫としての機能を充分果たす状態にあって、しかも、建物の完成後も引き続きそのまま倉庫として使用する見込みであれば、減価償却をして差し支えありません。

〔123〕　減価償却資産の取得価額

> 問　減価償却資産の取得価額はどのように計算するのですか。

〔回答〕　原則として、購入代価と業務の用に供するために直接要した費用の合計額によります。

　減価償却資産の取得価額は、原則として次の金額とされています（所令126①）。

　なお、消費税額及び地方消費税額について、税込経理を採用している事業者（消費税の免税事業者を含みます。）は、減価償却資産の取得に係る消費税等の額（仕入れに係る消費税等の額）を含めて取得価額を計算します。

(1)　購入した減価償却資産　次に掲げる金額の合計額

　①　その資産の購入代価（引取運賃、荷役費、運送保険料、購入手数料等その資産を購入するために要した費用を加算した金額）

　②　その資産を業務の用に供するために直接要した費用の額

(2)　自己の建設、製作又は製造に係る減価償却資産　次に掲げる金額の合計額

　①　その資産の建設等のために要した原材料費、労務費及び経費の額

　②　その資産を業務の用に供するために直接要した費用の額

⑶　自己が成育させた牛、馬、豚、綿羊、やぎ　次に掲げる金額の合計額

①　成育させるために取得した牛馬等にかかる⑴の①若しくは⑸の①に掲げる金額又は種付費及び出産費の額並びにその取得した牛馬等の成育のために要した飼料費、労務費及び経費の額

②　成育させた牛馬等を業務の用に供するために直接要した費用の額

⑷　自己が成熟させた⑶の生物以外の生物（以下「果樹等」といいます。）　次に掲げる金額の合計額

①　成熟させるために取得した果樹等に係る⑴の①若しくは⑸の①に掲げる金額又は種苗費の額並びにその取得した果樹等の成熟のために要した肥料費、労務費及び経費の額

②　成熟させた果樹等を業務の用に供するために直接要した費用の額

⑸　⑴から⑷までにあげた方法以外の方法により取得した減価償却資産　次に掲げる金額の合計額

①　その取得の時におけるその資産の取得のために通常要する価額

②　その資産を業務の用に供するために直接要した費用の額

㊟　個人からの贈与、相続又は遺贈により取得した減価償却資産の取得価額は、問124を参照。

〔124〕　相続により取得した資産の取得価額

> 問　今年の３月に父が死亡し、長男である私が農業を継ぐことになりました。相続により取得した農業用減価償却資産の取得価額は、相続税評価額により評価してよいでしょうか。

〔回答〕　被相続人の取得価額、耐用年数を引き継ぐことになります。

　相続によって取得した資産については、被相続人の取得価額をそのまま相続人が引き継ぎます（所令126②）。

　したがって、相続により取得した資産の取得価額や減価償却費の計算は、被相続人（父）がその資産を取得したときの取得価額をもって取得価額とし、法定耐用年数（被相続人が中古資産を取得した場合は中古資産の耐用年数）を耐用年数として減価償却費の計算を行います。

ただし、相続人が相続において限定承認したため、被相続人に「みなし譲渡」の規定が適用された場合の減価償却資産の取得価額は、相続により取得した時の時価によります（所法59①）。

ご質問の場合は、相続について限定承認の事実もないようですから、お父さんから相続した農業用資産の減価償却費の計算の方法は、相続税評価額によるのではなく、お父さんの農業用資産の取得価額を引き継いで計算します。

なお、減価償却資産の償却方法については、定額法（平成19年3月31日以前に取得した場合は旧定額法）によることになりますが、変更する場合には、新たに届出書を提出する必要があります（所法49①、所令123②一、125）（⇨問133）。

〔125〕 資産を取得するための借入金利子等

> 問　農業用貨物自動車をローンで購入しましたので、月額の賦払額に金利相当額を上積みした額を毎月支払うことになりました。また、自動車取得税を納付しましたが、これらの金利相当額や自動車取得税は、貨物自動車の取得価額に算入しなければなりませんか。

〔回答〕　**金利相当額及び自動車取得税は取得価額に算入せず、各年分の必要経費に算入します。**

業務の用に供される資産を賦払の契約により購入した場合、その契約において、購入代価と賦払期間中の利息及び賦払金の回収のための費用等に相当する金額が明らかに区分されている場合には、その利息及び費用等の金額は、その資産の取得価額に算入しないで、その賦払期間中の各年分の必要経費に算入します（所基通37－28）。

また、業務の用に供される資産に係る自動車取得税は、その業務に係る各種所得の計算上必要経費に算入します（所基通37－5）。

したがって、ご質問の場合、自動車取得税は、納付した年分の必要経費に算入され、ローンの金利相当額も契約において購入代価と利息相当分が明らかに区分されているときは、支払った年分の必要経費に算入されますので、購入した貨物自動車の取得価額に算入する必要はありません。

〔126〕 買い換えの特例の適用を受けた場合の取得価額

> 問 昭和50年代に相続により取得した田30アールを500万円で譲渡（このほか、譲渡に要した費用10万円）し、120万円のコンバインと150万円のトラクターを購入しました。事業用資産の買い換えの特例の適用を受けることとした場合、このコンバインとトラクターの取得価額は、どのように計算すればよいのでしょうか。

〔回答〕 売却した土地の取得価額を引き継いだところで計算します。

相続によって取得した資産の取得価額は、原則として被相続人の取得価額をそのまま引き継いでいますので（⇨問124）、譲渡資産である田の取得費は譲渡収入の5％相当額とする「土地建物等の概算取得費の特例」（措法31の4）の適用を受けたものとして計算します。

そうすると、譲渡した田の譲渡所得の計算上控除する取得費は500万円×5％の25万円となります。

次に、買換えにより取得した事業用資産の取得価額は、実際の取得価額ではなく、それぞれ次に掲げる算式で計算した金額とされています（措法37の3）。

(1) 譲渡資産の譲渡による収入金額が買換資産の取得価額を超える場合

$$\left(\begin{array}{c}\text{譲渡資産の取}\\\text{得費の合計額}\end{array} + \begin{array}{c}\text{譲渡費用}\\\text{の合計額}\end{array}\right) \times \dfrac{\begin{array}{c}\text{買換資産の取得}\\\text{価額の合計額}\end{array} \times 0.8}{\begin{array}{c}\text{譲渡資産の譲渡によ}\\\text{る収入金額の合計額}\end{array}}$$

$$+ \begin{array}{c}\text{買換資産の取得}\\\text{価額の合計額}\end{array} \times 0.2$$

(2) 譲渡資産の譲渡による収入金額と買換資産の取得価額が等しい場合

$$\left(\begin{array}{c}\text{譲渡資産の取}\\\text{得費の合計額}\end{array} + \begin{array}{c}\text{譲渡費用}\\\text{の合計額}\end{array}\right) \times 0.8 + \begin{array}{c}\text{譲渡資産の譲渡によ}\\\text{る収入金額の合計額}\end{array} \times 0.2$$

(3) 譲渡資産の譲渡による収入金額を買換資産の取得価額が超える場合

$$\left(\begin{array}{c}\text{譲渡資産の取}\\\text{得費の合計額}\end{array} + \begin{array}{c}\text{譲渡費用}\\\text{の合計額}\end{array}\right) \times 0.8 + \begin{array}{c}\text{譲渡資産の譲渡によ}\\\text{る収入金額の合計額}\end{array} \times 0.2$$

$$+ \left(\begin{array}{c}\text{買換資産の取得}\\\text{価額の合計額}\end{array} - \begin{array}{c}\text{譲渡資産の譲渡によ}\\\text{る収入金額の合計額}\end{array}\right)$$

ご質問の場合は、上記の(1)の算式が適用されますので取得価額の引継価額はコンバイ

ンとトラクターとで69万1,200円となります。これをコンバインとトラクターのそれぞれの取得価額であん分し、コンバインは30万7,200円、トラクターは38万4,000円となります。

① 取得価額の引継価額の計算

$$
\left\{
\begin{array}{l}
（譲渡資産の取得費）\\
（5,000,000円×5\%）
\end{array}
+
\begin{array}{l}
（譲渡に要した費用）\\
100,000円
\end{array}
\right\}
×
$$

$$
\frac{\overset{\text{（買換資産の取得価額の合計額）}}{(1,200,000円＋1,500,000円)×0.8}}{\underset{\text{（譲渡資産の譲渡による収入金額）}}{5,000,000円}}
$$

$$
+
\overset{\text{（買換資産の取得価額の合計額）}}{(1,200,000円＋1,500,000円)}
× \ 0.2 \ = \ 691,200円
$$

② コンバインの引継価額

$$
691,200円 \ × \ \frac{\overset{\text{（コンバインの取得価額）}}{1,200,000円}}{(1,200,000円 \ ＋ \ 1,500,000円)} \ = \ 307,200円
$$

③ トラクターの引継価額

$$
691,200円 \ × \ \frac{\overset{\text{（トラクターの取得価額）}}{1,500,000円}}{(1,200,000円 \ ＋ \ 1,500,000円)} \ = \ 384,000円
$$

〔127〕 減価償却の方法

> **問** 減価償却費の計算にはどのような方法がありますか。代表的な例をあげて説明してください。

〔回答〕 **減価償却資産の種類に応じて、定額法、定率法などの計算方法がありますが、取得時期によっては旧定額法、旧定率法などによって計算します。**

　減価償却資産の償却の方法については、減価償却資産の種類に応じて、届出により選択できる償却方法と届出による選択をしなかった場合に適用される償却方法（法定償却方法）とがあり、また、取得時期に応じてそれぞれ次のような方法があります（所令120から122）。

		平成19年4月1日以後に取得した減価償却資産		平成19年3月31日以前に取得した減価償却資産	
		法定償却方法	選択できる償却方法	法定償却方法	選択できる償却方法
①建物	平成10年3月31日以前取得	－	－	旧定額法	旧定額法 旧定率法
	上記以外	定額法	定額法	旧定額法	旧定額法
②有形減価償却資産（①、③、平成28年4月1日以後に取得した建物付属設備及び構築物を除きます。）		定額法	定額法 定率法	旧定額法	旧定額法 旧定率法
③鉱業用減価償却資産（⑤を除きます。）		生産高比例法	定額法 定率法 生産高比例法	旧生産高比例法	旧定額法 旧定率法 旧生産高比例法
④無形減価償却資産（⑤を除きます。）、平成28年4月1日以後に取得した建物付属設備及び構築物並びに生物		定額法	定額法	旧定額法	旧定額法
⑤鉱業権		生産高比例法	定額法 生産高比例法	旧定額法	旧定額法 旧生産高比例法
⑥リース資産		リース期間定額法（平成20年4月1日以後に契約締結）			
⑦国外リース資産				旧国外リース期間定額法（平成20年3月31日までに契約締結）	

〔128〕 減価償却費の計算（その1）

> **問** 平成19年4月1日以後に取得する減価償却費の償却費の計算はどのように行いますか。具体的に計算例をあげて説明してください。

〔回答〕 取得価額を基にして、定額法、定率法などの方法でその資産の耐用年数に応じた償却率を用いて計算します。

　所得税法で定められている減価償却費の計算方法には、①定額法、②定率法、③生産高比例法などがありますが、一般に広く用いられるのは定額法と定率法で、平成19年4月1日以後に取得する減価償却資産の償却費の計算は、それぞれ次のように計算します。

第4章　農業の必要経費　　155

(1)　定額法

　減価償却資産の取得価額にその償却費が毎年同一となるようにその資産の耐用年数に応じた償却率を乗じて計算した金額を各年分の償却費として計算します。

　各年分の償却費は次の算式によって計算します（所令120の2①一）。

　減価償却費 ＝ 取得価額 × 定額法の償却率

(2)　定率法

　減価償却資産の取得価額にその償却費が毎年一定の割合で逓減するようにその資産の耐用年数に応じた償却率を乗じて計算した金額（以下「調整前償却額」といいます。）を各年分の償却費として計算します（所令120の2①一）。

　また、この調整前償却額がその減価償却資産の取得価額に「保証率」（耐令別表十）を乗じて計算した金額（以下「償却保証額」といいます。）に満たない場合には、最初にその満たないこととなる年の期首未償却残高を「改定取得価額」として、その改定取得価額に、その償却費の額がその後毎年同一となるようにその資産の耐用年数に応じた「改定償却率」（耐令別表十）を乗じて計算した金額を、その後の各年分の償却費として計算します（所令120の2②一、二）。

　定率法の償却率については、平成24年4月1日以後に取得する減価償却資産から、定額法の償却率を2.0倍した割合（平成24年3月31日以前は2.5倍）とされ、これに伴い、改定償却率及び保証率も改正されました。

　「減価償却資産の償却率」、「改定償却率」及び「保証率」については、国税庁ホームページに掲載されています。

①　調整前償却額 ＝ 取得価額（第2年目以後は期首未償却残高） × 定率法の償却率

②　償却保証額 ＝ 取得価額 × 耐用年数に応ずる保証率

③　減価償却費の計算

　イ　調整前償却額 ≧ 償却保証額　の場合

　　減価償却費 ＝ 調整前償却額

　ロ　調整前償却額 ＜ 償却保証額　の場合

　　減価償却費 ＝ 改定取得価額 × 耐用年数に応ずる改定償却率

【設例】

　令和4年1月　軽トラック購入価額……600,000円

　耐用年数……4年

○定額法による減価償却費の計算

定額法の償却率……0.250

毎年 600,000円 × 0.250 ＝ 150,000円

○定率法による減価償却費の計算

定率法の償却率……0.500

第１年目 600,000円 × 0.500 ＝ 300,000円（未償却残高300,000円）

第２年目 300,000円 × 0.500 ＝ 150,000円（未償却残高150,000円）

第３年目 150,000円 × 0.500 ＝ 75,000円

㊟　耐用年数が４年の場合の保証率は0.12499です。

償却保証額 ＝ 600,000円 × 0.12499 ＝ 74,994円

〔129〕 減価償却費の計算（その２）

> 問　平成19年３月31日以前に取得した減価償却費の償却費の計算はどのように行いますか。具体的に計算例をあげて説明してください。

〔回答〕　取得価額を基にして、旧定額法、旧定率法などの方法でその資産の耐用年数に応じた償却率を用いて計算します。

　平成19年３月31日以前に取得した減価償却資産の償却費の計算においては、「旧定額法の償却率」及び「旧定率法の償却率」に基づいてそれぞれ次のように計算します（耐令別表七）。

⑴　旧定額法

　　減価償却費 ＝ （取得価額 － 残存価額） × 旧定額法の償却率

　旧定額法により減価償却の計算をする場合におけるその減価償却資産の残存価額は、建物、農機具等の一般の減価償却資産については取得価額の10％に相当する金額ですが、生物については取得価額に次の割合を乗じた金額（牛、馬については、この金額と10万円とのいずれか少ない金額）とされています（耐令別表十一、耐令６）。

牛	繁殖用の乳用牛	20%	馬	繁 殖 用	20%
	種付用の役肉用牛	20%		競 走 用	20%
	種付用の乳用牛	10%		種 付 用	10%
	農業使役用その他用	50%		農業使役用その他用	30%
豚		30%			
綿羊、やぎ		5%			
果樹その他の植物		5%			

(注) 平成19年4月1日以後に取得した資産には適用しません。

(2) 旧定率法

　　減価償却費 ＝ 取得価額（第2年目以降は未償却残高）×
　　旧定率法の償却率

【設例】

　平成19年1月　軽トラック購入価額…600,000円

　耐用年数……4年

○旧定額法による減価償却費の計算

　旧定額法の償却率……0.250

　毎年（600,000円 − 60,000円）× 0.250 ＝ 135,000円

○旧定率法による減価償却費の計算

　旧定率法の償却率……0.438

　第1年目 600,000円 × 0.438 ＝ 262,800円（未償却残高337,200円）

　第2年目 337,200円 × 0.438 ＝ 147,693円（未償却残高189,507円）

　第3年目 189,507円 × 0.438 ＝ 83,004円

〔130〕 減価償却費の償却可能限度額の計算（その1）

> 問　平成19年4月1日以後に取得した減価償却費の償却可能限度額の計算はどのように行いますか。具体的な例をあげて説明してください。

〔回答〕　平成19年4月1日以後に取得する減価償却資産については、耐用年数経過時点において1円まで償却します。

　平成19年4月1日以後に取得する減価償却資産については、償却可能限度額（有形減価償却資産にあっては取得価額の95％相当額）及び残存価額が廃止され、耐用年数経過

時点において１円まで償却します（所令134①二）。

【設例】

令和４年１月　乗用型トラクター……2,100,000円

耐用年数……７年

○定額法による減価償却費の計算

定額法の償却率……0.143

	４年分	５年分	６年分	７年分	８年分	９年分	10年分
取得価額	2,100,000円						
償却率	0.143						
償却費の額	300,300円	300,300円	300,300円	300,300円	300,300円	300,300円	298,199円
期末未償却残高	1,799,700円	1,499,400円	1,199,100円	898,800円	598,500円	298,200円	1円

※　耐用年数経過時点において１円を残しますので、令和10年分の必要経費に算入する償却費の額は、298,199円です。

○定率法による減価償却費の計算

定率法の償却率……0.286

改定償却率…………0.334

保証率………………0.08680

		４年分	５年分	６年分	７年分	８年分	９年分	10年分
取得価額(期首未償却残高)		2,100,000円	1,499,400円	1,070,571円	764,387円	*545,772円*	363,484円	181,196円
償　却　率		0.286						
償却費の額(調整前償却額)		600,600円	428,829円	306,184円	218,615円	*156,091円*	103,957円	51,822円
償却保証額		182,280円　(2,100,000円 × 0.08680) ＞ 156,091円						
改定償却率による計算	改定取得価額					545,772円	545,772円	545,772円
	改定償却率	0.334						
	償却費の額					182,288円	182,288円	181,195円
期末未償却残高		1,499,400円	1,070,571円	764,387円	545,772円	363,484円	181,196円	1円

※　その年分の調整前償却額が償却保証額182,280円に満たないこととなる令和８年分以後の年分は、最初にその満たないこととなる令和８年分の取得価額（期首未償却残高）545,772円を改定取得価額として、その改定取得価額に改定償却率0.334を乗じて計算した金額が償却費の額182,288円となります。

また、耐用年数経過時点において１円を残しますので、令和10年分の償却費の額は、181,195円です。

第4章　農業の必要経費　　159

〔131〕　減価償却費の償却可能限度額の計算（その２）

> 問　平成19年３月31日以前に取得した減価償却資産については、償却可能限度額まで償却を行った場合でも、更に償却できると聞きました。具体的な例をあげて説明してください。

〔回答〕　平成19年３月31日以前に取得した減価償却資産について、必要経費に算入された金額の累積額が償却可能限度額まで達している場合には、その達した年分の翌年分以降５年間で１円まで均等償却します。

　各年分において事業所得等の金額の計算上必要経費に算入された金額の累積額が償却可能限度額まで達している減価償却資産については、その達した年分の翌年分以後において、次の算式により計算した金額を償却費として必要経費に算入し、１円まで償却します（所令134①一、②）。

(1)　有形減価償却資産

　　　償却費の額 ＝ （取得価額 － 取得価額の95％相当額 － １円）÷ ５

(2)　生物

　　　償却費の額 ＝ （取得価額 － 残存価額 － １円）÷ ５

　(注)　この計算は平成20年分以後の所得税について適用されます。

【設例】

　令和４年分において、その前年分までに事業所得等の金額の計算上必要経費に算入された償却費の額の累計額が、償却可能限度額まで達した場合

平成20年１月　ビニールハウス（金属造のもの）……1,600,000円

耐用年数……14年

旧定額法の償却率……0.071

	３年分	４年分	５年分	６年分	７年分	８年分	９年分
償却費の額	102,240円	88,640円	16,000円	16,000円	16,000円	16,000円	15,999円
未償却残高	168,640円	80,000円	64,000円	48,000円	32,000円	16,000円	1円

　(注)　令和４年分は、償却可能限度額（取得価額の95％相当額）まで達しているので、令和５年分以降５年間で償却しますが、１円を残しますので令和９年分の必要経費に算入する償却費の額は、15,999円です。

〔132〕 投下資本の早期回収を行うための減価償却方法

> 問 農家経営には多額の資本を機械に投下しなければなりません。この資本を早期に回収することが健全経営につながると思いますが、償却費の額を自分の一存で増額できますか。

〔回答〕 早期回収の方法として、一般的には定率法を適用すると有利です。

　減価償却費の計算方法等は法令で定められており、自分の一存で償却費を増額したりすることはできませんが、購入した農機具にかかる投下資本を早く回収する方法として、次のような方法があります。

　なお、⑵から⑸までの方法は青色申告者でなければ認められません。

⑴ 減価償却の方法を定率法（⇨問127）に変更

　　一般的な減価償却の方法として定額法がありますが、定額法と定率法による減価償却費を比較すると次のようになります。

【設例】

　令和４年１月　乗用型トラクター購入金額……2,100,000円

　耐用年数……７年

　償却率 { 定額法の償却率…0.143
　　　　　 定率法の償却率…0.286、改定償却率…0.334、保証率…0.08680

年　次	定率法の減価償却費	未償却残高	定額法の減価償却費	未償却残高
１年目	600,600円	1,499,400円	300,300円	1,799,700円
２年目	428,829円	1,070,571円	300,300円	1,499,400円
３年目	306,184円	764,387円	300,300円	1,199,100円
４年目	218,615円	545,772円	300,300円	898,800円
５年目	182,288円	363,484円	300,300円	598,500円
６年目	182,288円	181,196円	300,300円	298,200円
７年目	181,195円	1円	298,199円	1円

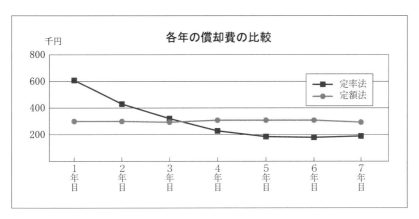

(2) 減価償却資産の耐用年数の短縮

　減価償却資産の材質、作成方法が特殊であるなどのため、実際の使用可能期間が法定耐用年数より著しく短いこととなったときは、その使用可能期間のうちいまだ経過していない期間を法定耐用年数とみなして償却費を計算することができます（所令130）。

(3) 通常の使用時間を超えて使用される機械及び装置の償却費の特例

　機械及び装置の使用時間が通常の経済事情における平均的な使用時間を超えるときは、一定の割合の割増償却をすることができます（所令133）。

(4) 中小企業者が機械等を取得した場合等の特別償却

　取得価額が160万円以上の機械及び装置で新品のものを取得し、農業の用に供した場合には、その年分において取得価額の30％の特別償却ができます（措法10の3）（⇨問140）。

(5) 中小企業者が少額減価償却資産を取得した場合の必要経費算入の特例

　取得価額が30万円未満の減価償却資産を取得した場合には、その取得価額の全額を必要経費に算入することができます（措法28の2）（⇨問119）。

(6) 一括償却資産の3年均等償却

　取得価額が20万円未満の減価償却資産を取得した場合には、取得価額の3分の1に相当する金額を業務の用に供した年から3年間の各年で必要経費に算入することができます（所令139）（⇨問120）。

〔133〕 減価償却方法を変更する場合

> **問** 減価償却資産の償却方法を変更しようとする場合にどのような手続きが必要となりますか。具体的な償却方法の届出などの手続きを教えてください。

〔回答〕 償却方法を変更する場合には、新しく変更しようとする方法と変更の理由を税務署長に申請しなければなりません。

　減価償却資産の償却の方法については、平成19年4月1日以後に取得するものと平成19年3月31日以前に取得したものとに区分した上で、建物、建物附属設備、車両及び運搬具など資産の種類ごと又は農業用設備など設備の種類ごとに、資産を取得した日等の属する年分の所得税に係る確定申告期限までに、その有する減価償却資産の区分ごとに選定しようとする償却方法を記載した「減価償却資産の償却方法の届出書」を納税地の所轄税務署長に届け出ます（所令123①、②）。

　なお、「減価償却資産の償却方法の届出書」の届け出を行わない場合は次の1又2の取り扱いとなります。

1　償却方法のみなし選定

　平成19年3月31日以前に取得した減価償却資産（以下「旧減価償却資産」といいます。）について、「旧定額法」又は「旧定率法」を選定している場合において、平成19年4月1日以後に取得する減価償却資産（以下「新減価償却資産」といいます。）で、同日前に取得したならば旧減価償却資産と同一の区分に属するものは、旧減価償却資産につき選定していた償却方法の区分に応じた償却方法を選定したとみなされ、新減価償却資産について、「定額法」又は「定率法」を適用します（所令123③）。

2　法定償却方法

　平成19年4月1日以後に取得する減価償却資産について、上記1（償却方法のみなし選定）に該当しない場合は、原則として、定額法が法定償却方法となります（所令125二）。

3　減価償却の方法を変更する場合の手続き

　減価償却の方法を変更する場合は、変更しようとする年の3月15日までに、新しく選定しようとする方法、変更しようとする理由、変更する減価償却資産の種類などを記載した「減価償却資産の償却方法の変更承認申請書」を、所轄税務署長に提出して承認を受けなければならないこととされています（所令124①、②）。

〔134〕 減価償却方法を変更する場合の計算

> 問　平成19年４月１日以後に取得した減価償却資産の償却方法を定率法から定額法に変更したいと思いますが、変更後の計算方法はどのようになりますか。

〔回答〕　変更した年の１月１日現在における未償却残高又は改定取得価額を基礎として計算します。

1　定率法から定額法に変更した場合の計算

　定率法から定額法に変更した場合の償却費の計算は、次の(1)に定める取得価額及び残存価額を基礎として、次の(2)に定める年数によって行います。(所基通49－20)。

(1)　その変更した年の１月１日における未償却残高を取得価額とみなします。

(2)　耐用年数は選択により、次の①又は②に定める年数によります。

　①　その資産について定められている法定耐用年数

　②　その資産について定められている法定耐用年数から経過年数を差し引いた年数（その年数が２年未満の場合は、２年とします。）

　この場合の経過年数とは、その変更した年の１月１日現在における未償却残高を実際の取得価額で除した割合（未償却残高割合）に応ずるその資産の耐用年数に係る未償却残高割合に対応する経過年数をいい、耐用年数の適用等に関する取扱通達の付表7(2)(3)「定率法未償却残高表」によって求めることができます。

【計算例】

　令和２年１月　トラクター　3,000,000円

　耐用年数７年、定率法の償却率0.286、保証率0.08680、定額法の償却率0.143

《令和２年及び令和３年分は定率法、令和４年分から定額法に変更の場合》

　○令和２年分の減価償却費の計算（定率法）

　　3,000,000円 × 0.286 = 858,000円（調整前償却額）・・・①

　　3,000,000円 × 0.08680 = 260,400円（償却保証額）・・・②

　　① ＞ ②により、減価償却費は858,000円、未償却残高は2,142,000円となります。

　○令和３年分の減価償却費の計算（定率法）

　　2,142,000円 × 0.286 = 612,612円（調整前償却額）・・・①

　　3,000,000円 × 0.08680 = 260,400円（償却保証額）・・・②

　　① ＞ ②により、減価償却費は612,612円、未償却残高は1,529,388円となります。

164 第４章　農業の必要経費

○令和４年分の減価償却費の計算（定額法）

1月1日における未償却残高（取得価額）・・・1,529,388円

・トラクターの法定耐用年数（７年）を使用して計算する場合

1,529,388円　×　0.143　＝　218,702円（未償却残高1,310,686円）

・トラクターの法定耐用年数から経過年数を差し引いた年数を使用して計算する場合

1,529,388円　×　0.200　＝　305,878円（未償却残高1,223,510円）

(注)　経過年数は、令和４年１月１日現在における未償却残高（1,529,388円）を実際の取得価額（3,000,000円）で除した未償却残高割合（0.510）を「定率法未償却残高表」に当てはめて求めます。未償却残高割合0.510は、「定率法未償却残高表」の「耐用年数７年」の欄の「0.510」に応ずる「経過年数２年」を経過年数とします。よって、法定耐用年数から経過年数を差し引いた年数は５年（償却率0.200）となります。

「定率法未償却残高表」（耐用年数の適用等に関する取扱通達の付表７(3)）については、国税庁のホームページに掲載されています。

2　定額法から定率法に変更した場合の計算

定額法から定率法に変更した場合の償却費は、その変更した年の１月１日における未償却残高を基礎として、その資産について定められている法定耐用年数に応ずる償却率、改定償却率又は保証率によって行います（所基通49－19）。

①　調整前償却額 ＝ 変更した年の１月１日における未償却残高×定率法の償却率

②　償却保証額 ＝ 取得価額 × 耐用年数に応ずる保証率

③　減価償却費の計算

イ　調整前償却額 ≧ 償却保証額　の場合

変更後の減価償却費 ＝ 調整前償却額

ロ　調整前償却額 ＜ 償却保証額　の場合

変更後の減価償却費 ＝ 改定取得価額×耐用年数に応ずる改定償却率

【計算例】

令和２年１月　トラクター　3,000,000円

耐用年数７年、定額法の償却率0.143、定率法の償却率0.286、保証率0.08680

≪令和２年及び令和３年分は定額法、令和４年分から定率法に変更の場合≫

○令和２年分の減価償却費の計算（定額法）

3,000,000円 × 0.143 ＝ 429,000円（未償却残高2,571,000円）

○令和３年分の減価償却費の計算（定額法）

3,000,000円 × 0.143 ＝ 429,000円（未償却残高2,142,000円）

○令和４年分の減価償却費の計算（定率法）

１月１日における未償却残高（取得価額）・・・2,142,000円

2,142,000円 × 0.286 ＝ 612,612円（調整前償却額）・・・①

3,000,000円 × 0.08680 ＝260,400円（償却保証額）・・・②

① ＞ ②により、減価償却費は612,612円、未償却残高は1,529,388円となります。

〔135〕 年の中途から、又は中途まで使用した資産の償却

> 問　年の中途（５月）から事業に用いた減価償却資産の償却費は、どのようにして計算しますか。また、減価償却資産を年の中途（９月）に譲渡した場合にはどうですか。

〔回答〕　１年分の減価償却費を使用した期間（月数）に応じてあん分計算します。

　年の中途から業務の用に供した減価償却資産の償却費は、その資産が定額法や定率法（平成19年３月31日以前に取得した減価償却資産については、旧定額法又は旧定率法）によって償却することとしているものである場合は、年間償却額を業務の用に供した日からその年の12月31日までの月数（１カ月未満の端数は切り上げて１カ月として計算します。）に応じてあん分計算します。

　したがって、例えば、５月から業務の用に供した資産の減価償却費は、次のように計算します（所令132①一イ）。

$$
\text{１年分の減価償却額} \times \frac{8（５月から12月までの月数）}{12（１年分の月数）} = \text{その年分の減価償却費}
$$

　また、年の中途で譲渡した減価償却資産の償却費は、１月１日から譲渡した日までの期間の月数（１カ月未満の端数は切り上げて１カ月として計算します。）に応じてあん分計算しますから、例えば、９月に譲渡した資産の減価償却費は、次のように計算します（所令132①二イ）。

$$
\text{１年分の減価償却額} \times \frac{9（１月から９月までの月数）}{12（１年分の月数）} = \text{その年分の減価償却費}
$$

(注)　年の中途において、減価償却資産の譲渡があった場合におけるその年のその減価償却資産の償却費の額については、その譲渡の時における償却費の額を譲渡所得の金額の計算上控除する取得費に含めず、その年分の事業所得の金額の計算上必要経費に算入しても差し支えないこととされています（所基通49-54）。

〔136〕　資本的支出と修繕費の区分の取扱い

> 問　建物などの固定資産について支出した費用は、資本的支出か修繕費のいずれかに区分され、資本的支出については減価償却しなければならないとのことですが、これについて説明してください。

〔回答〕　支出した費用のうち、修繕費に該当する部分の金額以外の金額は、資本的支出として減価償却します。

　建物などの固定資産について支出する費用は、態様別に分類してみますと、①維持費、②補修費、③改造費、④増設費になるものと思われます。このうち、①の維持費は、固定資産の本来の用途及び用法を前提として、通常予定される効果をあげるために行われるもので修繕費に該当しますが、②以下の補修費、改造費及び増設費の中には修繕費に該当する部分のほか、資産の使用可能期間を延長させたり、その価値を増加させる部分（資本的支出）が含まれている場合があります。

　修繕費については、支出した費用の全額が支出した年分の必要経費になりますが、資本的支出の部分の金額は、次のように取扱います。

(1)　平成19年4月1日以後に既存の減価償却資産に対して、資本的支出を行った場合、その資本的支出は、その支出の対象となった減価償却資産の種類及び耐用年数を同じくする減価償却資産を新たに取得したものとして「定額法」又は「定率法」等により償却費の額を計算します（所令127①）。

(2)　資本的支出を行った減価償却資産が平成19年3月31日以前に取得したものである場合には、その資本的支出を行った減価償却資産に係る取得価額にその資本的支出に係る金額を加算することができます（所令127②）。

　　この加算を行った場合は、その資本的支出を行った減価償却資産の種類、耐用年数及び償却方法に基づいて、加算を行った資本的支出部分も含めた減価償却資産全体の償却を「旧定額法」又は「旧定率法」等により行うこととされています。

第4章　農業の必要経費　　167

(3)　「定率法」を採用している減価償却資産で、平成19年4月1日以後に取得したものについて資本的支出を行った場合には、その支出した年の翌年1月1日において、その資本的支出を行った減価償却資産の期首未償却残高とその資本的支出により取得したものとされた減価償却資産の期首未償却残高との合計額をその取得価額とする一の減価償却資産を新たに取得したものとすることができます（所令127④）。

　　㊟　定率法の償却率については、平成24年4月1日以後に取得した減価償却資産（資本的支出）から、定額法の償却率を2.0倍（平成24年3月31日以前に取得した旧減価償却資産は2.5倍）した割合を適用します。このように、平成24年3月31日以前に取得した旧減価償却資産に平成24年4月1日以後に資本的支出を行った場合には、異なる償却率が適用されることから、旧減価償却資産と資本的支出の金額を合算して一の減価償却資産を新たに取得したものとすることはできません。

(4)　同一年中に複数回支出した資本的支出について、「定率法」を採用し、個々の資本的支出について上記(3)の適用を受けないときは、その支出した年の翌年1月1日において、その資本的支出により取得したものとされた減価償却資産のうち種類及び耐用年数を同じくするものの同日における期首未償却残高の合計額を取得価額とする一の減価償却資産を新たに取得したものとすることができます（所令127⑤）。

　　なお、支出の効果が次の①にも②にも該当するときは、そのいずれか多い方の金額を資本的支出とします（所令181）。

①　固定資産の取得時において通常の管理又は修理をするものとした場合に予測される使用可能期間を延長させる部分に対応する金額

②　固定資産の取得時において通常の管理又は修理をするものとした場合に予測されるその支出の時の価額を増加させる部分に対応する金額

〔仕訳例〕
　○作業用建物の修繕を行い、150万円（内130万円は資本的支出）を普通預金から支払った。
　　（借）修繕費　　200,000円　　　　（貸）普通預金　1,500,000円
　　　　　建　物　1,300,000円
　※資本的支出とした建物130万円は新たな減価償却資産を取得したものとして償却費の額を計算します。

〔137〕 資本的支出後の耐用年数

> **問** 現在使用中の倉庫が狭くなったので、200万円をかけて改築したのですが、耐用年数はそのままでよいですか。

〔回答〕 **資本的支出の部分は、その資産と同じ耐用年数で減価償却を行います。**

　倉庫を改築した場合は、改築費のうちその倉庫について通常の管理や修理をするものとした場合に予測される①倉庫の使用可能期間を延長させる部分に対応する金額か、②倉庫の価額を増加させる部分に対応する金額のうちいずれか多い金額は、その支出の対象となった減価償却資産の種類及び耐用年数を同じくする減価償却資産を新たに取得したものとして償却費の額を計算します（所令181）。

　したがって、ご質問の場合、倉庫本体は耐用年数は改築後においても用途、構造に変化がなければ改築前の耐用年数をそのまま適用して、減価償却をしていくことになり、資本的支出の部分は、現在使用中の倉庫の種類及び耐用年数を同じくする資産を新たに取得したものとして本体と同じ耐用年数を用いて減価償却を行います（所令127）（耐通1－1－2）（⇨問136）。

【計算例】

　　平成27年1月　倉庫（木造建物）　　10,000,000円

　　令和4年7月　改築（資本的支出）　　2,000,000円

　　耐用年数15年、定額法の償却率 0.067

　　○令和4年分の減価償却費の計算

　　　①　10,000,000円　×　0.067 = 670,000円　本体部分

　　　②　2,000,000円　×　0.067 × 6/12 = 67,000円　資本的支出部分

　　　①　＋　②　=　737,000円

　　○令和5年分の減価償却費の計算

　　　①　10,000,000円　×　0.067 = 670,000円　本体部分

　　　②　2,000,000円　×　0.067 = 134,000円　資本的支出部分

　　　①　＋　②　= 804,000円

第4章 農業の必要経費　　169

〔138〕 少額な改造費用

> 問　葉たばこ乾燥室が狭くなったので、倉庫の一部を模様替えして葉たばこ乾燥室の面積を10％程広げました。その費用として約15万円を支出しましたが、これは修繕費にできませんか。

〔回答〕　20万円未満の改造費用は必要経費とすることができます。

　固定資産について支出する費用が、資本的支出又は修繕費のいずれに該当するかは、その支出の効果の実質によって判定します（⇨問136）。建物を増築したり、部品を良質なものに取り替えた場合などは明らかに資本的支出に該当します。

　しかし、修理、改良等の対象とした同一の固定資産について支出した費用の金額が20万円に満たない少額のものである場合は、上記にかかわらず、修繕費として必要経費にすることが認められています（所基通37－12）。

　したがって、ご質問の場合には、葉たばこ乾燥室について支出した費用約15万円は、実質的にみて資本的支出になるか修繕費になるかにかかわらず、その支出した費用を修繕費として必要経費に算入することができます。

〔仕訳例〕
　○葉たばこ乾燥室の修繕を行い、現金で16万5千円支払った。
　（借）修繕費　165,000円　　　（貸）現　金　165,000円

〔139〕 災害等の場合の原状回復のための費用の特別な取扱い

> 問　台風により、倉庫がこわれたので修繕しました。この修繕に要した費用50万円の中には、一部資本的支出になると考えられる金額がありますが、その区分を行うことは困難です。このような場合、何か簡便な方法はありませんか。

〔回答〕　支出した費用が60万円に満たない場合や修繕を行った固定資産の前年12月31日における取得価額のおおむね10％相当額以下である場合は、その全額を修繕費とすることができます。

　台風などの災害により損壊した業務の用に供されている建物、機械装置等について支出した費用で、その費用の額を修繕その他の原状回復のために支出した部分の額とその

他の部分の額とに区分することが困難なものについては、その損壊により生じた損失につき雑損控除の適用を受ける場合を除き、その費用の額が60万円に満たない場合、又はその費用が修理、改良等にかかる固定資産の前年12月31日における取得価額のおおむね10％相当額以下である場合は、その費用の額のすべてを修繕費とすることができます（所基通37－13）。

　ご質問の場合、倉庫の修繕に要した費用は50万円であり、60万円に満たないことから、その50万円を修繕費とすることができます。

〔140〕　中小企業者が機械等を取得した場合等の特別償却又は所得税額の特別控除

> 問　本年４月に乗用型トラクターを購入しました。機械や装置を購入した場合には、特別に多くの償却費を必要経費に算入できるなどの特典があると聞きましたが、どのようなものですか。なお、このトラクターは新品で、メーカーの工場から直送されたものです。

〔回答〕　青色申告者に認められている特典の一つで、一定の要件を満たすものについては、取得価額の30％を余分に償却するか、取得価額の７％を税額から控除することができます。

1　制度の内容

　農家などの中小企業者（常時使用する従業員が1,000人以下の個人をいいます。）で青色申告をしている人が、農機具など次に掲げるもので新品のものを取得し、農業の用に供した場合は、その供した年（廃業した年を除きます。）において、特別の減価償却又は税額控除とのいずれかを選択し適用することができます（措法10の３①、19、措令５の５、措規５の８）。

⑴　機械及び装置で１台又は１基の取得価額が160万円以上のもの

⑵　製品の品質管理の向上等に資する工具で１台又は１基の取得価額が120万円以上のもの

⑶　ソフトウェアで一のソフトウェアの取得価額が70万円以上のもの

⑷　車両総重量が3.5トン以上の普通自動車で貨物の用に供されるもの

㊟　上記⑶のソフトウェアについては、少額減価償却資産の必要経費算入（⇨問119）

又は一括償却資産の３年均等償却（⇨問120）の適用を受けるものを除きます。

２　特別償却を選択する場合の償却費

「普通償却費の額」と「取得価額の30％相当額」の合計額（合計償却限度額）以下の金額を必要経費に算入することができます。また、農業の用に供した年分において必要経費に算入した金額が合計償却限度額に満たない場合の不足額（特別償却不足額）については、その翌年において特別償却不足額の範囲内で必要経費にすることができます（措法 10の３①②）。

３　特別税額控除を選択する場合の控除額（取得分）

上記の特別償却の適用を受けないときは、農業の用に供した機械及び装置等については、その取得価額の７％相当額をその供用年（廃業した年を除きます。）の年分の総所得金額に係る所得税の額から控除することができます（措法10の３③、措令５の５）。

また、控除しきれない金額については、その翌年（廃業した年を除きます。）に繰り越して控除することができます（措法10の３④⑤）。

ただし、これらの控除額は、それぞれ控除する年分の調整前事業所得税額の20％相当額が限度となります（措法10の３③④）。

㊟　「調整前事業所得税額」とは、その年分の総所得金額に係る所得税の額に、利子所得、配当所得、不動産所得、事業所得、給与所得、譲渡所得、一時所得の金額の２分の１に相当する金額及び雑所得の金額の合計額のうち事業所得の金額の占める割合を乗じて計算した金額をいいます（措法10⑧四、措令５の３⑧）。

４　特別償却又は特別税額控除の適用を受ける場合の手続き

この規定による特別償却又は特別税額控除の適用を受けるためには、確定申告書にこの規定により必要経費に算入される金額又は税額控除を受ける金額について記載をし、かつ、特別償却の場合には「中小企業者が機械等を取得した場合等の特別償却に関する明細書」を、特別税額控除の場合には「中小企業者が機械等を取得した場合等の所得税額の特別控除に関する明細書」を添付することが必要です（措法10の３⑦から⑩）。

〔141〕 減価償却費の計上を失念した場合

> 問　昨年の８月に購入したコンバインについて、償却資産台帳を作成していないため、ついうっかりして減価償却するのを忘れてしまいました。確定申告のときに忘れた減価償却費は翌年の所得計算まで繰り越すのですか。

〔回答〕　減価償却費の計上を失念したことを理由として、更正の請求によって所得金額の訂正を求めることができます。

　所得税の場合の減価償却費は、割増償却や特別償却のように特例として認められるものを除いては、納税者がどのような計算又は経理をしているかには関係なく、税法で定められた一定の方法（⇨問128）で計算した償却費の額が必要経費に算入されます。

　したがって、全く記帳していない場合であっても、当然償却費は必要経費に算入されますし、また、ご質問の場合のように減価償却することを忘れた場合には、前年分の必要経費の過少計上として、申告期限から５年以内であれば「更正の請求」の手続き（⇨問277）をすることによって、前年分の所得金額の訂正を求めることができます（通法23①）。

〔142〕 自家育成の果樹の減価償却の開始時期

> 問　自分で育成する果樹等については、いつから減価償却ができるのか具体的に例をあげて説明してください。

〔回答〕　成熟の樹齢に達した年から減価償却ができます。

　自分で育成する果樹等については、その果樹等の減価償却費を含めて通常の場合におおむね収支相償うに至ると認められる樹齢に達した年から減価償却ができます（所基通49-27）。

　りんご（高級品種）を例にとって説明しますと次のようになります。

（例）初年度に苗木代及び定植労務費として10アール当たり50,000円かけて「りんご（高級品種）」を定植し、その後肥料費及び薬剤費を次表のように支出し、育成している場合

育成 年次	10アール当たり減価償却の基となる金額			
	①その年分の取得に要した費用（肥料費及び薬剤費など）	②収穫価額	③その年分の減価償却の基となる金額として加算する金額（①－②）	④累計額
1	（苗木代）50,000円 12,300円	－ －	50,000円 12,300円	50,000円 62,300円
2	6,150円	－	6,150円	68,450円
3	12,300円	－	12,300円	80,750円
4	12,300円	－	12,300円	93,050円
5	18,450円	－	18,450円	111,500円
6	24,600円	19,035円	5,565円	117,065円
7	33,825円	50,760円	－	117,065円
8	39,975円	88,830円	－	117,065円
9	46,125円	126,900円	－	117,065円

　この表の育成７年目（樹齢８年）の欄を見ますと、樹体の減価償却費を除いたところでは、収支相償うこととなります（50,760円－33,825円＝16,935円となり、差引プラスに転じています。）が、樹体の減価償却費を含めたところで収支相償うことになるかどうかを計算すると次のようになります。

(1)　樹体の減価償却費の計算

　　117,065 円 × 0.035 ＝ 4,097円
　　　　　　　　└──── りんご樹の耐用年数29年
　　　　　　　　　　　　の定額法の償却率

(2)　収支相償うかどうかの計算

　　〔収入〕　　　〔取得に要した費用〕　〔樹体の減価償却費〕　　〔差引金額〕

　　50,760円　－　33,825円　－　4,097円　＝　12,838円

　したがって、この設例の場合は、減価償却費を含めたところで計算すると育成７年目に収支相償うことになりますので、当該７年目から減価償却ができることになります。

　なお、上記の判定が困難な果樹については、次表に掲げる樹齢を成熟の樹齢とすることができます（所基通49－28）。

かんきつ樹	満15年	かき樹	満10年	桑樹　立通し	満7年
りんご樹	満10年	あんず樹	満7年	こりやなぎ	満3年
ぶどう樹	満6年	すもも樹	満7年	みつまた	満4年
なし樹	満8年	いちぢく樹	満5年	こうぞ	満3年
桃樹	満5年	茶樹	満8年	ラミー	満3年
桜桃樹	満8年	オリーブ樹	満8年	ホップ	満3年
びわ樹	満8年	桑樹　根刈り、中刈り及び高刈り	満3年		
くり樹	満8年				
梅樹	満7年				

〔143〕 繰延資産の範囲

> **問　繰延資産とはどのようなものをいうのですか。**

〔回答〕　事業などに関して支出する費用のうち、その支出の効果がその支出の日以後1年以上に及ぶものをいいます。

　繰延資産とは、不動産所得、事業所得、山林所得又は雑所得を生ずべき業務に関し支出する費用のうち、その支出の効果がその支出の日以後1年以上に及ぶ次に掲げるものをいいます（所法2①二十、所令7①）。

(1)　開業費（事業などを開始するまでの間に、開業準備のために特別に支出する費用）

(2)　開発費（新技術、新経営組織の採用、資源の開発、市場の開拓のために特別に支出する費用）

(3)　(1)及び(2)の費用のほか、次の費用

　　①　自己が便益を受ける公共的施設又は共同的施設の設置あるいは改良のための費用

　　②　資産を賃借し又は使用するために支出する権利金、立退料その他の費用

　　③　役務の提供を受けるために支出する権利金その他の費用

　　④　製品等の広告宣伝の用に供する資産を贈与したことにより生ずる費用

　　⑤　①から④までの費用のほか、自己が便益を受けるための費用

　　これらの費用は、その支出の効果がその支出の日以後相当の期間に及ぶので、その費用をその支出の日の属する年分の一時の必要経費に算入することは適当でないため、繰延資産として経理し、その支出の効果の及ぶ期間にわたって償却し、その償却費を毎年の必要経費に算入します。

第4章　農業の必要経費　　175

〔144〕　繰延資産の償却方法

> **問**　繰延資産はどのように償却しますか。

〔回答〕　繰延資産の額を、その繰延資産となる費用の支出の効果の及ぶ期間の月数で除し、業務を行っていた期間の月数を乗じて計算します。

　繰延資産の額は、その支出の効果の及ぶ期間に割り振り、その年において業務を行っていた期間に対応する分をその年の必要経費に算入します。この必要経費に算入される額（償却費）は、次の算式で計算します（所法50①、所令137①）。

$$
繰延資産の額 \times \frac{その年において業務を行っていた期間の月数}{支出の効果の及ぶ期間の月数} = \frac{その年の}{償却費}
$$

（注）1　「月数」は、暦にしたがって計算し、1カ月未満の端数は1カ月とします（所令137②）。

　　　2　「支出の効果の及ぶ期間の月数」は、開業費、開発費については60カ月です（所令137①）。

　　　3　繰延資産の毎年の償却費の累計額が、その繰延資産の額を超えるときは、その超える部分は必要経費に算入されません。

　ただし、繰延資産に該当する費用であっても、開業費、開発費以外のものでその金額が20万円未満のものは、その全額を支出した年の必要経費に算入します（所令139の2）。

（注）　開業費、開発費については、その繰延資産の額の範囲内の金額を任意に償却費の額とすることができます（所令137③）。

〔145〕　公共下水道の受益者負担金

> **問**　私はＹ市で養豚業を経営していますが、このたびＹ市が都市計画事業として公共下水道を設置することになったことに伴い、いわゆる受益者負担金を支払うことになりました。この受益者負担金は、どのように取り扱われますか。

〔回答〕　繰延資産として償却費の額を必要経費に算入することができます。

　地方公共団体が都市計画事業として、公共下水道を設置しますと、周辺の土地所有者等は、その設置によって著しい利益を受けますので、このような土地所有者は、都市計

画法等の規定に基づいて、一定の受益者負担金を負担することがあります。このような受益者負担金はその土地が事業の用に供されている場合には、事業の遂行に関連して負担するものと認められ、また、その支出の効果も将来に及びますから、その負担金は繰延資産（⇨問143）として取り扱われます。

　なお、その土地が事業の用と住宅など事業以外の用に併用されている場合には、負担金のうち事業の用に供されている部分に対応する額に限り、繰延資産としてその償却費を必要経費に算入しますが、事業用部分と住宅用等部分との区分は、一般には、それぞれ専用する土地の面積の割合により区分します。

　また、この受益者負担金により設置される公共下水道は負担者にもっぱら使用されるものではないことから、その償却期間は原則として下水道施設の法定耐用年数の40％に相当する年数とされています（所基通50－3）。しかし、都市計画法その他の法令の規定に基づいて負担する公共下水道の受益者負担金については、特にその償却期間を6年とされています（所基通50－4の2）。

　したがって、ご質問の受益者負担金は繰延資産として、6年で償却します。

〔仕訳例〕
　　○本年10月に公共下水道の受益者負担金30万円を現金で支払った。
　　（借）繰延資産（受益者負担金）　300,000円　　　　（貸）現　　金　300,000円
　　○受益者負担金を決算時に償却した。
　　（借）繰延資産償却費　12,500円　　　（貸）繰延資産（受益者負担金）12,500円
　※繰延資産の償却費の計算
　　　$300,000 \times \dfrac{1}{6} \times \dfrac{3}{12}$（3ケ月分）＝　12,500円

〔146〕　前払費用の取扱い

> 問　本年7月から来年6月までの倉庫の火災保険料8万円を1年分をまとめて支払いました。この保険料は全額本年分の必要経費として認められるでしょうか。

〔回答〕　原則として、保険料を支払った期間に対応する部分の保険料を支払った年の必要経費に算入します。

　所得の計算上、前払費用がある場合は、一般の企業会計の場合と同様、その前払費用はその年分の必要経費とはしないで、原則として、所得の計算期間に対応する金額だけをその年の必要経費とします。

（注）「前払費用」とは、例えば、未経過保険料、未経過支払利息、前払賃借料など、一定の契約に基づき継続的に役務の提供を受けるために支出する費用のうち、その支出する年の12月31日などにおいてまだ提供を受けていない役務に対応するものをいいます（所令7②）。

〔仕訳例〕
○倉庫を対象とした火災保険を本年7月に契約し、1年分の保険料8万円を支払った。
（借）支払保険料　80,000円　　（貸）普通預金　　80,000円
○決算に当たり、7月に契約した保険料8万円のうち4万円を前払費用に振り替えた。
（借）前払費用　40,000円　　（貸）支払保険料　40,000円

ただし、継続記録を有し、継続してその計算基準を適用している場合には、通常支払うべき日後支払う1年以内の期間分に相当する前払費用について、その全額を、支払った日の属する年分の必要経費にすることができます（所基通37-30の2）。

したがって、ご質問の場合も、継続記録を有し、継続してその計算基準を採用するときは、支払われた1年分の保険料8万円は、その全額を本年分の必要経費にすることができます。

〔147〕　事業用固定資産の損失額の計算

> 問　去る9月の台風で、倉庫と作業所が床上浸水の被害を受けました。建物自体は残りましたが、壁が相当くずれ落ちてしまいました。この損害は、所得計算上どのように取り扱われますか。また、損失額はどのように計算するのですか。

〔回答〕　**保険金等で補てんされる部分を除き、必要経費となります。**

農業などの事業の用に供される固定資産や繰延資産の取りこわし、除却、減失（価値の減少を含みます。）その他の事由により生じた損失の金額（保険金、損害賠償金等により補てんされる金額及び譲渡により又はこれに関連して生じたものを除きます。）は、所得の計算上必要経費に算入されます（所法51①）。

この場合、必要経費に算入される損失額は、次の算式で計算した損失の生じる直前のいわゆる帳簿価額から、損失の基因たる事実の発生直後におけるその資産の価額（時価）と廃材など発生資材の価額との合計額を、控除した金額（保険金、損害賠償金等により

補てんされる部分の金額を除きます。）です（所令142、172、所基通51－2）。

$$
\left[\text{取得価額(A)} + \begin{array}{c} \text{設備費及び改} \\ \text{良費の額(B)} \end{array} - \begin{array}{c} \text{(A)及び(B)を基としてその損失が} \\ \text{生じた日までの期間について計} \\ \text{算される減価償却費の累積額} \end{array} \right]
$$

(注)　昭和27年12月31日から引き続き所有していた資産について損害を受けた場合は、その損失額は、原則としてその資産の昭和28年1月1日現在の相続税評価額に基づいて計算します（所令143）。

　したがって、ご質問の場合、①固定資産の帳簿価額を上記の算式で計算し、その帳簿価額を損失が生じた日の直後における固定資産の時価と比較して、時価が低い場合には、その差額を損失が生じた年の必要経費に算入できますが、②損失が生じた日の直後における時価の方がまだ上記の算式で計算した帳簿価額より高い場合には、損失はなかったこととされます。

〔仕訳例〕
　○去る9月に倉庫が台風で倒壊した。なお、災害時の倉庫の帳簿価額は80万円（9月までの減価償却費は6万円）であり、災害時の倉庫の価額（時価）は5万円であった。
《9月までの減価償却費の仕訳》
　（借）減価償却費　　　　　60,000円　　　（貸）倉庫　　60,000円
《災害時の仕訳》
　（借）雑費（災害損失）750,000円　　　（貸）倉庫　800,000円
　　　　倉庫　　　　　　　50,000円
　※災害損失の計算
　　800,000円 － 50,000円 ＝ 750,000円

　なお、災害による事業用固定資産の損失を農業所得から控除した結果、その年分の農業所得が赤字となり、その赤字を他の所得と通算しても控除し切れない場合には、その控除不足額について、その損失が生じた年分の確定申告書を期限内に提出し、その後の年分も連続して確定申告書を提出することによって、青色申告者でなくても、災害のあった年の翌年以後3年間にわたり繰り越して控除することができます（所法70②④）。

〔148〕　事業用固定資産の盗難損

> 問　今年の9月に農業用貨物自動車を盗まれてしまいました。警察には届け出ましたがでてきません。この自動車は今年4月に60万円で買ったもので、盗難の保険はかけていませんでした。この損失は必要経費に認めてもらえますか。

第4章　農業の必要経費　　179

〔回答〕　盗難にあった年の必要経費になります。

　事業用に使用していた固定資産が盗難や横領にあった場合のその損失額は、必要経費として農業所得の計算上差し引かれます。

　したがって、ご質問の場合、必要経費とされる損失額はその貨物自動車の盗難時の未償却残高（60万円から、4月から9月までの期間に対応する減価償却費を差し引いた残額）です（所法51①、所令142）。

> 〔仕訳例〕
> 　○決算に当たり、本年4月に60万円で購入し同年9月に盗難にあった農業用貨物自動車について減価償却費及び損失額を計上した。
> 　（借）減価償却費　　　　　　　　75,000円　　　（貸）車　輛　600,000円
> 　　　　雑費（盗難による損失）　525,000円
> 　※減価償却費の計算
> 　　600,000円 × 0.250 × $\frac{6}{12}$（6ケ月分）＝ 75,000円
> 　　（耐用年数が4年の場合の定額法の償却率は0.250です。）

　なお、損失額を必要経費に算入した後に貨物自動車が返還されたときには、さかのぼってその年分の所得金額を修正します（所基通51-8）。

〔149〕　原状回復のための費用の計算

> 問　昨年暮の豪雪によりたばこ乾燥室が損壊したので、本年に入ってから原状回復のための修繕をしました。この場合の修繕費は本年分の必要経費となりますか。

〔回答〕　原状回復費用のうち、未償却残高から被災直後の時価を控除した金額に相当する金額は資本的支出とし、残りの金額を修繕費とします。

　損壊した事業用の固定資産の原状回復のために要した修繕費については、その資産の帳簿価額から損壊直後のその資産の価額（時価）を控除した金額が資産損失の額として必要経費に算入されますので、これと重複して控除しないようにするため、その資産損失の額に相当する金額までの金額は資本的支出とし、残りの金額はその支出をした日の属する年分の事業所得の計算上必要経費に算入します（所基通51-3）。

　したがって、ご質問の場合、原状回復費用の全額が本年分の必要経費になるわけではなく、本年の原状回復費用のうち、前年において資産損失の額として必要経費に計上した金額に相当する部分の金額は資本的支出として資産に計上し、残額がある場合には、

その残額を本年の必要経費として計上します（⇨問136）。

〔仕訳例〕
　○５月に発生した災害によりたばこ乾燥室が一部損壊した。たばこ乾燥室の災害時の帳簿価額は80万円（５月までの減価償却は８万円）で、損壊直後の同乾燥室の価額（時価）は30万円であった。
《５月までの減価償却費の仕訳》
　（借）減価償却費　　　　　80,000円　　　　（貸）たばこ乾燥室　80,000円
《災害時の仕訳》
　（借）たばこ乾燥室　　　300,000円　　　　（貸）たばこ乾燥室　800,000円
　　　　雑費（災害損失）　500,000円
　※災害損失500,000円を災害のあった年の必要経費に計上します。
　○その翌年、原状回復のための修繕を行い60万円を現金で支った。60万円のうち50万円については、前年の災害損失に相当する金額として資本的支出とした。
　（借）たばこ乾燥室　500,000円　　　　（貸）現金　600,000円
　　　　修　繕　費　100,000円
　※資本的支出としたたばこ乾燥室50万円は、新たに減価償却資産を取得したものとします。

---

〔150〕　農産物等の代金が回収不能となった場合の取扱い

> 問　りんごの出荷先である○○青果会社が本年になって倒産し、前年11月に出荷したりんご代金50万円が回収不能となりました。
> 　この場合の損失についてはどのように取り扱われますか。

〔回答〕　**貸倒損失として必要経費に算入できます。**

　回収不能となったりんご代金については、回収不能となった年分の必要経費に含めます。

　したがって、ご質問の場合は、りんごを出荷した年分ではなく、○○青果会社が倒産したためりんご代金50万円が回収不能となった本年分の必要経費に計上します（所法51②）。

　なお、帳簿上は、貸し倒れとなった売掛金勘定の残高をその損失の金額（50万円）だけ減額し、経費（貸倒金）勘定にその金額に相当する額を計上します。

　また、貸し倒れ処理した後に貸倒金を回収した場合には、回収した年分の農業所得の雑収入に算入しなければなりませんからご注意ください。

〔仕訳例〕
　○りんごを○○青果会社へ50万円で出荷した。
　　（借）売　掛　金　500,000円　　　（貸）販売金額　500,000円
　○取引先が倒産し、売掛金50万円が回収不能となった。
　　（借）貸倒損失　500,000円　　　（貸）売　掛　金　500,000円
　○回収不能となった売掛金50万円のうち20万円が本年になって普通預金に入金された。
　　（借）普通預金　200,000円　　　（貸）雑　収　入　200,000円

〔151〕　大雨による被害

問　本年７月の大雨により次の被害がありました。この損害について農業所得の計算上どのように反映されますか。

　　1　生育中の水稲及び野菜が流失

　　2　一部の水田に土砂が流入

　　3　コンバインが冠水（分解掃除が必要）

　　4　住居が浸水（たたみ、ふすま、家具が被害）

〔回答〕　事業に係る部分の被害については必要経費に算入します。

(1)　生育中の水稲及び野菜の流失による損害については、その生育費として支出した金額が農業所得の金額の計算上必要経費に算入されます。

(2)　水田に土砂が流入し、土砂の除去に要する経費がある場合には、(1)と同様必要経費に算入されます。

(3)　コンバインが冠水し、分解掃除に要した金額についても、(1)と同様必要経費に算入されます。

(4)　住居が浸水したことにより受けた損害については、農業所得の計算上必要経費にはなりませんが、その損害額が総所得金額等の合計額の10分の１に相当する金額を超えるときは、その超える部分の金額が雑損控除として控除されます（⇨問216）。

　　なお、土砂その他の障害物を除去するため等の災害関連支出の金額が５万円を超える場合には、その超える部分の金額については、上記の要件に該当しないときでも雑損控除として控除されます（所法72①、所令206）。

〔152〕 自動車運転免許の取得費用

> 問　農業用貨物自動車を利用するため、青色事業専従者である長男に運転免許をとらせました。その費用は農業所得の計算上必要経費になりますか。
>
> 　また、次男は大学生ですが、ときどき運転させるのに都合がよいので、次男にも運転免許をとらせようと思いますが、この場合の費用についてはどうなりますか。

〔回答〕　事業にもっぱら従事している人の運転免許取得費用については、必要経費に算入されます。

　事業の経営者又は使用人（事業を営む者の親族で事業に従事している人を含みます。）がその業務の遂行上直接必要な技能又は知識の修得又は研修等を受けるために要する費用の額は、その習得又は研修等のために通常必要とされるものに限り、必要経費に算入されます（所基通37-24）。

　したがって、ご質問の場合、青色事業専従者である長男が運転免許の取得に要した費用は農業所得の計算上必要経費になります。次男については大学生であり農業に従事しているとは言えませんので、その費用は必要経費に算入されません。

〔153〕 研修のため支出した費用

> 問　花きの栽培を行っています。花き市場の視察や栽培技術研修会の参加費用、花き栽培に関する専門図書の購入費などは農業所得の計算上必要経費に認められますか。

〔回答〕　事業のために直接必要な研究、研修費は、必要経費に算入されます。

　農業を営む事業主及び使用人（事業を営む者の親族で事業に従事している人を含みます。）が農業経営を遂行するため、直接必要な視察費用、研修会の参加費用及び専門図書の購入費の額については通常必要とされるものに限り、必要経費とされます（所基通37-24）。

第4章　農業の必要経費　　183

〔154〕　交通事故を起こしたときの損害賠償金と罰金

> 問　自動車で野菜を運搬中、運転を誤って人身事故を起こしてしまい、損害賠償金を支払って示談にしました。しかし、業務上の過失を問われ、罰金を納めなければなりません。この場合の損害賠償金や罰金は、農業所得の計算上必要経費になりますか。

〔回答〕　事業に関連し支払った損害賠償金は、故意又は重大な過失がなければ必要経費に算入されます。

　業務の遂行上発生した事故により負担した損害賠償金（慰しゃ料、示談金、見舞金等、他人に与えた損害を補てんするために支出する一切の費用を含みます。）は、その事故を起こしたことについて、故意又は重大な過失がない場合には、その負担した賠償金の金額（保険等により補てんされる金額を除きます。）は所得金額の計算上必要経費に算入されます（所法45①八、所令98②）。

　しかし、罰金及び科料並びに過料については必要経費に算入されません（所法45①七）。

　したがって、ご質問の場合、その事故を起こしたことについて、故意又は重大な過失がない場合には、損害賠償金は農業所得の計算上必要経費に算入されますが、罰金については必要経費に算入されません。

〔仕訳例〕
　○野菜を自動車で運搬中に過って人身事故を起こしたため、被害者へ損害賠償金として50万円を現金で支払った。
　（借）損害賠償金　500,000円　　（貸）現　金　500,000円
　○罰金12万円を現金で支払った。
　（借）事 業 主 貸　120,000円　　（貸）現　金　120,000円

〔155〕　訴訟費用や弁護士に支払う費用

> 問　田の境界をめぐって某工場と争いが生じました。訴訟費用や弁護士に支払う費用は農業所得の計算上必要経費にすることができますか。

〔回答〕　事業の遂行上生じた紛争を解決するために支出した費用は必要経費となります。

　業務を営む人がその業務の遂行上生じた紛争又はその業務の用に供されている資産に

ついて生じた紛争を解決するために支出した弁護士の報酬や訴訟費用は、次に掲げるようなものを除き、その支出した日の属する年分の所得金額の計算上必要経費に算入されることとされています（所基通37−25）。

① その取得の時においてすでに紛争の生じている資産に係るその紛争又はその取得後紛争が生ずることが予想される資産につき生じたその紛争に係るもので、これらの資産の取得費とされるもの

② 山林又は譲渡所得の基因となる資産の譲渡に関する紛争に係るもの

③ 必要経費に算入されない租税公課に関する紛争に係るもの

④ 他人の権利を侵害したことによる損害賠償金で故意又は過失により必要経費に算入されないものに関する紛争に係るもの

したがって、ご質問の場合、事業（農業）の用に供している資産（田）について生じた紛争の解決（境界の確定）をするために支払う訴訟費用や弁護士の報酬ですから、これらのものは農業所得の計算上必要経費に算入することができます。

なお、弁護士や税理士などに報酬・料金を支払う際は、所得税及び復興特別所得税の源泉徴収を行わなければなりません（⇨問237）。

〔仕訳例〕
　○事業の遂行上生じた紛争を解決するため、弁護士に報酬として111,370円を源泉徴収税額10.21％を差し引いて現金で支払った。
　（借）支払手数料　111,370円　　　（貸）現　金　100,000円
　　　　　　　　　　　　　　　　　　　　　　預り金　　11,370円

〔156〕 親族に支払った地代・家賃

問　父から農地の一部を借りて、そこで園芸作物を栽培しようと考えています。父には世間相場並みの地代を支払う予定ですが、この地代は全額必要経費となりますか。

なお、私は独身で父と同居し生計を一にしています。

〔回答〕　生計を一にする親族に支払う対価は必要経費に算入できません。

事業の用に使用するために借りた資産の使用料は、通常は、事業所得の必要経費になりますが、父親などの親族が所有する資産を事業のために使用したことによってその親族に支払う使用料については、次によります（所法56）。

第4章　農業の必要経費　　185

⑴　生計を一にする親族に支払う使用料については、事業所得の必要経費に算入されません。その反面、その親族が支払いを受ける使用料収入はないものとみなされ、また、その資産について生じた費用（例えば、固定資産税、減価償却費など）は、本人の事業所得の計算上必要経費に算入します。

⑵　生計を一にしていない親族に支払う使用料については、一般の使用料と同様に取り扱われます。したがって、支払った使用料は事業所得の必要経費となり、一方、その使用料はその親族の所得となり、別個に課税されます。

　なお、ここで「生計を一にする」というのは、必ずしも同一の家屋に起居していることをいうものではありませんが、同一の家屋に起居している場合には、明らかに互いに独立した生活を営んでいると認められる場合を除き、「生計を一にする」ものとして取り扱われます（所基通2－47）。

　ご質問の場合は、あなたとお父さんは「生計を一にしている」とのことですので、農業所得の計算上必要経費に算入することはできません。

　なお、借り受けた農地について、お父さんが支払った固定資産税は、あなたの農業所得の必要経費に算入されます。

〔仕訳例〕
　○生計を一にする父に対し、農地を借用し地代として3万円を現金で支払った。
　　（借）事業主貸　30,000円　　　（貸）現　　金　30,000円
　○決算に当たり、父から借用した農地に係る固定資産税2千円（父が負担）を必要経費に算入した。
　　（借）租税公課　2,000円　　　（貸）事業主借　2,000円

---

〔157〕　農業者年金と国民年金の掛金

問　農業者年金の掛金（保険料）は、農業所得の計算上必要経費となりますか。必要経費とならないのであれば、税金の計算上どのように取り扱われますか。
　また、青色事業専従者が農業者年金と国民年金の掛金を負担した場合はどうなりますか。

〔回答〕　**農業者年金の保険料及び国民年金の掛金は、社会保険料控除の対象となります。**

　農業者年金の保険料は、農業所得の計算上必要経費に算入されません。事業主が負担した保険料は、事業主の所得税の確定申告において社会保険料控除の対象となります（所

186　　　　　　　　　　　第4章　農業の必要経費

法74）。

　青色事業専従者が支払った保険料は、専従者給与に係る源泉所得税の年末調整の際に
控除できますので、その際提出する「給与所得者の社会保険料控除申告書」に記載しま
す。

　なお、国民年金の保険料も上記と同様の取り扱いになります（⇨問215）。

〔仕訳例〕
　○農業者年金の掛金2万円が普通預金から引き落とされた。
　（借）事業主貸　20,000円　　　　（貸）普通預金　20,000円

---

〔158〕　農業経営基盤強化準備金を積み立てたとき

> 問　この度、麦・大豆品質向上対策費補助金の交付決定通知を受けました。この補
> 　助金は必要経費にできると聞きましたが、取り扱いはどうなりますか。なお、私
> 　は青色申告を行っています。

〔回答〕　**青色申告書を提出する認定農業者が、対象となる交付金等の交付を受け、一定**
　　　　　の金額を農業経営基盤強化準備金として積み立てたときは、その積み立てた金額
　　　　　を必要経費に算入します。

　青色申告書を提出する認定農業者又は認定新規就農者（以下「認定農業者等」といい、
令和5年分以降、農地中間管理事業の推進に関する法律第26条1項の規定により公表さ
れた協議の結果、市町村が適切と認める区域における農業において中心的な役割を果た
すことが見込まれる農業者に限られます。）が、農業の担い手に対する経営安定のため
の交付金の交付に関する法律に規定する交付金等の交付を受けた場合において、認定計
画又は認定就農計画（以下「認定計画等」といいます。）の定めるところに従い、農業
経営基盤強化に要する費用に充てるため一定の金額を農業経営基盤強化準備金として積
み立てたときは、その積み立てた金額は、その積み立てをした年分の必要経費に算入さ
れます（措法24の2①）。

　なお、その積み立てをした年分に交付された交付金収入については、他の補助金と同
様にその年分の総収入金額に計上することになります。

(1)　対象となる交付金等

　①　農業の担い手に対する経営安定のための交付金の交付に関する法律第3条第1項

に規定する交付金

②　経営所得安定対策交付金

③　水田活用直接支払交付金

(2)　農業経営基盤強化準備金の積立限度額

　　農業経営基盤強化準備金として必要経費に算入できる金額は、上記交付金等の額のうち農業経営基盤強化に要する費用の支出に備えるための金額とされ、認定計画等に記載された農用地又は特定農業用機械等の取得に充てるための金額として証明がされた金額とされています（措令16の２①）。

　　ただし、この農業経営基盤強化準備金制度の適用を受けようとする年分の事業所得の金額が限度とされています。

(3)　申告要件

　　この制度の適用を受けようとする年分の確定申告書には、農業経営基盤強化準備金として積み立てた金額についての必要経費算入に関する記載を行い、かつ、その積み立てた金額の計算に関する明細書を添付する必要があります（措法24の２⑤）。

(4)　その他

　　農業経営基盤強化準備金を取り崩した場合には、その取り崩した金額に対応する金額を総収入金額に算入することとされています。

①　その年の12月31日において、前年から繰り越された農業経営基盤強化準備金のうち、その積み立てをした年の翌年１月１日から５年を経過したものがある場合には、その５年を経過した農業経営基盤強化準備金の金額は、その５年を経過した日の属する年分の総収入金額に算入します（措法24の２②）。

②　次のイからホまでの場合に該当することとなった場合、それぞれイからニまでの金額に相当する金額を、その該当することとなった日の属する年分の総収入金額に算入します（措法24の２③）。

　イ　認定農業者等に該当しないこととなった場合…その該当しないこととなった日における農業経営基盤強化準備金の金額

　ロ　認定計画の定めるところにより農用地等（農用地並びに農業用の機械装置、器具備品、建物等、構築物及びソフトウエアをいいます。以下同じ。）の取得等をした場合…その取得等をした日における農業経営基盤強化準備金の金額のうちその取得等をした農用地等の取得価額に相当する金額

　ハ　農用地等（農業用の器具備品及びソフトウエアを除きます。）の取得等をした

場合…その取得等をした日における農業経営基盤準備金の金額のうちその取得等をした農用地等の取得価額に相当する金額

ニ　事業の全部を譲渡し、又は廃止した場合…その譲渡し、又は廃止した日における農業経営基盤強化準備金の金額

ホ　上記①による場合、上記イからハまでの特定の事由の場合及び他の総収入金額算入が必要となる場合のいずれかにも該当しない場合において、任意に農業経営基盤強化準備金の金額を取り崩したとき…その取り崩した日における農業経営基盤強化準備金の金額のうちその取り崩した金額に相当する金額

③　青色申告書の提出の承認を取り消され、又は青色申告書による申告をやめる旨の届出書の提出をした場合には、その承認の取り消しの基因となった事実のあった日又はその届出書の提出をした日における農業経営基盤強化準備金の金額は、他の準備金制度と同様に、その日の属する年分及びその翌年分の総収入金額に算入します（措法24の2④）。

〔159〕　農用地等を取得した場合の課税の特例

> 問　私は、農業経営基盤強化準備金の積み立てを行っていますが、認定計画等に基づき農用地等を取得した場合に、特例措置があると聞きましたが、その取り扱いについて教えてください。

〔回答〕　取得した農用地等を農業の用に供した場合には、一定の金額の範囲内で、その年分の農業所得の計算において、必要経費に算入すること（いわゆる圧縮記帳）ができます。

　農用地等を取得した場合の課税の特例制度として、問158の農業経営基盤強化準備金を有する人が、認定計画等の定めるところに従い、農用地の取得等をし、又は特定農業用機械等を取得し、事業の用に供した場合には、その農用地等につき、一定の金額の範囲内で、その年分の事業所得の金額の計算上必要経費に算入することができます（措法24の3）。

(1)　対象となる資産

　　認定計画等の定めるところにより取得した農業経営基盤強化促進法第4条第1項1号に規定する農用地又は特定農業用機械等とされています。農用地とは、農地又は農

第4章　農業の必要経費　　189

地以外の土地で主として耕作若しくは養畜の事業のための採草若しくは家畜の放牧の
目的に供される土地をいいます。

　また、特定農業用機械等とは、新品の農業用の機械及び装置、器具及び備品、建物
及びその附属設備、構築物並びにソフトウェアとされています。

(2)　必要経費算入できる限度額等（圧縮限度額）

　この制度により、必要経費に算入できる金額は、次の金額の合計額とされています。

　なお、この制度の適用を受けた農用地等については、その農用地等の取得に要した
金額に相当する金額から、この制度の適用によりその年分の事業所得の金額の計算上
必要経費に算入された金額に相当する金額を控除した金額をもって取得したものとみ
なされます。

①　その年の前年から繰り越された農業経営基盤強化準備金の金額（その年の12月31
　日までに総収入金額に算入された金額がある場合には、その金額を控除した金額）
　のうち、その年において総収入金額に算入された、又は算入されるべきこととなっ
　た金額に相当する金額

　　具体的には、その適用を受けようとする年において農業経営基盤強化準備金の取
　り崩しにより総収入金額に算入する金額のうち、その年に有する農業経営基盤強化
　準備金の金額で積立て後5年を経過したものや農用地等を取得するため農業経営基
　盤強化準備金の任意取崩しをした場合の取崩し金額等が該当します。

　　なお、令和4年分以降の所得税について、積み立て後5年を経過したことにより
　その準備金の取崩し額が総収入金額に算入される場合において、その年分の事業所
　得の金額として一定の計算をした金額が必要経費算入限度額となるときは、その総
　収入金額算入部分の金額については、必要経費に算入されません（措令16の3④）。

②　その年において交付を受けた交付金等の額のうち、農業経営基盤強化準備金とし
　て積み立てられなかった金額

　　具体的には、交付金等のうち、認定計画等に記載された農用地等の取得に充てる
　ための金額で、農林水産大臣の農業経営基盤強化準備金として積み立てられなかっ
　た金額である旨を証する書類をその適用を受けようとする年分の確定申告書に添付
　することにより証明された金額とされています（措令16の3③）。

(3)　申告要件

　この特例の適用を受けようとする年分の確定申告書には、必要経費に算入される金
額についての記載を行い、かつ、確定申告書にその金額に計算に関する明細書及び農

林水産大臣の認定計画の定めるところにより取得又は製作若しくは建設をした農用地等である旨を証する書類を添付する必要があります（措法24の3②）。

〔160〕 譲渡に際して支払われた農地転用決済金等

> 問　私は、この度、土地改良区にある農地を宅地に転用したうえ譲渡する契約を交わしました。その際、土地改良区に対し農地転用決済金等を支払いましたが、この金額の取り扱いはどうなりますか。

〔回答〕　土地改良区内の農地の転用目的での譲渡に際して土地改良区に支払われた農地転用決済金等は譲渡費用となります。

　土地改良区内にある農地を農地以外に転用して譲渡する場合、土地改良法の規定などにより、土地改良区への農地転用決済金及び協力金等の支払義務が生じることがあり、これらの全員が次の**1**又は**2**に当たる場合には、譲渡費用となります（平19課資3－7）。

1　農地転用決済金

　　次の①～④のすべてを満たすものをいいます。

①　売買契約で農地法の規定による農地転用の許可又は届出が停止条件とされているなど、売買契約において、土地改良区内の農地を転用して売買することが契約の内容になっているものであること

②　土地改良法及び土地改良区の規定により、土地改良区に支払うことが義務付けられている償還金、事業費などであること

③　転用目的での譲渡に際して土地改良区に支払われるものであること

④　決済の時点で既に支払い義務が発生している決済年度以前の年度に係る賦課金等の未納入金でないこと

2　協力金等

　　次の①～④のすべてを満たすものをいいます。

①　売買契約で農地法の規定による農地転用の許可又は届出が停止条件とされているなど、売買契約において、土地改良区内の農地を転用して売買することが契約の内容になっているものであること

②　土地改良区の規定により、土地改良区に支払うことが義務付けられている協力金、負担金などであること

③ 転用された土地のために農業用排水施設や農業用道路など土地改良施設を将来にわたって使用することを目的としたものであること

④ 転用目的での譲渡に際し、土地改良区に支払われるものであること

第5章　青　色　申　告

〔161〕 青色申告とは

> 問　今までは白色申告で所得金額を計算し申告していましたが、青色申告にした方が良いと言われました。青色申告とはどういうものですか。

〔回答〕　青色申告とは、所定の帳簿を備え付けて日々の取引を記録し所得金額を正しく計算して申告する人が、一般と区別して青色の申告書によって申告することができる制度で、種々の特典があります。

　所得税は、納税者が自ら税法に従って所得金額と税額を正しく計算して申告し納税するという申告納税制度をとっています。そして、この申告納税制度が適正に機能するためには、自分でその所得金額を正確に計算できる納税者が一人でも多くなることが望ましいわけです。

　1年間に生じた所得金額を正しく計算し申告するためには、収入金額や必要経費に関する日々の取引を記録し、また、取引に伴い作成したり受け取ったりした書類を保存しておく必要があります。

　そこで、法律によって定められた内容の帳簿を備え付けて日々の取引を正確に記録し、その帳簿に基づいて自己の所得金額と税額を正しく計算する人には、種々の特典（⇨問162）が設けられています。

　記帳することにより経営の内容が正確に把握でき経営の合理化に役立ちますし、種々の特典を利用することができますから、ぜひ青色申告をされるようおすすめします。

　なお、青色申告をすることができる人は、不動産所得、事業所得、山林所得のある人です（所法143）。

〔162〕 青色申告の特典

> 問　青色申告をするといろいろな特典が受けられると聞きましたが、どのような特典がありますか。

〔回答〕　青色申告特別控除、青色専従者給与の必要経費算入、貸金に係る貸倒引当金の設定、純損失の繰越し・繰戻し控除等、所得計算上有利な特典などがあります。

　青色申告をしている人には、税金の面で有利な特典がいろいろありますが、農業所得

者に関係があると思われるもののうち主なものは次のとおりです。

(1) 青色申告特別控除

その年の総収入金額から必要経費を控除して計算した所得金額から、さらに青色申告特別控除額を差し引くことができます（措法25の2）。

① 不動産所得又は事業所得を生ずべき事業を営んでいる青色申告者で、これらの所得に係る取引を正規の簿記の原則、（一般的には複式簿記）により記帳し、その記帳に基づいて作成した貸借対照表及び損益計算書を確定申告書に添付して法定申告期限内に提出している場合には、原則としてこれらの所得を通じて最高55万円を控除することができます。

② 上記①の人のうち、e-Taxによる電子申告又は電子帳簿保存を行っている人は、その年分の不動産所得の金額又は事業所得の金額の計算上、最高65万円を控除することができます。

③ 還付申告書等を提出する人であっても、55万円又は65万円の青色申告特別控除の適用を受けるためには、その年の確定申告期限（翌年3月15日）までにその申告書を提出しなければなりません。

④ 令和4年分以後の青色申告特別控除（65万円）の適用を受けるためには、その年分の事業における仕訳帳および総勘定元帳について優良な電子帳簿の要件を満たして電子データによる備付けおよび保存を行い、一定の事項を記載した届出書を提出しなければなりません。

なお、既に電子帳簿保存の要件を満たして青色申告特別控除（65万円）の適用を受けていた人が、令和4年分以後も引き続き当該要件を満たしている場合には、一定の事項を記載した届出書を提出する必要はありません（令3改正法附則34）。

⑤ 上記①及び②の控除を受けない青色申告者は、不動産所得、事業所得および山林所得の金額の計算上、最高10万円を控除することができます。

また、現金主義による所得計算の特例の適用を受けている人は、最高10万円を控除することができます。

(2) 青色事業専従者給与の必要経費算入

家族従業員に対して支払った給与は、労務に従事した期間、労務の性質及びその提供の程度、農業の規模その他の状況に照らして、労務の対価として相当な範囲内で必要経費に算入します（所法57）（⇨問177）。

(3) 現金主義

前々年分の不動産所得及び事業所得の合計額が300万円以下の人は現金主義によって所得計算を行うことができます（所法67）（⇨問82）。

(4) 貸金に係る貸倒引当金の設定

事業に関して生じた売掛金、貸付金などの貸金の貸し倒れによる損失の見込額として一定の金額を貸倒引当金勘定に繰り入れたときは、その繰入額は必要経費に算入します（所法52②）。

(5) 純損失の繰越し・繰戻し控除

純損失が生じた場合には、その損失額を翌年以降３年間にわたって繰越して各年分の所得金額から控除するか、又は前年分に繰戻して前年分の所得税の還付を受けることができます（所法70①、140、141）（⇨問185）。

(6) 通常の使用時間を超えて使用される機械装置の割増償却

通常の使用時間を超えて使用される機械装置についての一定の割合の割増償却を受けることができます（所令133）（⇨問132）。

(7) 中小企業者が機械等を取得した場合等の特別償却又は所得税額の特別控除

一定の要件を満たす機械や装置を取得し、事業の用に供した場合は、通常の償却費のほか取得価額の30％相当額を余分に償却するか、取得価額の７％を税額から控除することができます（措法10の３）（⇨問140）。

(8) 中小企業者が少額減価償却資産を取得した場合の必要経費算入

取得価額が30万円未満の減価償却資産を取得した場合には、その取得価額の全額を必要経費に算入することができます（措法28の２）（⇨問119）。

〔163〕 青色申告をするための手続き

> 問 私は、来年から青色申告をしようと思っていますが、青色申告をするためには、どのような手続きが必要ですか。

〔回答〕 青色申告をしようとする年の３月15日までに「青色申告承認申請書」を納税地の所轄税務署長に提出します。

青色申告書による申告をするためには、その年分以後の年分につき青色申告書を提出しようとする年の３月15日まで（その年１月16日以後新たに業務を開始した場合は、そ

の業務を開始した日から2か月以内）に、その業務に係る所得の種類その他次の事項を記入した青色申告承認申請書を納税地の所轄税務署長に提出しなければなりません（所法144、所規55）。

① 申請者の氏名及び住所並びに住所地と納税地が違うときはその納税地
② 申請書を提出した後最初に青色申告書を提出しようとする年
③ 青色申告書の提出について承認を取り消されたり取りやめの届け出をした後再びその申請書を提出しようとするときは、その取り消しの処分の通知を受けた日や、取りやめの届出書を提出した日
④ その年1月16日以後に新たに業務を開始した場合は、その開業の年月日
⑤ その他参考となる事項

青色申告書を提出しようとするときは、その年の1月1日（年の中途で新たに業務を開始した場合は、その開始の日）において、棚卸資産の棚卸をするとともに、法定の帳簿を備え付けて記録しなければなりません（所規60②）。

〔164〕 青色申告の承認申請に対する処分とみなす承認

問 私は、前年の3月10日に青色申告承認申請書を税務署長に提出しましたが、その後、何の通知もありません。どうすればよいですか。

〔回答〕 青色申告をしようとする年の12月31日までに、この承認又は却下の通知がないときは、青色申告の承認があったものとみなされます。

青色申告承認申請書が提出された場合には、税務署長はその申請に対し、承認又は却下の処分をし、その申請書の提出者に、それぞれ承認又は却下の通知を書面により行うこととされています（所法146）が、青色申告をしようとする年の12月31日（その年の11月1日以後新たに業務を開始した場合は、その翌年の2月15日）までにこの承認又は却下の通知がないときは、同日に自動的に青色申告の承認があったものとみなされます（所法147）。

したがって、ご質問の場合は、青色申告の承認があったものとみなされますので、青色申告として確定申告をすることができます。

〔165〕　事業を相続した場合の青色申告の承認申請の手続き

> 問　青色申告の承認を受けていた父が死亡したため、専従者であった私が農業を引き継ぎました。
>
> 　帳簿もそのまま引き継いで記帳していますが、後継者として改めて青色申告の承認申請が必要ですか。

〔回答〕　相続人は改めて青色申告承認申請書を提出する必要があります。

　青色申告の承認の効果は、その承認を受けた人についてのみ効力があり、相続人や事業を承継した人には及びません。

　相続人がその事業をそのまま承継したときは原則として２か月以内に、改めて相続人が青色申告承認申請書を提出します（所法144）。

　ただし、青色申告をしていた被相続人の事業を承継した場合は、相続開始を知った日（死亡の日）の時期に応じて、それぞれ次の期間内に提出します（所法144、所基通144－１）。

　①　その死亡の日がその年の１月１日から８月31日までの場合

　　　　　　　　　　　　　　　　　　　　……死亡の日から４ヵ月以内

　②　その死亡の日がその年の９月１日から10月31日までの場合

　　　　　　　　　　　　　　　　　　　　……その年の12月31日まで

　③　その死亡の日がその年の11月１日から12月31日までの場合

　　　　　　　　　　　　　　　　　　　　……その年の翌年の２月15日まで

　なお、青色専従者給与に関する届出書等の青色申告の特典に関する届け出についても、改めて提出する必要があります。

〔166〕　青色申告に必要な備え付け帳簿

> 問　青色申告者はどのような帳簿を備え付け、どのような記帳が必要ですか。

〔回答〕　正規の簿記のほか、簡易簿記も認められています。

　青色申告者は帳簿を備え付け、その事業に関する一切の取引を正確に記録しておかなければなりませんが、備え付ける帳簿は、正規の簿記（一般的には、復式簿記）による

場合のほか、簡易簿記や現金式簡易簿記によることもできます（所規56）。

ただし、青色申告特別控除の55万円又は65万円（⇨問162）の適用を受けるためには、正規の簿記によることが必要です。

1　正規の簿記で記帳する場合

正規の簿記とは、「資産、負債及び資本に影響を及ぼす一切の取引を正規の簿記の原則に従い、整然と、かつ、明瞭に記録し、その記録に基づき、貸借対照表及び損益計算書を作成しなければならない」との規定に基づく記帳方法をいいます。

したがって、正規の簿記とは、損益計算書及び貸借対照表を導き出すことのできる組織的な簿記の方式ということができ、一般的には複式簿記をいいます。

ただし、簡易帳簿を利用した正規の簿記の方法もあります。つまり、簡易簿記で記帳する場合に備え付ける帳簿のほか、預金、手形、元入金、その他債権債務について継続的に記録できる帳簿を備え付ければ、正規の簿記の原則に従った記帳をしていると認められます。

(1)　正規の簿記（複式簿記）で記帳する場合の主な帳簿等

①　仕記帳

②　総勘定元帳

③　固定資産台帳

④　現金出納帳

⑤　その他農産物受払帳など

(2)　正規の簿記（簡易簿記を基本とするもの）で記帳する場合の帳簿等

①　現金出納帳

②　売掛帳

③　買掛帳

④　経費帳

⑤　固定資産台帳

⑥　預金出納帳

⑦　受取手形記入帳

⑧　支払手形記入帳

⑨　特定取引仕訳帳

⑩　特定勘定元帳

⑪　その他農産物受払帳など

2 簡易簿記で記帳する場合

簡易簿記で記帳する場合に備え付ける帳簿

① 現金出納帳

② 売掛帳

③ 買掛帳

④ 経費帳

⑤ 固定資産台帳

⑥ その他農産物受払帳など

3 現金式簡易簿記で記帳できる場合

青色申告者のうち、次の要件に該当する人で、その選択により現金主義による所得計算の特例を受ける旨の届け出をした人（②の場合は税務署長の承認を受けた人）は、現金収支を中心とした「現金式簡易帳簿」1冊を記帳すればよいとされています（所法67、所令195）（⇨問82）。

① その年の前々年分の不動産所得の金額及び事業所得の金額（青色専従者給与の額又は白色の事業専従者控除額を控除する前の金額）の合計額が300万円以下であること。

② すでに現金主義の方法によって記帳していたことがあり、かつ、その後現金主義の方法によらなかった人が、再び現金主義の方法によって記帳しようとする場合には、そのことについて税務署長の承認を受けていること。

なお、青色申告の帳簿組織及び様式については、特に規定はありませんから、これらの方法について財務省令で定める記載事項を満たしている限り、経営内容等の実情に即するものを使用して差し支えないとされています。

〔167〕 青色申告の帳簿の保存年限

> **問 青色申告の帳簿書類は、何年間保存しておかなければなりませんか。**

〔回答〕 **青色申告の帳簿書類は原則として7年間保存しなければなりません。**

青色申告に係る次に掲げる帳簿書類は7年間、それ以外の帳簿書類は5年間保存する必要があります。

① 帳簿（現金出納帳、固定資産台帳、売掛帳、買掛帳、経費帳等）

第 5 章　青色申告　　201

②　決算関係書類（損益計算書、貸借対照表、棚卸表等）

③　現金、預金取引等関係書類（領収書、小切手控、預金通帳、借用証等）

　なお、前々年の不動産所得の金額及び事業所得の金額の合計額が300万円以下の青色申告者は、上の③の書類も５年間保存すればよいこととされています（所法148、所規63②）。

　上記の保存期間において、帳簿書類の備付け、記録又は保存がない場合には、その事実のあった年に遡って青色申告の承認が取り消されますので、注意が必要です。

　㊟　一定の帳簿書類については、コンピュータ作成の帳簿書類を紙に出力することなく、ハードディスクなどに記録した電子データのままで保存できる制度があります（⇨問200）。

〔168〕　青色申告は簿記の知識がどの程度あればできるか

> 問　青色申告をしようと思っていますが、私も妻も簿記の知識が全くありません。青色申告するためには簿記の知識がどの程度必要でしょうか。

〔回答〕　**簡易な簿記の方法によれば無理なく青色申告を行うことができます。**

　青色申告の承認を受けた人は、日々の取引を備え付け帳簿に記録しておかなければならないことから、帳簿というとすぐ複式簿記を考えて、簿記会計の知識がなければ記帳できないように考える人も多いと思いますが、問166で説明したように簡易簿記や現金式簿記によることもできますので、この方法によれば決して難しいものではありません。

　また、パソコンで市販の会計ソフトを使用すれば、比較的簡単に正規の簿記の原則に従った記帳を行うこともできます。

　なお、事業と家計とを、はっきり分けることが肝要ですので、記帳を始めるに当たっては、まず、事業と家計の現金を区別し、現在の未収金や未払金の残高、棚卸資産の有高、固定資産の有高などを調べておくことが必要です。

　新しく青色申告をする場合、記帳の仕方がわからないときは、税務署のほか、農業会議、農業委員会、農業協同組合中央会、青色申告会などで指導を受けることができます。

〔169〕 青色申告の取りやめの手続き

> 問　記帳を担当していた妻が入院したため、青色申告を取りやめたいと思っていますが、取りやめる場合の手続きを教えてください。
>
> 　また、妻が退院したら再び青色申告をしたいと思いますが、改めて青色申告承認申請書を提出しなければいけませんか。

〔回答〕　取りやめの届出書を所轄税務署長に提出します。また、再び青色申告をしようとするときは、改めて青色申告承認申請書を提出します。

　青色申告者が青色申告をやめようとするときは、その年分以後青色申告をやめようとする年の翌年3月15日までに、次の事項を記載した届出書を納税地の所轄税務署長に提出しなければなりません（所法151、所規66）。

①　その年分以後の青色申告をやめようとする年

②　氏名及び住所（国内に住所がないときは居住地）並びに住所地（国内に住所がないときは居住地）と納税地とが異なる場合はその納税地

③　青色申告書の提出の承認を受けた日か、みなし承認された日

④　青色申告をやめようとする理由

⑤　その他参考事項

　なお、この青色申告の取りやめの後に、再び青色申告をしようとするときは、改めて青色申告の承認申請をして、承認を受けなければなりませんが、その取りやめの届け出をした日以後1年以内になされた承認申請については、税務署長はその申請を却下できることとされています（所法145①三）。

〔170〕 農業を営む青色申告者の農産物の収穫に関する記載事項の特例

> 問　農産物を収穫した場合、どのように記帳すればよいですか。何か簡単に記帳する方法があったら教えてください。

〔回答〕　収穫時の記載は数量のみを記載しておきます。

　農業を営む青色申告者が備え付ける帳簿の記載事項については、農産物の収穫に関する事項や家事消費等に関する事項等を、法令の定めに従い、整然と、かつ、明瞭に記録

第5章　青色申告　　203

しなければなりません（所規58、60、昭和42年大蔵省告示第112号の別表第一の農業の部各欄）。

　しかし、記帳になれていない農業所得者については、①農産物の収入金額の計算がむずかしいこと、②未成育の牛馬等の育成に要した費用等の年末整理等に手間がかかることなどから、これらの記帳を簡略化する措置が設けられています（平18課個5－3）（⇨問70）。

　この簡略化された記載事項は次のようになります。

記載事項 ＼ 区分	米麦等の穀類	野菜等の生鮮な農産物	その他の農産物
収穫時の記載	数量のみを記載し、単価、金額の記載は省略	記載しない	記載しない
販売時の記載	数量、単価、金額を記載する	原則として左に準ずるが、数量、単価が不明の場合は、金額のみ記載する	
棚卸表の記載	数量、単価、金額を記載する	記載しない	数量、単価、金額について記載するが、きん少のものは省略する

　(注)1　家事消費の記載については次の問171を参照してください。
　　　2　「野菜等の生鮮な農産物」及び「その他の農産物」の具体的な範囲については問71を参照してください。

〔171〕　農業を営む青色申告者の家事消費に関する記載事項の特例

> 問　りんご栽培を営む青色申告者ですが、りんごの収穫時期には家事消費がけっこうあります。家事消費のつど記帳するのは面倒ですので、何かよい記帳方法はありませんか。

〔回答〕　年末に一括して記帳することができます。

　農産物などを家事用や贈与、事業用に消費した場合には、その時の通常の販売価額で記帳するのが原則です。

　しかし、農産物の家事消費等については、その記帳が煩雑なこと、また、金額の見積りがむずかしいため、税法上の記載事項によらず年末において一括して記帳することが認められています（平18課個5－3）。

　なお、農産物の種類ごとに記載方法を示すと次のようになります。

区分	米麦等の穀類	野菜等の生鮮な農産物	その他の農産物
家事消費等の記載	年末に一括して数量、単価、金額を記載する	年末に一括して金額のみを記載する	年末に一括して数量、単価、金額を記載する
	金額は、収穫年次の異なるごとに収穫時の価額の平均額又は販売価額の平均額によって計算することができる		

(注) 「野菜等の生鮮な農産物」及び「その他の農産物」の具体的な範囲については問71を参照してください。

　ご質問の場合、りんごの家事消費については、上記表の「その他の農産物」に当てはまりますから、年末に一括して、数量、単価及び金額を記載します。なお、単価については、販売価格（出荷価格）により計算します。

〔172〕 未成育の牛馬等に要した費用の年末整理の方法

> 問　搾乳牛を30頭飼育している青色申告者ですが、自家で出産した子牛（めす）を育成しています。この育成に要した費用は支出のつど記帳しておき、年末に整理するよう指導を受けました。支出のつど子牛分と成牛分とを区別して記帳するのは面倒ですが、何か簡便法はありませんか。

〔回答〕未成育の牛馬等に要した費用については、飼料費に限定して記帳して差し支えありません。

　未成育の牛馬等又は未成熟の果樹等に要した費用は、成育又は成熟した年において減価償却資産の取得価額として計上することとなるため（所令126）、それまでの年においては必要経費に算入せず、各年末において整理しておくこととされています（昭42大蔵省告示第112号）。そして、これらの費用のうち、種付費、種苗費等の取得費及び明らかに区分できる苗木の定植に要した労務費のほか、おおむね次に掲げる費用に限定し、年末において整理することとしても差し支えないとされています（平18課個5－3）。

(1)　牛馬等……飼料費

(2)　果樹等……肥料費、薬剤費

第5章　青色申告　　205

〔173〕　青色事業専従者とは

> 問　3ヘクタールの水田を長男と2人で経営する水稲単作農家です。水田経営は近年機械化などにより省力化されていますので、農閑期の冬期間（12月から翌年2月ころまで）は、2人で契約社員として働いています。
>
> 　この場合、長男を青色事業専従者にすることができますか。

〔回答〕　一定の要件に該当する配偶者その他の親族は、青色事業専従者とすることができます。

　青色事業専従者とは、次の要件のすべてに該当する人をいいます（所法57①、所令165）。

①　青色申告の承認を受けている者と生計を一にする配偶者その他の親族であること

②　その年12月31日（死亡したときは死亡の時）において年齢15歳以上の人であること

③　その年を通じ原則として6か月を超える期間、青色申告の承認を受けている人の経営する事業に「もっぱら従事する者」であること

　　ただし、年の中途における開業、廃業、休業又は納税者の死亡、季節営業等の理由によりその年中を通じて事業が営まれなかった場合や、事業に従事する者の死亡、長期にわたる病気、婚姻、その他相当の理由により、その年中を通じて事業に従事できない場合には、その従事できると認められる期間を通じて、その期間の2分の1を超える期間、その事業にもっぱら従事する者であればよいとされています（所令165①）。

　したがって、ご質問の場合には、12月から翌年2月ころまでは農作業はほとんどない状態と思われますから、この期間契約社員として働いていても、その年6か月を超える期間農業にもっぱら従事する者に該当すると考えられますので、長男が上記の①及び②の要件に該当すれば、長男を青色事業専従者にすることができます。

〔174〕 青色事業専従者が別世帯となった場合の取扱い

> **問** 青色事業専従者である娘が結婚して別世帯となった場合、結婚前の専従者給与はどう取り扱われますか。ほかに所得がない場合はその夫の配偶者控除の対象になりますか。

〔回答〕 結婚前の専従者給与は必要経費になります。また、専従者給与の額が103万円以下であれば夫の控除対象配偶者になります。

　青色事業専従者に該当するかどうかは、前問で説明したとおりですが、年の中途で別世帯となった娘さんの青色事業専従者給与については、結婚前の期間の2分の1以上もっぱらその事業に従事していたものであるときは、専従者であった期間について支払った額は必要経費に算入できます。

　また、専従者については、控除対象配偶者又は扶養親族とはされません（⇨問180）が、この場合の専従者とは、事業を営む人の配偶者その他の親族が、その事業を営む人又はその人と生計を一にする居住者の控除対象配偶者又は扶養親族に該当するかどうかを判定する場合において、その配偶者その他の親族がその事業に従事していたことにより青色事業専従者として給与の支払いを受けていた人又は白色事業専従者に該当する人をいうとされています（所基通2−48、2−48の2）。

　したがって、ご質問の場合には、娘さんの青色専従者給与の額が103万円以下であればその夫の控除対象配偶者に該当し、夫の合計所得金額に応じて、配偶者控除を受けることができます（⇨問229）。

　なお、別世帯となった後も引き続き事業に従事し、給与を支払っている場合には、一般の雇人への支払いと同様の扱いとなります。

〔175〕 青色事業専従者給与の届け出

> **問** 長男が大学を卒業して農業を手伝うことになったので、青色事業専従者として給与を支給したいのですが、どのような手続きが必要ですか。
> 　また、毎年一定の昇給を予定しているのですが、その届け出はどうしたらよいですか。

第5章　青色申告　　207

〔回答〕　青色事業専従者がいることとなった日から2か月以内に届け出をします。

　青色申告者が、青色事業専従者給与を必要経費に算入するためには、その年分以後の各年分についてその適用を受けようとする年の3月15日まで（その年1月16日以後に開業した場合や新たに青色事業専従者がいることとなった場合には、その開業した日や専従者がいることとなった日から2か月以内）に、次の事項を記載した届出書（これを「青色事業専従者給与に関する届出書」といいます。）を所轄税務署長へ提出しなければなりません（所法57②、所規36の4①③）。

①　その届出書を提出する人の氏名及び住所並びに住所地と納税地が違うときはその納税地

②　青色事業専従者の続柄及び年齢

③　青色事業専従者の職務の内容

④　青色事業専従者の給与の金額及びその給与の支給期

⑤　青色事業専従者が他の事業に従事している場合や就学している場合には、その事実

⑥　その事業に従事する他の使用人に支払う給与の金額、その支給方法及び形態

⑦　昇給の基準その他参考となるべき事項

　したがって、ご質問の場合は、新たに青色事業専従者を有することとなった日から2か月以内に届け出をすればよいことになります。

　また、毎年一定の昇給を予定している場合には、その昇給の範囲が届け出た昇給の基準にそってなされているときは、改めて届出書を提出する必要はありません。

　しかし、給与の支給基準を変更する場合は、遅滞なく「変更届出書」を提出しなければなりません（所規36の4②）。

〔176〕　老齢の父母を青色事業専従者とすることができるか

> 問　父と母は老齢ですが、農繁期には農作業を手伝います。このような場合も青色事業専従者にすることができますか。

〔回答〕　仕事の内容に応じ一般の人と変わらない作業能力を有し、支障がない場合は専従者にできます。

　老衰その他心身の障害により事業に従事する能力が著しく阻害されている人は、専従

者に該当しません（所令165②三）が、これはある仕事に従事する能力が、その仕事に通常従事する人が備えるべき能力に比べて著しく劣っている場合には、その仕事に従事していても専従者にならないということであって、その仕事に通常従事する人の能力に比し変わらない程度の能力を有する場合に、その仕事にもっぱら従事しているときは、専従者とすることができます。

したがって、これらの人が専従者に該当するかどうかは、その仕事の内容に応じて判断します。

ご質問の場合も、仕事の内容に応じ、一般の人と変わらない作業能力を有し、支障がなくその仕事を遂行している場合には専従者に当たるものと考えられます。

もっとも、青色事業専従者給与の額は、作業の内容を考慮し、労務の対価としてふさわしい額を届け出て支給することが必要です。

〔177〕 青色事業専従者給与の適正額は

> **問　青色事業専従者給与の適正額は何を基準に決めたらよいですか。**

〔回答〕　労務の対価として相当と認められる額です。

必要経費に算入することができる青色事業専従者給与の額は、青色事業専従者給与に関する届出書に記載されている方法に従い、その記載されている金額の範囲内において支給された給与のうち、労務の対価として相当と認められる額です。

青色事業専従者給与の額が相当であるかどうかの判定は、納税者個々の実態に即し、次の状況を総合勘案して行うこととされています。

① 青色事業専従者の労務に従事した期間、労務の性質及びその提供の程度

② その事業に従事する他の使用人が支払いを受ける給与の状況及びその事業と同種の事業でその規模が類似するものが支給する給与の状況

③ その事業の種類及び規模並びにその収益の状況

したがって、青色事業専従者給与の適正額は、上記の状況に照らして決めることになります（所法57①、所令164①）。

第5章　青色申告　　209

〔178〕　届出額以上の賞与の取扱い

> 問　今年は豊作で例年に比べて所得が多くなりそうなので、青色事業専従者である妻と長男に賞与を多く支給したいと思っています。届出額以上の賞与は必要経費として差し引くことはできますか。

〔回答〕　青色事業専従者の届出書に記載された額より多い賞与は、必要経費に算入できません。

　青色事業専従者給与の額は、届出書に記載されている方法に従い、その記載されている金額の範囲内において、実際に支払った額を必要経費にすることとされています。したがって、届出書に記載された金額以上の額は、たとえ支払っても、原則として必要経費になりません（所法57①）。

　なお、青色事業専従者給与の額を変更する場合は、所轄税務署長に対し、変更の内容やその理由を記載した変更届を遅滞なく提出しなければなりません（所規36の4②）。また、変更後の額は労務の対価として相当と認められる額でなければなりません。

〔179〕　未払いの青色事業専従者給与の取扱い

> 問　青色事業専従者給与は実際に支払った場合にのみ必要経費になると聞きましたが、資金不足のため2か月分をまだ支払っていません。この2か月分の青色事業専従者給与は未払分として記帳すれば必要経費になりますか。

〔回答〕　原則として、未払分は必要経費に算入できません。

　必要経費に算入される青色事業専従者給与は、現実に給与として支払われるものであることが前提とされていますから、例えば、長期間未払給与が累積していく場合や相当期間未払いのまま放置されている場合のように現実に支払いの事実がないと認められるような場合には、必要経費に算入できません（所法57①）。

　しかし、資金繰りの関係でたまたま支給期に支払うことができなかった場合など、未払いになったことについて相当の理由があり、しかも、帳簿に明瞭に記載され、短期間に現実に支払われるものであれば、一時的に未払いの状態であったとしても必要経費に算入できます。

したがって、ご質問の場合には、短期間のうちに現実に支払われるものであれば必要経費に算入できます。

〔180〕 青色事業専従者は配偶者控除、扶養控除の対象になるか

> 問　妻と長男は青色事業専従者ですが、２人とも月々８万円の給与しか支払っていません。青色事業専従者給与の年間支給額から給与所得控除額を差し引くと給与所得の金額は41万円となり、48万円を超えませんが、このような場合、妻と長男は配偶者控除及び扶養控除の対象とできますか。

〔回答〕　専従者は年間の合計所得金額が48万円以下であっても配偶者控除や扶養控除の対象となりません。

　青色事業専従者に該当し、給与の支払いを受ける者及び白色事業専従者に該当する者は、控除対象配偶者又は扶養親族とはされないこととされています（所法２①三十三、三十三の二、三十四）。

　したがって、青色事業専従者として給与の支払いを受ける場合は、その青色事業専従者給与の額の多寡にかかわらず配偶者控除や扶養控除を受けることはできません。

　また、配偶者特別控除を受けることもできません（所法83の２①）。

〔181〕 青色事業専従者に支払った退職金の取扱い

> 問　青色事業専従者として農業に従事してきた娘が結婚することになったので、退職金を支給したいと思います。青色事業専従者に支払った退職金は必要経費になりますか。

〔回答〕　青色事業専従者に支払った退職金は必要経費に算入することはできません。

　所得税法では、事業主が生計を一にする配偶者その他の親族に対し、自己の事業に従事したことその他の事由により、その対価に相当する金額を支給したとしても必要経費に算入しないこととしています（所法56）が、青色申告者の場合、青色事業専従者がいるときは、「青色事業専従者給与に関する届出書」を提出し、この届出書に記載されている方法に従い届出書に記載されている金額の範囲内において給与の支払いをしたとき

は、その給与の額が労務の対価として相当であると認められるときは必要経費として算入できるとされています（所法57①）。

しかし、これは、青色事業専従者がその事業に従事している期間に受けるべきものに限られています。

したがって、退職所得となる退職手当や専従者でなくなった後に支払う退職年金などは必要経費に算入することはできません。

なお、青色事業専従者自身が小規模企業共済に加入し掛金を積み立てることにより退職金の支払いを受けることも考えられます。

〔182〕 青色事業専従者給与の源泉徴収

> **問** 青色事業専従者給与も一定額を超えると源泉徴収をしなければならないと聞きましたが、源泉徴収の仕方について教えてください。

〔回答〕 **青色事業専従者給与も一定額を超えると源泉徴収の対象となります。**

居住者に対し国内において給与等の支払いをする人は、その支払いの際、その給与等について所得税を徴収し、その徴収の日の属する月の翌月10日までに、これを国に納付しなければなりません（所法183①）。

所得税の源泉徴収は、次のように行います。

(注) 復興特別所得税の源泉徴収については問237参照。

(1) その年最初の給与支払日の前日までに、専従者から、源泉徴収をする所得税の税額を計算するために必要な「給与所得者の扶養控除等申告書」を提出してもらいます。

(2) 次に、給料や賞与を支払うときは、次の要領で所得税を徴収します。

　① 給料については、給料の支払期間、社会保険料控除後の給料の金額、(1)で申告のあった扶養親族等の数を基に、「給与所得の源泉徴収税額表」で求めます。

　② 賞与については、「賞与に対する源泉徴収税額の算出率の表」で、前月の社会保険料控除後の給与等の金額を基に「賞与の金額に乗ずべき率」を求め、この率を賞与の金額に掛けて求めます。

(3) その年最後の給与を支払うときの源泉徴収に当たっては、一年間の源泉徴収税額の精算（これを「年末調整」といいます。）を行います。

(4) (2)や(3)によって徴収した税額は、原則として、徴収した日の属する月の翌月10日ま

でに「所得税徴収高計算書（納付書）」を添えて金融機関又は所轄の税務署の窓口などで納付します。なお、自宅等からインターネットを利用して納付する電子納税も利用することができます（⇨問279）。

〔仕訳例〕
○青色事業専従者である妻に対し給与20万円（源泉徴収税額4,770円）を現金で支給した。

（借）専従者給与	200,000円	（貸）現　金	195,230円
		預り金	4,770円

〔183〕　源泉徴収税額の納期の特例

> 問　青色事業専従者が３人おりますが、青色専従者給与にかかる源泉所得税を毎月納付するのは面倒です。何か月分かをまとめて納付することはできませんか。
>
> なお、青色事業専従者以外に使用人はおりません。

〔回答〕　給与を受ける人が常時10人未満である場合は、半年分をまとめて納付することができます。

　源泉徴収税額は、その徴収の日の属する月の翌月10日までに納付するのが原則ですが、この例外として、給与の支給を受ける人が常時10人未満の場合は、所轄税務署長の承認を受けて、毎月ではなく次のように半年分をまとめて納付することができます（所法216）。

給与の支払期間	源泉徴収税額の納付期限
１月～６月	７月10日
７月～12月	翌年の１月20日

　この承認を受けるためには、申請の日前６か月間の各月末の給与の支払いを受ける者の人員及び各月の支給金額その他必要な事項を記載した「源泉所得税の納期の特例の承認に関する申請書」を、納税地の所轄税務署長に提出しなければなりません（所法217、所規78）。

　なお、この申請書を提出した月の翌月末日までに承認又は却下の通知がないときは、同日に自動的にその承認があったものとみなされます。

　したがって、ご質問の場合は給与の支給を受ける人は青色事業専従者の３人というこ

第5章　青色申告　　213

とですので、この申請書を提出すれば半年分をまとめて納付することができます。

〔184〕　青色申告者に対する更正の制限とその例外

> 問　青色申告者については、税務署長は、帳簿書類を調査しなければ更正できないこととされていると聞きましたが、例外もありますか。

〔回答〕　税額等の計算が所得税法の規定に従っていない場合には、税務署長は、帳簿書類を調査しなくても更正することができます。

　税務署長は、青色申告書を提出している人について、その人の帳簿書類を調査し、その調査により、所得の計算に誤りがあると認められる場合に限り、更正を行うことができるとされています（所法155①）（⇨問286）。

　しかし、青色申告者であっても、次に掲げる場合には、帳簿書類を調査しないで更正を行うことができるとされています（所法155①一、二）。

⑴　その更正が不動産所得の金額、事業所得の金額及び山林所得の金額以外の各種所得の金額の計算又は損益通算及び純損失の繰越控除、雑損失の繰越控除の規定の適用について誤りがあったことのみに基因するものである場合

⑵　申告書及び添付書類に記載された事項によって、不動産所得の金額、事業所得の金額又は山林所得の金額の計算が所得税法の規定に従っていなかったこと、その他計算に誤りがあることが明らかである場合

　例えば、医療費に該当しないものを控除していた場合や税額表の適用を誤っていた場合などがこれに該当します。

〔185〕　純損失の繰戻しによる還付

> 問　青色申告をしている者ですが、冷害で赤字となりました。この赤字を昨年の所得に繰り戻せば、昨年納めた税金が戻ってくると聞きましたが、その手続きを教えてください。

〔回答〕　青色申告者に限り、一定の要件に該当する場合は、赤字の所得を前年に繰り戻して所得税の還付を受けることができます。

青色申告者は、青色申告の特典の一つとして、損益通算の結果、その年に生じた所得金額の合計額が赤字となった場合、その赤字の金額（純損失）を翌年以降3年間に繰り越して控除することができます（所法70①）。また、純損失の金額の全額又は一部を前年分に繰り戻し、前年分の所得税の還付を受けることもできます（所法140）。

この純損失の繰り戻しによる還付を受けるためには、次のいずれの条件にも該当しなければなりません。

(1)　純損失の生じた年分について、青色申告書を期限内に提出し、かつ、これとともに純損失の繰戻還付請求書を提出すること

(2)　前年分についても青色申告書を提出していること

また、純損失の繰り戻しによる還付を受けることのできる還付金額は、次の①又は②のうち、いずれか低い方の金額です（所法140①②）。

①　（前年分の課税総所得金額、土地等に係る課税事業所得等の金額（当分の間は適用ありません。⇨問3）、課税退職所得金額及び課税山林所得金額に対する所得税額（税額控除前））－ ｛(前年分の課税総所得金額、土地等に係る課税事業所得等の金額、課税退職所得金額及び課税山林所得金額）－（その年の純損失の金額のうち前年に繰り戻す金額)｝ ×（前年分の税率）

②　前年分の課税総所得金額、土地等に係る課税事業所得等の金額、課税退職所得金額及び課税山林所得金額に対する所得税額（源泉徴収税額を含みます。）

なお、総所得金額の計算上生じた純損失を前年分に繰り戻す場合は、その純損失の金額は、まず、課税総所得金額から控除し、次に土地等に係る課税事業所得等の金額→課税山林所得金額→課税退職所得金額の順に控除します（所令271）。

第6章　記帳・帳簿等の保存制度等

〔186〕 記帳・帳簿等の保存制度の適用を受ける人

> 問　記帳・帳簿等の保存制度の適用を受けるのはどのような人ですか。

〔回答〕　事業所得等を生ずべき業務を行う全ての白色申告者は、記帳と帳簿書類の保存が必要です。

　わが国の所得税は、納税者自らが税法に従って所得金額と税額を正しく計算し納税することを基本とする「申告納税制度」を採っています。

　1年間に生じた所得金額を正しく計算し申告するためには、必要な帳簿書類を備え付け、収入金額や必要経費に関する日々の取引の状況を記帳し、また、取引に伴い作成したり受け取ったりした書類を保存しておかなければなりません。

　このような考え方に基づき、昭和59年度税制改正において、個人事業所得者等に係る事業所得等の所得金額の合計額が300万円を超える個人事業所得者等に対して記帳義務及び記録保存義務が課され、また、記帳義務のない人の帳簿書類についても保存義務が課されました。

　平成23年度税制改正において、300万円以下の個人事業所得者等についても、新たに記帳義務及び記録保存義務が設けられ、平成26年1月1日以後、全ての個人事業所得者等は、その年の取引のうち総収入金額及び必要経費に関する事項を簡易な方法により記録し、かつ、その帳簿書類を一定期間保存しなければならないこととされました。

　(注)　令和2年度税制改正においては、雑所得を生ずべき業務に係る申告手続等について、収支内訳書の確定申告書への添付義務や現金預金取引等関係書類の保存義務が課されるなどの規定が設けられ、令和4年分以後の所得税に適用されることとされました（⇨問44）。

〔187〕 記帳しなければならない事項

> 問　どのようなことを記帳しなければならないのか、記帳すべき事項を説明してください。

〔回答〕　事業所得等の業務に係る取引のうち、売上、仕入、必要経費など、いわゆる損益に関する事項を記帳すればよいことになっています。

その業務に係るその年の取引のうち総収入金額及び必要経費に関する事項（いわゆる損益に関する事項）を整然かつ明瞭に記載しなければならないこととされており、現金、預金に関する事項、買掛金の支払等の資産、負債に関する事項の記載は、法令上は求められておりません。

　具体的には、①売上に関する事項については、取引の年月日、売上先その他の相手方及び金額並びに日々の売上の合計金額、②売上以外の収入については、取引の年月日、事由、相手方及び金額、③仕入に関する事項については、取引の年月日、仕入先その他の相手方及び金額並びに日々の仕入合計金額、④仕入以外の費用に関する事項については、雇人費、外注工賃、減価償却費、貸倒金、地代家賃、利子割引料及びその他の経費に区分して、それぞれの取引の年月日、事由、支払先及び金額を記載することとされており、上記①～④の記載に当たっては、それぞれ簡易な記帳方法が認められています。

　なお、その取引のうち総収入金額又は必要経費に算入されない収入又は支出を含むものについては、その都度その総収入金額又は必要経費に算入されない金額を除いて記録しなければなりませんが、その都度区分整理することが困難なものは、年末において一括して区分整理することができることとされています（昭59大蔵省告示第37号）。

　また、消費税の軽減税率の対象となる売上げや経費がある場合は、税率ごとに区分して記載するなどの経理（区分経理）を行わなければなりません（消令71、平28改正消規附則34②）。

〔188〕 農業所得に係る総収入金額について記帳すべき事項

> 問　農業所得に係る総収入金額について記帳すべき事項を分かりやすく説明してください。

〔回答〕　農業所得に係る総収入金額について記帳しなければならない事項は、①農産物の収穫に関する事項、②農産物、繭、畜産物等の売上、家事消費等に関する事項です。

　農業所得に係る総収入金額に関する事項の記帳は「農産物の収穫に関する事項」と「農産物、繭、畜産物等の売上、家事消費等に関する事項」について次のように記載します。

1　農産物の収穫に関する事項

　農産物の収穫に関する事項の記帳は、収穫の年月日、農産物の種類及び数量を記載します。なお、農産物の収穫価額については法定の記載事項とされていません。

　この場合、記帳対象となる農産物は、米、麦その他の穀類とされており、その他の農産物については、収穫に関する事項の記載を省略することができることとされています。

2　農産物、繭、畜産物等の売上、家事消費等に関する事項

　農産物等の売上等に関する事項の記帳は、取引の年月日、売上先その他取引の相手方及び金額を記載することとされています。なお、品名その他給付の内容、数量、単価等については、法定の記載事項とされていないので、この記帳は、納税者の判断に委ねられているといえます。

　なお、少額な現金売上については、日々の合計金額のみを一括記載することができるなど簡易な記帳方法でもよいこととされています（⇨問189）。

〔189〕 農業所得に係る総収入金額の簡易な記帳方法

> 問　農業所得に係る総収入金額を記帳する場合には、簡易な記帳が認められるそうですが、その記帳方法を説明してください。

〔回答〕　農業所得に係る総収入金額を記帳する場合には、一定の簡易な記帳方法でもよいこととされています。

農業所得に係る総収入金額に関して記帳すべき事項については、次のような簡易な方法で記帳してもよいこととされています。

① 少額な現金売上や保存している納品書控等によりその内容を確認できる取引については、日々の合計金額のみを一括記載することができます。

② 掛売上の取引で保存している納品書控、請求書控等によりその内容を確認できるものについては、日々の記載を省略し、現実に代金を受け取った時に売上として記載することができます。ただし、この場合には、年末における売掛金の残高を記載します。

③ 農産物の事業用消費や家事消費等あるいは繭、畜産物等の家事消費等については、年末において、消費等をしたものの種類別にその合計を見積り、それぞれ、その合計数量及び合計金額のみを一括記載することができます。

〔190〕 農業所得に係る必要経費について記帳すべき事項

> 問　農業所得に係る必要経費について記帳すべき事項を分かりやすく説明してください。

〔回答〕　農業所得に係る必要経費について記帳しなければならない事項は、①農産物の収穫価額に関する事項、②①以外の費用に関する事項です。

農業所得に係る必要経費は、「農産物の収穫価額に関する事項」と「その他の費用に関する事項」について、それぞれ次のように記帳します。

1　農産物の収穫価額に関する事項

農産物の収穫価額に関する事項の記帳は、「収入に関する事項」における「農産物の収穫に関する事項」と同様、収穫の年月日、農産物の種類及び数量を記載することとされています。したがって、実際には収入に関する事項として記載を行えば、費用に関する事項としての記載は省略しても差し支えありません。

この場合、記帳対象となる農産物は、米、麦その他の穀類とされており、その他の農産物については、収穫に関する事項の記載を省略することができます。

2　その他の費用に関する事項

農業所得に係る費用に関する事項の記帳は、その費用の額を「雇人費」、「小作料」、「減価償却費」、「貸倒金」、「利子割引料」及び「その他の経費」の項目に区分して、

それぞれ、その取引の年月日、事由、支払先及び金額を記載します。

なお、少額な費用については、日々の合計金額のみを一括記載することができるなど簡易な記帳方法が認められています（⇨問191）。

〔191〕 農業所得に係る必要経費の簡易な記帳方法

> 問　農業所得に係る必要経費を記帳する場合の簡易な記帳方法を説明してください。

〔回答〕　農業所得に係る必要経費を記帳する場合には、一定の簡易な記帳方法でもよいとされています。

農産物の収穫価額に関する事項以外の費用に関する事項に係る記載事項については、前問で説明したとおりですが、これらの事項について次のような簡易な方法で記帳してもよいとされています。

① 　少額な費用については、その項目ごとに、日々の合計金額のみを一括記載することができます。

② 　まだ収穫しない農産物、未成育の牛馬等又は未成熟の果樹等について要した費用は、年末においてその整理を行うことができます。

③ 　自ら収穫した農産物で肥料、飼料等として自己の農業に消費するものの事業用消費については、年末において、消費したものの種類別にその合計を見積り、それぞれ、その合計数量及び合計金額のみを一括記載することができます。

④ 　現実に代金を出金した時に記載することができます。ただし、この場合には、年末における費用の未払額及び前払額を記載します。

〔192〕 帳簿の様式等

> 問　どのような帳簿に記載すればよいのか、モデルとなる帳簿はありますか。

〔回答〕　納税者自らが最も記帳し易い帳簿でよいとされていますから、事業の実情に合った帳簿を工夫して記帳するようにしてください。

記帳制度による帳簿については、納税者に過重な負担をかけないようにという配慮か

ら、帳簿の形式、体裁等については法令で規定することはせず、法令や告示で示されている記載事項が満たされているものであればよいとされています。

したがって、納税者自らが事業の実情に合った最も記帳し易い帳簿を工夫して記帳するようにしてください。

なお、参考に収入金額及び必要経費の帳簿形式の例を示します。

消費税の軽減税率の対象となる売上げや経費がある場合には、「売上先等」欄等に「※」などの記号を記載するとともに、帳簿の欄外等に「※は軽減税率対象」と記載します。

〔例1〕

○農産物の収穫に関する事項　　　　　　　　　　　　　　　農産物の種類（米）

| 年月日 | 摘　　要 | 受　入 | 払　　　出 | | | 残　高 |
		生産数量	販売数量	事業消費	家事消費	数　　量
令 4. 1. 1	前年より繰越	kg	kg	kg	kg	kg 400
10. 1	収穫	2,000				2,100
10. 5	○○農協へ		1,600			500
12.21	家事消費飯米用 （年間）				300	200
12.31	来年へ繰越					200

〔例2〕

○農産物等の売上、家事消費等に関する事項

年月日	農産物の種類	売上先等	売上金額	受入金額	差引残高
令 4.10.21	りんご	○○農協（掛売）※	円 1,296,000	円	円 1,296,000
10. 1		りんご○○農協入金		1,296,000	0
10. 5	りんご	××商店（掛売）※	162,000		162,000
	10月計 （うち軽減税率分）		1,458,000 (1,458,000)		
12.21	りんご	家事消費※	72,000		
12.21	野菜	家事消費※	30,000		
12.31	来年へ繰越				162,000

※は軽減税率対象

〔例3〕

○その他費用に関する事項

年月日	科　目	支払先等	費用の金額	支払金額	差引残高
令 4. 6. 1	肥料代	△△農協（掛買）	円 88,000	円	円 88,000
6.28		肥料△△農協 （預金振替）		88,000	0
8.11	諸材料費	××商店（現金）	66,000		0
8.31	利子割引料	△△農協	3,000		

〔193〕 保存すべき帳簿書類

> 問　どのような帳簿書類を保存しなければなりませんか。

〔回答〕 事業所得を生ずべき業務に関して作成し又は受領した帳簿及び書類を保存しなければなりません。

　保存すべき帳簿書類は、事業所得等を生ずべき業務に関して作成し又は受領した帳簿及び書類とされています。

　具体的には、その年の決算に関して作成した棚卸表その他の書類、業務に関して通常作成される納品書、請求書、領収書等がこれに当たるほか、業務に際して作成されたメモや現金出納帳等の帳簿があるときは、これらも含まれます（所法232、所規102①②③）。

〔194〕 帳簿書類の保存期間

> 問　帳簿書類の保存期間は何年ですか。作成した帳簿や証ひょう書類によってどのような差がありますか。

〔回答〕 法定帳簿は7年間、任意帳簿は5年間保存することとされています。なお、証ひょう書類の保存期間は、すべて5年間です。

　白色申告者（青色申告者以外の人）の帳簿書類の保存期間を示すと次のようになります（所規102）。

帳簿	収入金額や必要経費を記載した帳簿（法定帳簿）	7年
	業務に関して作成した上記以外の帳簿（任意帳簿）	
書類	決算に関して作成したたな卸表その他の書類	5年
	業務に関して作成し、又は受領した請求書、納品書、送り状、領収書などの書類	

 ㊟ 令和4年以降、前々年分の業務に係る雑所得の収入金額が300万円超の方は、その業務に係る現金預金取引等関係書類を5年間保存する必要があります。

 なお、保存すべき7年又は5年という期間は、帳簿については、その記載されている取引の時期とは関係なく、その帳簿を閉鎖した日の翌年3月15日の翌日から起算し、証ひょう書類については、作成又は受領した日の属する年の翌年3月15日の翌日から起算することとされています。

 ㊟ 一定の帳簿書類については、コンピュータ作成の帳簿書類を紙で出力することなく、一定の要件の下でハードディスクなどに記録した電子データのままで保存できる制度があります（⇨問200）。

〔195〕 記帳や帳簿書類を保存しなかった場合

> 問 事業所得等の業務にかかる取引の記帳をしなかった場合や帳簿書類を保存しなかった場合には、罰則等の制裁その他の不利益を受けるのでしょうか。

〔回答〕 記帳や帳簿書類を保存しなかった場合には、罰則等の制裁はありませんが、消費税の仕入税額控除が認められないなど不利益を受けることがあります。

 事業所得等の業務に係る取引の記帳をしなかった場合や、保存すべきこととされている帳簿書類を保存しなかった場合において、記帳しなかったことや保存しなかったことについて罰則が課されることはありません。

 なお、記帳や帳簿及び請求者等の保存がない場合には、消費税の仕入税額控除が認められない（消法30⑦⑧⑨）ほか、税務署長が行った課税処分の取消訴訟等において、立証責任の分配や証拠提出のあり方との関連で事実上不利益を受けることはあり得ると考えられます。

〔196〕 記帳義務を適正に履行しない場合

> 問　私はこの度、税務調査を受けました。証拠書類を提示せずに帳簿に記載していない経費を認めてもらうことはできますか。

〔回答〕　税務調査に際し、証拠書類を提示せずに簿外経費を主張する人や、証拠書類を仮装して簿外経費を主張する人への対応として、必要経費不算入の措置が講じられました。

　令和5年分以後の所得税について、事業所得を生ずべき業務を行う人が、隠蔽仮装行為に基づき確定申告書を提出し、又は確定申告書を提出していなかった場合には、これらの確定申告書に係る年分の事業所得の総収入金額に係る売上原価その他その総収入金額を得るために直接要した費用の額及びその年の販売費、一般管理費その他事業所得を生ずべき業務について生じた費用の額は、次の場合に該当するその売上原価の額又は費用の額を除き、その人の各年分の事業所得の金額の計算上、必要経費の額に算入されません（新所法45③）。

1　次の帳簿書類等により当該売上原価の額又は費用の額の基因となる取引が行われたこと及びこれらの額が明らかである場合（災害その他やむを得ない事情により、当該取引に係るイに掲げる帳簿書類の保存をすることができなかったことをその人が証明した場合を含みます。）

　イ　その人が所得税法の規定により保存する帳簿書類

　ロ　上記イに掲げるもののほか、その人がその住所地その他の一定の場所に保存する帳簿書類その他の物件

2　上記1のイ又はロの帳簿書類等により、その売上原価の額又は費用の額の基因となる取引の相手方が明らかである場合その他その取引が行われたことが明らかであり、又は推測される場合（上記1の場合を除きます。）であって、その相手方に対する調査その他の方法により税務署長が、その取引が行われ、これらの額が生じたと認める場合

第6章 記帳・帳簿等の保存制度等　　225

〔197〕　総収入金額報告書の提出義務

> **問**　どのような人が総収入金額報告書を提出しなければなりませんか。概要について説明してください。

〔回答〕　事業所得等を生ずべき業務を行う人で、これらの所得に係る収入金額の合計額が3,000万円を超える人は、総収入金額報告書の提出対象となります。

　その年において事業所得等を生ずべき業務を行う人で、その年中のこれらの所得に係る総収入金額の合計額が3,000万円を超える人は、その年分の所得税に係る確定申告書を提出している場合を除き、その事業所得等に係る収入のあった年の翌年3月15日までに、所轄税務署長に、総収入金額報告書を提出しなければなりません（所法233）。

　総収入金額報告書には、提出者の住所、氏名とともに、①その年中の事業所得等にかかる総収入金額の合計額及びその所得ごとの内訳、②事業所得等の基因となる資産若しくは事業の所在地又はこれらの所得の生ずる場所、③その他参考となるべき事項などを記載します（所規103）。

〔198〕　収支内訳書の添付義務者の範囲

> **問**　どのような人が確定申告書に収支内訳書を添付しなければならないのか、説明してください。

〔回答〕　その年において、事業所得等又は雑所得を生ずべき業務を行っていた人で、その年分にかかる確定申告書を提出する人は、収支内訳書を添付しなければなりません。

　その年において、事業所得等を生ずべき業務を行っていた人で、その年分に係る確定申告書を提出する人、又は、その年において雑所得を生ずべき業務を行う人で、その年の前々年分のその業務に係る収入金額が1,000万円を超える人（令和4年分以後の所得税について適用）は、確定申告書に収支内訳書を添付しなければなりません（所法120⑥、令2改正法附則7③）。

　このように収支内訳書の添付を義務付けているのは、申告納税制度においては、納税者が自らその課税標準と税額を計算しなければならず、その場合には、当然、それなり

の根基をもって収入金額や必要経費の計算を行っているわけであり、したがって、その取引の過程で集積された客観的な資料による裏付けのある所得金額をもって申告しているものと考えられることによるものです。

(注) 令和4年分から、雑所得を生ずべき業務を行う人についても、収支内訳書の作成及び提出を求めることとされました（⇨問44）。

収支内訳書は、税務署や市町村役場で申告相談を受けて確定申告書を作成した場合であっても添付しなければなりません。

〔199〕 収支内訳書の記載事項

> 問　収支内訳書にはどのようなことを記載するのですか。

〔回答〕　確定申告書に収支内訳書を添付しなければいけない人は、収支内訳書にその業務に係る総収入金額及び必要経費の内訳を記載します。

収支内訳書は、申告した所得の裏付けとして、収入、経費の内容を記載するためのものです。

具体的には、事業所得等又は雑所得の区分ごとにそれぞれ収支内訳書を作成し、これらの所得の金額の計算上総収入金額及び必要経費に算入される金額を次の項目の別に区分して記載しなければなりません。

なお、これらの項目の別により難い事情があるときは、これらの項目に準ずる項目の別に記載することができることとされています（所法120⑥、所規47の3）。

① 総収入金額については、商品、製品等の売上高（加工その他の役務の給付等売上と同様の性質を有する収入金額を含みます。）、農産物の売上高及び年末において有する農産物の収穫した時の価額の合計額、賃貸料、山林の伐採又は譲渡による売上高、家事消費高並びにその他の収入の別

② 必要経費については、商品、製品等の売上原価、年初において有する農産物の棚卸高、雇人費、小作料、外注工賃、減価償却費、貸倒金、地代家賃、利子割引料及びその他の経費の別

第6章　記帳・帳簿等の保存制度等　227

〔200〕　帳簿書類等の電子データ保存制度

> 問　帳簿書類等を電子データで保存することができると聞きましたが、制度の概要
> 等を説明してください。

〔回答〕情報化の進展に伴い、納税者の帳簿書類の保存についての事務負担やコスト負
担の軽減などを図るため、一定の帳簿書類については、電子データによる備え付
け及び保存することができます。

　情報化社会に対応し、国税の納税義務の適正な履行を確保しつつ、納税者等の国税関
係帳簿書類の保存に係る負担を軽減する等のため、電子計算機を使用して作成する国税
関係帳簿書類の保存方法等について、平成10年度税制改正の一環として、電子帳簿保存
法が創設されました。

　さらに、経済社会のデジタル化を踏まえ、経理の電子化による生産性の向上、記帳水
準の向上等に資するため、令和３年度の税制改正において、帳簿書類を電子的に保存す
る際の手続等についての見直しが行われました。その改正内容は、次のとおりです（令
和４年１月１日施行）。

1　国税関係帳簿書類の電磁的記録等による保存制度

⑴　国税関係帳簿書類の保存義務者（以下「保存義務者」といいます。）は、国税関
係帳簿の全部又は一部について、自己が最初の記録段階から一貫して電子計算機を
使用して作成する場合には、一定の要件の下で、その電磁的記録の備付け及び保存
をもってその帳簿の備付け及び保存に代えることができます（電子帳簿保存法４
①）。

⑵　保存義務者は、国税関係書類の全部又は一部について、自己が一貫して電子計算
機を使用して作成する場合には、一定の要件の下で、その電磁的記録の保存をもっ
てその書類の保存に代えることができます（電子帳簿保存法４②）。

　㊟　「保存義務者」とは、国税に関する法律の規定により国税関係帳簿書類の保存
をしなければならない人をいい、「電磁的記録」とは、電子的方式など人の知覚
によっては認識することができない方式で作られる記録で、電子計算機による情
報処理の用に供されるものをいいます（電子帳簿保存法２三・四）。

2　国税関係帳簿書類のCOMによる保存制度

⑴　保存義務者は、国税関係帳簿の全部又は一部について、自己が最初の記録段階か

ら一貫して電子計算機を使用して作成する場合には、一定の要件の下で、その電磁的記録の備付け及びCOMの保存をもってその帳簿の備付け及び保存に代えることができます（電子帳簿保存法5①）。

(2) 保存義務者は、国税関係書類の全部又は一部について、自己が一貫して電子計算機を使用して作成する場合には、一定の要件の下で、そのCOMの保存をもってその書類の保存に代えることができます（電子帳簿保存法5②）。

(3) 国税関係帳簿書類の電磁的記録による備付け及び保存をもって書類の保存に代えている保存義務者は、一定の要件の下で、そのCOMの保存をもってその電磁的記録の保存に代えることができます（電子帳簿保存法5③）。

㊟ 「COM」とは、電子計算機を用いて電磁的記録を出力することにより作成するマイクロフィルムをいい、電子帳簿保存法では、「電子計算機出力マイクロフィルム」という用語で定義されています（電子帳簿保存法2七）。

3　国税関係書類に係るスキャナ保存制度

保存義務者は、国税関係書類（財務省令で定めるものを除きます。）の全部又は一部について、その国税関係書類に記載されている事項を財務省令で定める装置により、電磁的記録に記録する場合には、一定の要件の下で、その電磁的記録の保存をもって国税関係書類の保存に代えることができます（電子帳簿保存法4③）。

国税関係書類から除かれている財務省令で定めるものは、棚卸表、貸借対照表及び損益計算書並びに計算、整理又は決算に関して作成されたその他の書類です（電子帳簿保存法規則2④）。

国税関係書類に記載されている事項を電磁的記録に記録する財務省令で定める装置として、スキャナが定められています（電子帳簿保存法規則2⑤）。

4　電子取引の取引情報に係る電磁的記録の保存制度

申告所得税及び法人税に係る保存義務者は、電子取引を行った場合には、一定の要件の下で、その電子取引の取引情報に係る電磁的記録を保存しなければなりません（電子帳簿保存法7）。

なお、令和4年1月1日から令和5年12月31日までの間に電子取引を行った場合、納税地等の所轄税務署長がその電子取引の取引情報に係る電磁的記録を一定の要件に従って保存できなかったことについて、やむを得ない事情があると認め、かつ、保存義務者が国税に関する法律の規定によるその電磁的記録を出力することにより作成した書面の提示又は提出の要求に応じることができるようにしているときは、その保存

要件にかかわらず、その電磁的記録の保存をすることができるとする経過措置が講じられています。

㊟　「電子取引」とは、取引情報（取引に関して受領し、又は交付する注文書、契約書、送り状、領収書、見積書その他これらに準ずる書類に通常記載される事項をいいます。）の授受を電磁的方式により行う取引をいい、いわゆるEDI取引、インターネット等による取引、電子メールにより取引情報を授受する取引（添付ファイルによる場合を含みます。）、インターネット上にサイトを設け、そのサイトを通じて取引情報を授受する取引等が含まれます。

〔201〕　国外財産調書及び財産債務調書の提出義務

> **問　多額な財産を保有している人は、税務署に届け出が必要と聞きました。その制度の概要を教えてください。**

〔回答〕　その年の12月31日現在において、国内又は国外に一定以上の財産を保有する場合は、その財産の種類及び価額に応じて、「国外財産調書」又は「財産債務調書」の提出義務があります。

1　国外財産調書の提出

その年の12月31日において、その価額の合計額が5,000万円を超える国外財産を有する人は、その国外財産の種類、数量及び価額その他必要な事項を記載した「国外財産調書」を、その年の翌年3月15日（令和5年分以後については翌年6月30日）までに、所轄税務署長に提出しなければなりません（送金法5①）。

㊟　国外財産とは、「国外にある財産をいう」とされ、「国外にある」かどうかの判定は、財産の種類ごとに、その年の12月31日の現況で行います。

2　財産債務調書の提出

所得税等の確定申告書を提出しなければならない人又は所得税の還付申告書を提出することができる人で、その年分の退職所得を除く各種所得金額の合計額が2,000万円を超え、かつ、その年の12月31日において、その価額の合計額が3億円以上の財産又はその価額の合計額が1億円以上の国外転出特例対象財産を有する人は、財産の種類、数量および価額並びに債務の金額その他必要な事項を記載した「財産債務調書」を、その年の翌年の3月15日までに、所轄税務署長に提出しなければなりません（送金法

6の2①）。

　なお、令和５年分以後の財産債務調書について、上記の提出義務のある人のほか、その年の12月31日において有する財産の価額の合計額が10億円以上である人は、その年の翌年６月30日までに、提出しなければなりません。

㊟１　「国外転出特例対象財産」とは、所得税法第60条の２第１項に規定する有価証券等並びに同条第２項に規定する未決済信用取引等および同条第３項に規定する未決済デリバティブ取引に係る権利をいいます。

㊟２　国外財産調書を提出する人が、財産債務調書を提出する場合には、その財産債務調書には、国外財産調書に記載した国外財産に関する事項（国外財産の価額を除きます。）については、記載を要しないこととされています。

３　過少申告加算税等の特例措置

　国外財産調書制度においては、適正な提出を確保し、国外財産に係る情報を的確に把握するための次のような措置が講じられています。

　また、財産債務調書制度においても、適正な提出を確保するための措置が講じられています。

⑴　過少申告加算税等の軽減措置

　　国外財産調書を提出期限内に提出した場合には、国外財産調書に記載がある国外財産に係る所得税等・相続税の申告漏れが生じたときであっても、その国外財産に係る過少申告加算税又は無申告加算税（以下「過少申告加算税等」といいます。）が、５％軽減されます。

⑵　過少申告加算税等の加重措置

　　国外財産調書の提出が提出期限内にない場合又は提出期限内に提出された国外財産調書に記載すべき国外財産の記載がない場合（重要なものの記載が不十分であると認められる場合を含みます。）に、その国外財産に係る所得税等・相続税の申告漏れが生じたときは、その国外財産に係る過少申告加算税等が、５パーセント加重されます。

⑶　国外財産調書に記載すべき国外財産に関する書類の提示又は提出がない場合の過少申告加算税等の軽減措置および加重措置の特例

　　国外財産に係る所得税等又は国外財産に対する相続税の調査に関し修正申告等があり、過少申告加算税等の適用のある人がその修正申告等の前までに、国外財産調書に記載すべき国外財産の取得、運用又は処分に係る書類として財務省令に定める

第6章　記帳・帳簿等の保存制度等　　231

書類の提示又は提出を求められた場合に、その日から60日を超えない範囲内で、提示等の準備に通常要する日数を勘案して指定された日までに提示等がなかったときは、次のような特例措置が設けられています。

①　上記(1)の過少申告加算税等の軽減措置は、適用しない。

②　上記(2)の過少申告加算税等の加重措置は、5％から10％に変更される。

(4)　正当な理由のない国外財産調書の不提出等に対する罰則

　　国外財産調書に偽りの記載をして提出した場合又は国外財産調書を正当な理由がなく提出期限内に提出しなかった場合には、1年以下の懲役又は50万円以下の罰金に処されることがあります。

〔202〕　法定調書の提出義務

> 問　私は花卉栽培農家で年間を通じて従事している別居の長男に給与を支払っています。年間の給与の支払額が一定額を超えると税務署等に届け出が必要と聞きましたが、その内容について教えてください。

〔回答〕　その年中の給与等の支払額が500万円を超える場合には、給与所得の源泉徴収票の提出義務があります。

　所得税法、相続税法、租税特別措置法及び内国税の適正な課税の確保を図るための国外送金等に係る調書の提出等に関する法律の規定により、税務署への提出が義務付けられている資料のことを法定調書といいます。その一つとして、給与などの支払いをする人は給与所得の源泉徴収票を所定の期限までに税務署長に提出しなければなりません（所法225～228の4）。

1　給与所得の源泉徴収票の提出義務

　「給与所得の源泉徴収票」は、給与等を支払ったすべての人について作成し交付することとされていますが、税務署に提出するものは、次のものに限られています（所法226）。なお、税務署へ提出する場合には、「給与所得の源泉徴収票等の法定調書合計表」を作成し、添付する必要があります。

①　法人の役員（相談役、顧問その他これらに類する人を含みます。）については、その年中の給与等の支払金額が150万円を超えるもの

②　弁護士、司法書士、税理士等については、その年中の給与等の支払金額が250万

円を超えるもの

③　上記①、②以外の人については、その年中の給与等の支払金額が500万円を超えるもの

2　給与支払報告書の提出

上記「給与所得の源泉徴収票」と同じ様式である「給与支払報告書」を所定の市区町村に提出する必要があります。「給与支払報告書」を市区町村へ提出する場合には、「給与支払報告書（総括表)」を添えて提出します。

3　法定調書の提出期限等

給与所得の源泉徴収票などの法定調書の提出期限は、原則として、支払の確定した日の属する年の翌年1月31日までに所轄税務署長に提出しなければなりません。

なお、税務署に提出する法定調書は、届出書の提出等所定の手続により書面による提出に代えてe-Tax（国税電子申告・納税システム）や法定調書の記載事項を記録した光ディスク等（CD、DVDなどをいいます。）により提出することもできます。

なお、令和4年4月1日以後は、あらかじめ税務署長に届出ることにより、クラウド等（国税庁長官の認定を受けたものに限ります。）に備えられたファイルにその法定調書に記載すべき事項を記録し、かつ、税務署長に対し、そのファイルに記録された情報を閲覧し、及び記録する権限を付与することによって法定調書を提出することもできます。

4　個人番号の記載

税務署に提出する源泉徴収票などには、金銭等の支払を受ける人及び支払者等の個人番号を記載する必要があります（⇨問285）。

なお、支払を受ける本人に交付する源泉徴収票などへの個人番号の記載は行わないこととされています。

第7章　非課税所得・免税所得

第7章　非課税所得・免税所得

〔203〕　非課税所得

> **問**　非課税所得にはどのようなものがありますか。また、所得税法上の取り扱いについて教えてください。

〔回答〕　**遺族年金や雇用保険の失業給付などがあります。**

　所得税は、個人が1年間で得たすべての所得を総合して課税するのが原則ですが、特定の所得については、社会政策上の配慮や担税力などからみて、これを所得税の課税対象とすることが適当でないものを非課税所得として、所得税を課さないこととしています。

　非課税所得は、各種所得の計算上、はじめから所得がないものとして取り扱われます。したがって、扶養親族等の判定における所得制限については、その所得はないものとされ、また、その所得について損失が生じても、その損失はないものとされます。

　非課税所得の主なものには、次のようなものがあります。

(1)　利子・配当に関するもの

①　当座預金の利子（利率が1％を超えるものを除きます。）（所法9①一）

②　子供銀行の預貯金等の利子（所法9①二、所令19）

③　オープン型証券投資信託の特別分配金（所法9①十一、所令27）

④　障害者等の少額預金の利子（所法10）

⑤　税金の納付のために引き出された納税準備預金にかかる利子（措法5）

⑥　NISA及びつみたてNISA（少額投資非課税制度）並びにジュニアNISA（未成年者の少額投資非課税制度）に係る配当等（措法9の8、9の9）

(2)　給与・年金に関するもの

①　傷病者や遺族などが受け取る恩給、年金等（所法9①三、所令20）

②　給与所得者の一定の旅費、限度額内の通勤手当、職務の遂行上必要な現物給与（所法9①四～六、所令20～21）

(3)　資産の譲渡等に関するもの

①　家具、じゅう器、衣服などの生活に通常必要な動産の譲渡による所得（1個又は1組の値段が30万円を超える宝石や貴金属、書画、骨董などの譲渡による所得を除く）（所法9①九、所令25）

②　資力をなくして債務を弁済することが著しく困難な個人が競売などの強制換価手

続等により資産を譲渡した場合の所得（所法9①十、所令26）

③　相続、遺贈又は個人からの贈与により取得するもの（所法9①十七）

④　保証債務の履行のために土地等を譲渡したが求償権を行使できない場合の所得（所法64②）

⑤　NISA及びつみたてNISA（少額投資非課税制度）並びにジュニアNISA（未成年者の少額投資非課税制度）に係る譲渡所得等（措法37の14、37の14の2）

⑥　資産を国や地方公共団体に寄附した場合や公益法人（国税庁長官の承認を受けたものに限ります。）に寄附した場合の所得（措法40）

⑦　相続税を納めるために財産を物納した場合の所得（措法40の3）

(4)　その他

①　オリンピック又はパラリンピックの成績優秀者を表彰して交付される金品（所法9①十四）

②　学資金及び扶養義務者相互間において扶養義務を履行するために給付される金品（所法9①十五、所令29）

③　心身に加えられた損害または突発的な事故により資産に加えられた損害に起因して取得する損害保険金、損害賠償金、障害給付金、慰謝料、見舞金など（所法9①十八、所令30）

④　公職の候補者が、選挙運動に関し法人から受ける贈与で公職選挙法による報告がされたもの（所法9①十九）

⑤　都道府県、市区町村から、消費税率の引上げに際して低所得者に配慮する観点から支払われる一定の給付金（措法41の8、措規19の2）

⑥　健康保険、介護保険などの保険給付（国民健康保険法68、介護保険法26）

⑦　雇用保険の失業給付（雇用保険法12）

⑧　生活保護のための給付、児童福祉のための支給金品など（生活保護法57、児童福祉法57の5）

⑨　身体障害者の福祉のための支給金品（障害者の日常生活及び社会生活を総合的に支援するための法律14）

⑩　当せん金付証票（宝くじなど）の当せん金品（当せん金付証票法13）

⑪　スポーツ振興投票券（toto）の払戻金（スポーツ振興投票の実施に関する法律16）

⑫　新型コロナウイルス感染症及びそのまん延防止のための措置の影響に鑑み、家計

への支援等の観点から給付される給付金のうち、都道府県から給付される一定の給付金（新型コロナ税特法4①一）

⑬　新型コロナウイルス感染症及びそのまん延防止のための措置による児童の属する世帯への経済的な影響の緩和の観点から給付される給付金（新型コロナ税特法4①二）

⑭　新型コロナウイルス感染症及びそのまん延防止のための措置の影響を受けた者に対して都道府県社会福祉協議会が行う金銭の貸付けに係る債務の免除を受けた場合のその免除により受ける経済的な利益の価額（新型コロナ税特法4③）

〔204〕　肉用牛の売却による農業所得の課税の特例

> 問　肉用牛の売却による農業所得の課税の特例とはどのようなことですか。その概要と手続きを教えてください。

〔回答〕　農業を営む個人が飼育した肉用牛又は生産後1年未満の肉用牛に該当する乳牛を法律の定めに従って売却した場合、その売却により生じた農業所得については課税の特例が受けられます。

　農業を営む個人が飼育した肉用牛（種雄牛又は乳牛の雌のうち子牛の生産に供されたもの以外の牛をいいます）を、一定の家畜市場又は中央卸売市場等において売却した場合、又は生産後1年未満の肉用牛を一定の農業協同組合又は農業協同組合連合会に委託して売却した場合には、通常の事業所得の所得計算によらず、農業所得の課税の特例を受けることができます。

　肉用牛を売却した場合の所得税の計算の概要は次のとおりです。

⑴　その売却した肉用牛がすべて免税対象飼育牛（⇨問205）であり、かつ、その売却した肉用牛の頭数が1,500頭以下であるとき……その売却した日の属する年分のその売却により生じた事業所得に対する所得税が免除されます（措法25①）。

⑵　その売却した肉用牛のうちに、免税対象飼育牛に該当する肉用牛の頭数が1,500頭を超える場合のその超える部分の免税対象飼育牛が含まれているとき又は免税対象飼育牛に該当しないものが含まれているとき（その売却した肉用牛がすべて免税対象飼育牛に該当しないものであるときも含みます。）……その売却した日の属する年分の総所得金額に係る所得税の額は、次のいずれかの課税によることができます（措法25

②))。

① 免税対象飼育牛以外の肉用牛の売却価額と免税対象飼育牛に該当する肉用牛の頭数が1,500頭を超える場合におけるその超える部分の免税対象飼育牛の売却価額の合計額に対し５％の税率による所得税の課税

② 免税対象飼育牛の売却による所得を含めて、通常の総合課税

≪概要図≫

肉用牛の売却による所得	免税対象飼育牛	1,500頭以下の部分	⇨	免税対象
		1,500頭を超える部分	⇨	売却価額 × ５％
	免税対象飼育牛に該当しない肉用牛			（特例の適用を受ける所得税額）
その他の総所得金額（上記特例の適用を受けない場合は、通常の総合課税）			⇨	通常の所得税額

≪計算式≫

$$
\text{その年の総所得金額に係る所得税の額} = \left(\begin{array}{l}\text{免税対象飼育牛のうち} \\ \text{1,500頭を超える部分} \\ \text{と免税対象飼育牛に該} \\ \text{当しない肉用牛の売却} \\ \text{価額の合計額}\end{array}\right) \times 5\% + \begin{array}{l}\text{肉用牛の売却に係る所} \\ \text{得がないものとして場} \\ \text{合の総所得金額に係る} \\ \text{所得税額}\end{array}
$$

㈲ ５％課税の対象となる売却価額は、事業者が適用している消費税等の経理方式によります（平元直所３－８）。

　この課税の特例の適用を受ける場合は、確定申告書第二表の「特例適用条文等」欄に「措置法第25条」と記入するとともに「肉用牛の売却による所得の税額計算書」にその明細の記載をするほか、その肉用牛の売却が一定の売却方法により行われたこと及び売却価額等一定の事項を証する書類（いわゆる売却証明書）を添付することが必要です（措法25④）。

　なお、所得金額の計算に当たっては、課税の特例を受ける所得に係る必要経費とそれ以外の必要経費とに合理的に区分する必要があります。

　また、青色申告者の特典である青色申告特別控除については、課税の特例を受ける所得以外の所得から差し引きます。ただし、課税の特例を受ける所得以外の所得から控除しきれない場合は、課税の特例を受ける所得から差し引きます。

〔205〕 免税対象飼育牛の範囲

問　免税対象飼育牛とそれ以外の肉用牛とでは課税の取扱いが違うそうですが、免税対象飼育牛はどのようなものですか。

〔回答〕　一定の基準等により範囲が限定されています。

　肉用牛の売却による農業所得の課税の特例の適用対象となる肉用牛は、農業災害補償法第111条第1項に規定する肉用牛等（子牛の生産の用に供されたことのない乳牛の雌を含み、牛の胎児を除きます。）とされています（措法25③）。

　免税対象飼育牛は、この肉用牛に該当するもののうち、次のいずれかに該当する肉用牛をいいます（措法25①）。

(1)　その売却価額が100万円未満である肉用牛（売却した肉用牛が交雑種に該当するものは80万円未満、ホルスタイン種・ジャージー種・乳用種に該当するものは50万円未満であり、かつ、その売却した肉用牛の頭数の合計が1,500頭以内であるもの）

(2)　肉用牛の改良増殖に著しく寄与するものとして農林水産大臣が財務大臣と協議して指定（告示）した家畜改良増殖法に基づく登録がされている肉用牛

　　具体的には、次に掲げる登録がされている肉用牛をいいます（昭56農林水産省告示449号）。

①　（公社）全国和牛登録協会の登録規程に基づく高等登録牛

②　（一社）日本あか牛登録協会の登録規程に基づく高等登録牛

③　（一社）日本短角種登録協会の登録規程に基づく高等登録牛

④　（一社）北海道酪農畜産協会のアンガス・ヘレフォード種登録規程に基づく高等登録牛

≪売却価額の判定≫

　肉用牛の売却価額が(1)の金額未満であるかどうかは、通常の場合には中央卸売市場等における売却価額（消費税及び地方消費税相当額を上乗せする前の売却価額）によって判定しますが、肉用牛の売却に伴い、価格安定基金からの生産者補給金や生産奨励金など、実質的に売却価額を補てんすると認められるものの支払いを受けている場合は、その補給金等を売却価額に含めたところにより判定することとして取り扱われています。

第7章　非課税所得・免税所得　　239

〔206〕　肉用牛を売却した場合の課税の特例の対象となる市場等

> 問　私は田畑経営のほか、肉用牛の肥育を行っており、肉用牛は、農協を通じて中央卸売市場の荷受機関に委託して売却しています。私が直接の売却者になっていませんが、この場合も肉用牛の売却による農業所得の課税の特例の適用が受けられますか。

〔回答〕　課税の特例の適用を受けることができます。

　肉用牛を売却した場合の課税の特例の対象となる肉用牛の売却は、次の方法により売却した場合とされています（措法25①、措令17②③）。

1　対象となる肉用牛を次の市場において売却した場合

⑴　家畜取引法に規定する家畜市場及び臨時市場

⑵　中央卸売市場

⑶　地方卸売市場のうち、農林水産大臣の認定を受けた認定市場

⑷　条例に基づき食肉用の卸売取引のために定期に又は継続して開設される市場のうち、農林水産大臣の認定を受けた認定市場

⑸　農業協同組合、農業協同組合連合会又は地方公共団体等により食肉用の卸売取引のために定期に又は継続して開設される市場のうち、農林水産大臣の認定を受けた認定市場

2　対象となる肉用牛のうち生後1年未満のものを、肉用子牛生産安定等特別措置法規定する指定協会から生産者補給金交付業務に関する事務の委託を受けている農業協同組合又は農業協同組合連合会で農林水産大臣が指定したものに委託して売却した場合

　ところで、肉用牛の中央卸売市場、指定市場における売却は、通常市場の荷受機関（卸売人）に売却を委託し、荷受機関は併設と場においてと殺解体のうえ市場において売却することとされています。このようなことから、市場の荷受機関に売却を委託した場合でも肉用牛の売却による農業所得の課税の特例の対象とする取り扱いをすることとされています（昭56直所5－6）。

　したがって、ご質問の場合も、卸売人である荷受機関の発行する売却証明があればこの特例が受けられます。

　なお、いわゆる仲買人である家畜商に売却したものについては、この特例の適用はありません。

第7章　非課税所得・免税所得

〔207〕　肉用牛を短期間飼育して売却することを業としている場合の課税の特例の適用

> 問　私は肉用牛を買入れ1か月程度肥育して売却することを業としていますが、この場合も免税の適用が受けられますか。

〔回答〕　課税の特例の適用を受けることはできません。

　肉用牛の売却による農業所得の課税の特例は、農業を営む個人がその飼育した肉用牛を指定された市場において売却した場合に受けられますが、飼育期間については規定されていません。しかし、肉用牛の飼育期間が極端に短く、単なる肉用牛の移動を主体とした売却により生じた所得までを本措置の対象とする趣旨ではないことから、対象を一定期間以上飼育した肉用牛に限定することとして、その飼育期間を2か月以上とすることで取り扱っています（昭56直所5−6）。

　したがって、ご質問の場合、飼育期間が2か月以上でないためこの特例の適用はありません。

　なお、農業を営んでいない場合は、飼育期間の判定をするまでもなく適用は受けられません。

〔208〕　農事組合法人から肉用牛の売却に係る収益の分配を受けた組合員の課税の特例の適用

> 問　私が所属する農事組合法人は、肉用牛の肥育を事業の目的としており、肉用牛の売却による所得の課税の特例の適用を受けています。このたび肉用牛の売却による収益の分配を受けましたが、この分配金についても肉用牛の売却による課税の特例の適用がありますか。なお、農事組合法人からは、この収益の分配以外に支払いを受けたものはありません。

〔回答〕　課税の特例の適用を受けることはできません。

　肉用牛を売却した場合の課税の特例については、①農業を営む個人がその肉用牛を飼育し、かつ、売却した場合、②農事組合法人が肉用牛を飼育し、かつ、売却した場合にそれぞれ適用を受けることができます（措法25、67の3）。

ところで、農事組合法人でその事業に従事する組合員に対し給料、賃金、賞与その他これらの性質を有する給与を支給しないものの組合員が、法人の事業に従事した程度に応じて受ける分配金の額は、配当所得、給与所得及び退職所得以外の各種所得に係る収入金額とするとされています（所令62②）。

これは、農事組合法人が分配する額のうちに、例えば、所得税で免税所得となるものや非課税所得になるものが含まれていても免税や非課税になるものではありません。

したがって、農事組合法人が飼育し、かつ、売却した肉用牛に係る収益の分配金については、その分配を受けた個人が肉用牛の売却による農業所得の課税の特例の適用を受けることはできません。

第8章　所得税の確定申告

〔209〕 所得税の確定申告

> 問 所得税の確定申告とはどのようなことですか。

〔回答〕 **確定申告とは、１年間に得た所得に対する税額などを確定させる納税者の行為です。**

　所得税は、毎年１月１日から12月31日までの一年間に得た所得とその所得に対する税金を自ら計算して、その翌年の２月16日から３月15日までの間に申告し、納税するという申告納税制度を原則としています。

　したがって、年末調整で納税手続きの終了する大部分の給与所得者や、源泉徴収だけで納税手続きの終了する大部分の非居住者を除き、納税者は、自分の所得税額などを確定して源泉徴収や予定納税で納めた税額と比べ、納め過ぎているか納め足りないか精算する手続きが必要になります。

　確定申告とは、この所得税額などを確定させる納税者の行為で、この確定申告は一年間に得た所得に対する税金の総決算をする働きをもっています。

　この確定申告は、次のように分類されます。

① 確定所得申告（所法120）

② 還付等を受けるための申告（所法122）

③ 確定損失申告（所法123）

④ 確定申告書を提出すべき者等が死亡した場合の確定申告（所法124）

⑤ 年の中途で死亡した場合の確定申告（所法125）

⑥ 確定申告書を提出すべき者等が出国をする場合の確定申告（所法126）

⑦ 年の中途で出国をする場合の確定申告（所法127）

〔210〕 所得税の確定申告をしなければならない人

> 問 確定申告をしなければならない人はどのような人ですか。

〔回答〕 **所得税を納める義務がある人は確定申告をしなければなりません。**

　総所得金額、土地等に係る事業所得等の金額（当分の間は適用ありません。⇨問３）、短期・長期譲渡所得の金額（この金額は、特別控除後の金額）、株式等に係る譲渡所得

等の金額、先物取引に係る雑所得等の金額、退職所得金額及び山林所得金額の合計額が雑損控除その他の所得控除の額の合計額を超え、その超える額に税率を適用して計算した所得税額が配当控除額と年末調整により控除された住宅借入金等特別控除額の合計額を超える人は、確定申告をしなければなりません。

　なお、①控除しきれなかった外国税額控除の額がある場合、②控除しきれなかった源泉徴収税額がある場合、③控除しきれなかった予納税額がある場合、最終的に還付申告となる場合には、確定申告の提出は要しません（所法120①）。

　上記の「総所得金額」は、非課税所得や源泉分離課税とされている利子所得の金額、源泉分離課税を選択した配当所得の金額、確定申告をしないことを選択した少額配当所得の金額は除いて計算します。

　また、給与所得者は、通常「年末調整」によって所得税が精算されるので、改めて確定申告を行う必要はありませんが、上記に該当する人で、次の人は申告をしなければなりません。

① 　給与の収入金額が２千万円を超える人（所法121①）

② 　給与を１か所から受けている人で、給与所得や退職所得以外の各種の所得金額の合計額が20万円を超える人（所法121①一）

③ 　給与を２か所以上から受けている人で、年末調整をされなかった給与の収入金額と給与所得や退職所得以外の各種の所得金額の合計額が20万円を超える人（所法121①二）

　　ただし、給与所得の収入金額の合計額から、所得控除（雑損控除、医療費控除、寄附金控除及び基礎控除を除きます。）を差し引いた残りの金額が150万円以下で、さらに給与所得や退職所得以外の各種の所得金額の合計額が20万円以下の人は申告する必要はありません。

④ 　同族会社の役員やその親族などで、その同族会社からの給与のほかに、貸付金の利子、店舗・工場などの賃貸料、機械・器具の使用料などの支払を受けた人（所法121①、所令262の２）

⑤ 　給与について、災害減免法により源泉徴収税額の徴収猶予の還付を受けた人（災免法３⑥）

⑥ 　在日の外国公館に勤務する家事使用人の人などで、給与の支払を受ける際に所得税の源泉徴収をされないこととされている人（所法120①、184）

246　　第8章　所得税の確定申告

〔211〕　所得税の確定申告書の様式

> 問　確定申告書の様式は2種類あると聞きました。私は、農業所得と給与所得がありますが、どの様式を使えばよいのでしょうか。

〔回答〕　令和5年1月から申告書Aは廃止され、申告書Bに一本化されます。

　確定申告書の様式は、「申告の内容」によって、A様式とB様式の2種類設けられていたところ、令和5年1月からA様式は廃止され、B様式に一本化されます。

　なお、「申告の内容」が下表のうち①から⑦に該当する人は、その内容に応じて第三表（分離課税用）や第四表（損失申告用）を併せて使用します。

使用する申告書等	申告の内容
第三表 （分離課税用）	①　土地建物等の譲渡所得がある人
	②　申告分離課税の株式等の譲渡所得等がある人
	③　申告分離課税の先物取引の雑所得等がある人
	④　山林所得や退職所得がある人
第四表 （損失申告用）	⑤　本年分の所得金額が赤字の人
	⑥　雑損控除額を本年分の所得金額から控除すると赤字になる人
	⑦　繰越損失額を本年分の所得金額から控除すると赤字になる人

　確定申告書等に記載する各種所得に係る収入金額の支払者に関する事項について、その支払者が法人である場合には、支払者の本店等の所在地の記載に代えて、支払者の法人番号の記載によることができることとされています（所規47③三、48①三、53①）。

〔212〕　退職所得についての確定申告

> 問　昨年8月で農協を退職しました。昨年中の所得は農業所得が300万円と給与所得250万円それに退職所得が700万円あります。
> 　従来は農業所得と給与所得を合算して申告してきましたが、今回の申告はどのようにしたらよいでしょうか。

〔回答〕　退職所得に対する所得税の確定申告義務があるかどうかは、退職所得だけで判断します。

　退職所得について確定申告義務があるかないかは、他の所得とは総合しないで単独に

申告義務があるかどうかを判断することとされており、次のいずれかに該当するときは、退職所得について確定申告をする必要はありません（所法121②）。

① その年分の退職手当等の全部について、「退職所得の受給に関する申告書」を提出し、退職所得の金額に対する所得税の精算を受けている場合

② ①に該当する場合を除くほか、その年分の退職所得について、退職所得の金額に対し超過累進税率で計算した所得税額が、退職手当等の収入金額の20.42％の税率で源泉徴収された所得税額を超えない場合

したがって、ご質問の場合、退職所得が上記①又は②に該当する場合は、給与所得と農業所得のみを合算して申告しますが、該当しない場合には、退職所得も合算して申告します。

なお、次の場合には退職所得について確定申告を行うことにより、既納付税額の還付を受けることができます。

① 退職所得以外の所得が少ないか、又はないなどのため、退職所得以外の所得から所得控除の全部又は一部が受けられない場合

② 税額控除を受けることができる場合に、退職所得以外の所得に係る所得税が少ないか、又はないなどのため、税額控除の全部又は一部が受けられない場合

③ 退職所得の支払を受ける際、「退職所得の受給に関する申告書」を提出しなかったため、20.42％の税率で源泉徴収が行われ、その源泉徴収税額が、正規の計算による税額を上回っている場合

〔213〕 年金所得者の申告不要制度

問　私は農業を営むほか農業者年金と国民年金を受給しています。公的年金の申告不要制度があると聞きましたが、どのような人が対象になりますか。

〔回答〕　公的年金等の収入金額の合計額が400万円以下で、かつ、その公的年金等の全部が源泉徴収の対象となる場合において、公的年金等に係る雑所得以外の所得金額が20万円以下である場合には、確定申告を行う必要はありません。

1　制度の内容

　　年金所得者の場合には、年金の支払の際に所得税等が源泉徴収されますが、給与所得者の年末調整のように所得税等の清算はされませんので、一般の人と同様に、課税

総所得金額等に対する税額が配当控除額を超える場合は、確定申告を行う必要があります。

ただし、その年において公的年金等に係る雑所得を有する人で、その年分の公的年金等の収入金額が400万円以下であり、かつ、その公的年金等の全部が源泉徴収の対象となる場合において、公的年金等に係る雑所得以外の所得金額（利子所得、配当所得、不動産所得、事業所得、給与所得、山林所得、譲渡所得、一時所得及び公的年金等に係る雑所得以外の雑所得の合計額）が20万円以下であるときは、その年分の所得税について確定申告の必要はありません（所法121③）。

なお、上記の場合であっても、所得税の還付を受けるための申告書を提出することができます。ただし、還付を受けるための申告書を提出する場合には、公的年金等に係る雑所得以外の所得金額が20万円以下であっても、その所得を含めて申告しなければなりません。

2　住民税の申告が必要な場合

年金所得者に係る確定申告不要制度により確定申告をしなかった場合でも、次に当てはまる場合は住民税の申告が必要です。

① 公的年金等に係る雑所得のみがある方で、「公的年金等の源泉徴収票」に記載されている控除（社会保険料控除や配偶者控除、扶養控除、基礎控除等）以外の各種控除の適用を受ける場合

② 公的年金等に係る雑所得以外の所得がある場合

3　ご質問の場合

農業者年金と国民年金の合計額が400万円以下で、かつ、その公的年金等の全部が源泉徴収の対象であり、農業所得（⇨問2）が20万円以下であれば、確定申告は不要です。

〔214〕　所得控除の種類と控除の順序

> **問　所得から差し引かれる所得控除には、どのような種類のものがありますか。また、所得控除は控除する順序が決められていますか。**

〔回答〕　**所得控除は15種類あり、雑損控除を先順位で控除します。**

所得控除には、①雑損控除、②医療費控除、③社会保険料控除、④小規模企業共済等

掛金控除、⑤生命保険料控除、⑥地震保険料控除、⑦寄附金控除、⑧障害者控除、⑨寡婦控除、⑩ひとり親控除、⑪勤労学生控除、⑫配偶者控除、⑬配偶者特別控除、⑭扶養控除、⑮基礎控除があります。

控除の順序については、まず雑損控除額の控除を行います（所法87①）。

このように、雑損控除額の控除を先に行うのは、雑損控除の控除不足額については、翌年以降への繰越控除が認められているからです。

〔215〕 所得控除に必要な証明書等

問　医療費や生命保険料、火災保険料などを支払った場合には、確定申告を行う際、支払の証明としてどのような書類が必要ですか。

〔回答〕　領収書等を申告書に添付するか申告の際に提示します。

次の所得控除を受ける場合には、それぞれ次に掲げる書類を確定申告書に添付し又はその申告書を提出する際に提示する必要があります（所法120③、所令262、所規47の２）。

⑴　雑損控除……災害関連支出の金額につき、これを領収した者のその領収を証する書類

⑵　医療費控除……医療費控除の明細書、医療費通知書

　　セルフメディケーション税制による医療費控除の特例……セルフメディケーション税制の明細書

⑶　社会保険料控除……支払った国民年金の保険料又は国民年金基金の掛金の金額の証明書

⑷　小規模企業共済等掛金控除……支払った掛金の額を証する書類

⑸　生命保険料控除……一つの生命保険契約等に係るその年中に支払った保険料の金額（剰余金又は割戻金を控除した残額）が９千円を超えるもの、又は個人年金保険契約等につき支払った保険料については、その金額等を証する書類

⑹　地震保険料控除……支払保険料の金額等を証する書類

⑺　寄附金控除……特定寄附金の明細書その他受領等を証する書類など

⑻　勤労学生控除……専修学校、各種学校等の生徒である場合、その生徒に該当する旨を証する書類

⑼　日本国外に居住する親族に係る扶養控除等……親族であることを確認できる書類及

び生活費等の送金を確認できる書類。

(注)1　上記(1)～(8)について、所得税の確定申告書の提出を電子申告（e-Tax）を利用
して行う場合には、その記載内容を入力して送信することにより、これらの書類
の税務署への添付又は提示を省略することができます（⇒問282）。

2　上記(3)、(4)、(5)、(6)、(8)及び(9)について、給与所得者で年末調整の際に給与所
得から控除を受けた場合には、添付又は提示の必要はありません。

3　給与等、退職手当等又は公的年金等の支払者から交付される源泉徴収票は、確
定申告書への添付の必要はありません（旧所法120③四、旧所令262⑤）。

〔216〕　雑損控除とは

> 問　雑損控除についてその概要を説明してください。

〔回答〕　災害損失等による異常な負担を軽減する控除です。

　雑損控除とは、震災、風水害、火災その他これらに類する災害や盗難又は横領により、
納税者や納税者と生計を一にする配偶者その他の親族でその年分の総所得金額等の合計
額が48万円以下の人が所有する資産について損失を受けた場合、又はその災害等に関連
して納税者がやむを得ない支出をした場合に、次の算式で計算した金額を所得金額から
控除する制度で、災害等による異常な損失によって低下した担税力に即応した課税を行
うために設けられているものです（所法72、所令205）。

(1)　その年の損失の金額のうちに災害関連支出の金額がない場合、又は災害関連支出の
金額が5万円以下の場合

$$\left[\begin{array}{l} \text{災害、盗難、横領による損失の金額} \\ \text{（災害関連支出の金額を含みます）} \end{array} - \begin{array}{l} \text{保険金、損害賠償金な} \\ \text{どで補てんされる金額} \end{array} \right] -$$

$$\text{総所得金額等の合計額} \times \frac{1}{10} = \text{雑損控除額}$$

(2)　その年の損失の金額のうちに5万円を超える災害関連支出の金額がある場合

　　損失の金額－次のいずれか低い金額

①　損失の金額－災害関連支出の金額のうち5万円を超える部分の金額

②　総所得金額等の合計額 $\times \dfrac{1}{10}$

(3)　その年の損失の金額がすべて災害関連支出の金額である場合

　　損失の金額－次のいずれか低い金額

① 5万円

② 上記(2)の②と同じ

ただし、次に掲げる資産について受けた損失額は、雑損控除の対象にはなりません。

イ 生活に通常必要でない資産

ロ 棚卸資産

ハ 事業用の固定資産

ニ 事業にかかる繰延資産のうち、まだ必要経費に算入されていない部分

ホ 山林

家屋や家財などについて受けた資産の損失の金額は、損害を受けた時の直前における資産の時価によって計算する方法と、その資産が使用又は期間の経過により減価する資産である場合にはその資産の簿価を基礎として計算する方法のいずれかを選択することができます（所令206③）。

また、雑損控除は、その他の所得控除と異なり、その年分の所得から控除しきれない場合には、その控除不足額を、翌年以降3年間にわたり繰り越して控除することができます（所法71）。

（注） 「総所得金額等の合計額」とは、総所得金額、土地等に係る事業所得等の金額（当分の間は適用ありません。⇨問3）、短期・長期譲渡所得（特別控除前）、申告分離課税の適用を受ける上場株式等に係る配当所得の金額、株式等に係る譲渡所得等の金額、先物取引に係る雑所得等の金額、山林所得金額（特別控除後）及び退職所得金額（2分の1後）の合計額をいいます。ただし、純損失や雑損失の繰越控除、上場株式等に係る譲渡損失の繰越控除、特定投資株式に係る譲渡損失の繰越控除、先物取引の差金決済に係る損失の繰越控除、居住用財産の買換え等の場合の譲渡損失の繰越控除又特定居住用財産の譲渡損失の繰越控除の適用を受けている場合には、その適用後の金額となります。

〔217〕 雑損控除の対象となる損失の範囲

問 台風により家が倒壊してしまいました。被害を受けた後、後片付けの費用がだいぶかかりました。

この費用も雑損控除の対象となりますか。

〔回答〕 災害等による直接の損失のほか、それに関連するやむを得ない支出も雑損控除の対象となります。

　雑損控除の対象となる損失には、震災、風水害、火災その他の災害や盗難又は横領による資産そのものの損失のほか、これらの災害等に関連するやむを得ない支出も含まれます。

　この場合、「災害等に関連するやむを得ない支出」とは、次の支出をいいます（所令206①）。

(1)　災害により住宅家財等が滅失し、損壊し又は価値が減少したことによるその住宅家財等の取壊し又は除去のための支出その他の付随する支出

(2)　災害により住宅家財等が損壊し又はその価値が減少した場合その他災害によりその住宅家財等を使用することが困難となった場合において、その災害のやんだ日の翌日から１年を経過した日（大規模な災害の場合その他やむを得ない事情がある場合には、３年を経過した日）の前日までにした次に掲げる支出その他これらに類する支出

①　災害により生じた土砂その他の障害物を除去するための支出

②　その住宅家財等の原状回復のための支出（その災害により生じたその住宅家財等の損失の金額に相当する部分の支出を除きます。）

　　なお、災害などにより損壊した資産につきその復旧等のために支出した金額で、その金額をその資産の原状回復のための支出の部分の額とその他の部分の額とに区分することが困難なものについては、その支出した金額の30％に相当する額を原状回復のために支出した費用の部分の額としても差し支えないことに取り扱われています（所基通72−3）。

③　その住宅家財等の損壊又はその価値の減少を防止するための支出

(3)　災害により住宅家財等につき現に被害が生じ、又はまさに被害が生ずるおそれがあると見込まれる場合において、その住宅家財等にかかる被害の拡大又は発生を防止するため緊急に必要な措置を講ずるための支出

(4)　盗難又は横領による損失が生じた住宅家財等の原状回復のための支出その他これに類する支出

〔218〕　災害減免法による所得税の軽減免除

> 問　災害により住宅や家財に甚大な被害を受けた場合には、その年分の所得税の額が軽減又は免除されるそうですが、その概要を教えてください。

第8章　所得税の確定申告　　253

〔回答〕　**災害によって被害を受けた場合には一定の要件に該当するときは所得税の軽減**
　　　又は免除が受けられます。

　災害減免法による所得税の軽減又は免除が受けられるのは、震災、風水害、落雷、火災その他これらに類する災害によって納税者自身や納税者と生計を一にする配偶者その他の親族でその合計所得金額が基礎控除額に相当する金額以下である人が所有する住宅や家財に被害を受けた場合で、①その損害金額（保険金等で補てんされる金額を除きます。）が、その住宅又は家財の価額の50％以上であり、かつ、②その年分の合計所得金額が1,000万円以下で、しかも、③その災害による損失額について雑損控除の適用を受けないときに限られます（災免法2）。

　したがって、雑損控除か災害減免法のいずれか有利な方を選択すればよいことになりますが、雑損控除は繰越しができますので、災害により大きな損失を受けたときは雑損控除を受けた方が有利な場合が多いと思われます。

　災害減免法によって軽減免除される税額は次のとおりです。

⑴　所得金額の合計額が500万円以下である場合……全額免除

⑵　所得金額の合計額が500万円を超え750万円以下である場合……2分の1軽減

⑶　所得金額の合計額が750万円を超え1,000万円以下である場合……4分の1軽減

　なお、この適用を受けようとする人は、確定申告書にその適用を受ける旨、被害の状況、損害金額を記載して、これを納税地の所轄税務署長に提出することが必要です（災免令2）。

　㊟　ここでいう「所得金額の合計額」とは、所得税法第22条《課税標準》に規定する総所得金額（純損失、雑損失、居住用財産の買換え等の場合の譲渡損失及び特定居住用財産の譲渡損失の繰越控除後）、分離課税の土地等に係る事業所得及び雑所得の金額、特別控除後の分離課税の長（短）期譲渡所得の金額、申告分離課税の上場株式等に係る配当所得の金額、上場株式等に係る譲渡損失及び特定中小会社が発行した株式に係る譲渡損失の繰越控除後の申告分離課税の株式等に係る譲渡所得等の金額、先物取引の差金等決済に係る損失の繰越控除後の申告分離課税の先物取引に係る雑所得等の金額、山林所得金額及び退職所得金額の合計額（これらの所得の金額につき所得税法第69条《損益通算》の規定の適用がある場合には、その適用後の金額の合計額）をいいます。

254　　第8章　所得税の確定申告

〔219〕　医療費控除とは

> 問　医療費控除について説明してください。

〔回答〕　**医療費の支出による負担を軽減するために設けられた控除です。**

　医療費控除とは、居住者である納税者が、納税者や納税者と生計を一にする配偶者その他の親族のために医療費（保険金、損害賠償金その他これらに類するものにより補てんされる部分の金額を除きます。）を支払った場合には、次の算式で計算した金額を所得金額から控除する制度で、医療費の支出によって低下した担税力に即応した課税を行うために設けられているものです（所法73）。

$$\left[\text{その年中に支払った医療費の額} - \binom{\text{保険金、損害賠償金な}}{\text{どで補てんされる金額}}\right]$$

$$- \left\{\text{総所得金額等の合計額} \times 5\% \binom{\text{この金額が10万円を}}{\text{超えるときは10万円}}\right\}$$

$$= \text{医療費控除額（最高200万円）}$$

　㊟　「総所得金額等の合計額」については、問216の注参照

　医療費控除の対象となる医療費とは、次の(1)及び(2)に当たるものをいいます（所令207、所規40の3）。

(1)　次に掲げる費用のうち、その病状に応じて一般的に支出される水準を著しく超えない部分の金額

　①　医師又は歯科医師による診療又は治療の対価

　②　治療又は療養に必要な医薬品の購入の対価

　③　病院、診療所、指定介護老人福祉施設及び指定地域密着型介護老人福祉施設又は助産所へ収容されるための人的役務の提供の対価

　④　治療のためのあん摩マッサージ指圧師、はり師、きゅう師、柔道整復師等による施術の対価

　⑤　保健師、看護師又は、准看護師及び特に依頼した人による療養上の世話を受けるための対価

　⑥　助産師による分べんの介助料

　⑦　介護福祉士による喀痰（かくたん）吸引等及び一定の研修を受けた介護職員等による特定行為にかかる費用の自己負担分

第8章　所得税の確定申告　　255

(2)　次のような費用で、医師等による診療等を受けるために直接必要なもの

①　通院費用、入院の部屋代や食事代の費用、医療用器具の購入代や賃借料の費用で、通常必要なもの

②　義手、義足、松葉づえ、義歯などの購入の費用

③　身体障害者福祉法、知的障害者福祉法などの規定により都道府県や市町村に納付する費用のうち、医師等による診療等の費用や①、②の費用に当たるもの

なお、セルフメディケーション税制（⇨問220）を選択する場合には、通常の医療費控除を受けることはできません。また、更正の請求又は修正申告により、選択を変更することはできません。

〔220〕　セルフメディケーション税制

問　特定の医薬品を購入したときには、通常の医療費控除とは別に控除を受けられると聞きました。その概要を教えてください。

〔回答〕　居住者が、健康の保持増進及び疾病の予防として一定の取組を行っており、自己又は生計を一にする配偶者その他の親族のために支払った特定一般用医薬品等購入費がある場合は、一定の金額の所得控除（セルフメディケーション税制）を受けることができます。

医療保険各法等の規定により療養の給付として支給される薬剤との代替性が特に高い一般用医薬品等の使用を推進する観点から、居住者が平成29年1月1日から令和8年12月31日までの間に自己又は自己と生計を一にする配偶者その他の親族に係る特定一般用医薬品等購入費を支払った場合において、その居住者がその年中に健康の保持増進及び疾病の予防への取組として一定の取組を行っているときは、その人の選択により、セルフメディケーション税制の適用を受けることができます（措法41の17）。

セルフメディケーション税制は、医療費控除の特例であり、セルフメディケーション税制を選択した人は、通常の医療費控除を受けることはできません（⇨問219）。

(1)　セルフメディケーション税制の対象となる特定一般用医薬品等購入費

対象となる医薬品（スイッチOTC薬）は、購入した際の領収書にセルフメディケーション税制の対象であることが表示されています。

セルフメディケーション税制の対象とされるスイッチOTC薬の具体的な品目一覧

は厚生労働省ホームページに掲載されています。

(2) 一定の取組の内容

　一定の取組とは、法律又は法律に基づく命令に基づき行われる健康の保持増進及び疾病の予防への取組として厚生労働大臣が財務大臣と協議して定めるものをいい、具体的には、健康診査、予防接種、定期健康診断、特定健康診査、がん検診などをいいます（措令26の27の2①）。

(3) 控除額

　次の算式によって計算した金額を医療費控除として所得金額から差し引くことができます（措法41の17）。

$$\boxed{\begin{array}{c}\text{その年中に支払った}\\\text{特定一般用医薬品等購入費}\end{array}} - \boxed{\begin{array}{c}\text{保険金などで}\\\text{補てんされる金額}\end{array}} - \boxed{12,000\text{円}}$$

$$= \boxed{\begin{array}{c}\text{セルフメディケーション税制に}\\\text{係る医療費控除額}\\\text{（最高88,000円）}\end{array}}$$

〔221〕　保険金等の見込控除

> 問　医療費控除額を計算する場合、医療費の補てんに充てられる保険金や損害賠償金等があるときは、それらの金額を支払った医療費から控除することとされていますが、もらえる予定の保険金等の額が確定申告時までに確定していないときはどのように取り扱われますか。

〔回答〕　確定申告時までに保険金等が確定していないときは、見積額に基づいて医療費控除額を計算します。

　補てんされる保険金や損害賠償金その他これらに類するものの額が、医療費を支払った年分の確定申告書を提出する時までに確定していない場合には、その受け取る予定の保険金等の額を見積り、その見積額に基づいて医療費控除額を計算します（所基通73-10）。

　この場合、後日確定した保険金等の額がその見積額と異なる場合には、さかのぼって医療費控除額を訂正します。

第8章　所得税の確定申告　　257

〔222〕　生命保険料控除の対象となる保険契約と控除額の計算方法

> 問　生命保険料控除の対象となる保険料や掛金は、どのような契約に基づいて支払ったものをいいますか。
>
> 　また、生命保険料控除額の計算方法について教えてください。

〔回答〕　控除の対象となる保険契約等には一定の範囲があります。

1　控除の対象となる保険契約等

　生命保険料控除の対象となる保険料や掛金は、次の(1)から(5)に掲げる契約に係るものをいいます（所法76）。

(1)　新生命保険契約等

　平成24年1月1日以後に締結した次の契約若しくは他の契約等に附帯して締結した契約で、保険金等の受取人のすべてをその保険料等の払込みをする人又はその配偶者その他の親族とするもの（所法76①一、⑤）。

① 　生命保険会社又は外国生命保険会社等と締結した生存又は死亡に基因して一定額の保険金が支払われる保険契約

② 　旧簡易生命保険契約のうち生存又は死亡に基因して一定額の保険金等が支払われる保険契約

③ 　農業協同組合と締結した生命共済契約その他これに類する共済に係る契約のうち生存又は死亡に基因して一定額の保険金等が支払われる保険契約

④ 　確定給付企業年金に係る規約又は適格退職年金契約

(2)　旧生命保険契約等

　平成23年12月31日以前に締結した次の契約のうち、その契約に基づく保険金等の受取人のすべてをその保険料等の払込みをする人又はその配偶者その他の親族とするもの（所法76①二、⑥）。

① 　生命保険会社又は外国生命保険会社等と締結した生存又は死亡に基因して一定額の保険金等が支払われる保険契約

② 　旧簡易生命保険契約

③ 　農業協同組合と締結した生命共済に係る契約その他これに類する共済に係る契約

④ 　生命保険会社、外国生命保険会社等、損害保険会社又は外国損害保険会社等と

締結した身体の疾病又は身体の傷害その他これらに類する事由に基因して保険金等が支払われる保険契約のうち、医療費支払事由に基因して保険金等が支払われるもの

⑤　確定給付企業年金に係る規約又は適格退職年金契約

　㊟　①から⑤の契約であっても、保険期間が５年未満の契約で、いわゆる貯蓄保険や貯蓄共済は含まれません。また、外国生命保険会社等又は外国損害保険会社等と国外において締結したもの並びに信用保険契約、傷害保険契約、財形貯蓄契約、財形住宅貯蓄契約、財形年金貯蓄契約なども該当しません（下記(3)において同じ。）。

(3)　介護医療保険契約等

　　平成24年１月１日以後に締結した次に掲げる契約又は他の保険契約に附帯して同日以後に締結した契約のうち、これらの契約に基づく保険金等の受取人のすべてをその保険料等の払込みをする人又はその配偶者その他の親族とするもの（所法76②）。

①　生命保険会社若しくは外国生命保険会社等又は損害保険会社若しくは外国損害保険会社等と締結した疾病又は身体の傷害等により保険金が支払われる保険契約のうち、医療費支払事由に基因して保険金等が支払われる保険契約

②　疾病又は身体の障害等により保険金等が支払われる旧簡易生命保険契約又は生命共済契約等のうち一定のもので、医療費等支払事由により保険金等が支払われるもの

(4)　新個人年金保険契約等

　　平成24年１月１日以後に締結した上記(1)①から③までの契約のうち年金（退職年金を除きます。）を給付する定めのある保険契約等又は他の保険契約等に附帯して締結した契約で、次の要件の定めがあるもの（所法76⑧）。

①　年金の受取人は、保険料若しくは掛金の払込みをする人、又はその配偶者とされている契約であること

②　保険料等は、年金の支払を受けるまでに10年以上の期間にわたって、定期に支払う契約であること

③　年金の支払は、年金受取人の年齢が原則として満60歳になってから支払うとされている10年以上の定期又は終身の年金であること

　㊟　被保険者等の重度の障害を原因として年金の支払いを開始する10年以上の定

第8章　所得税の確定申告　　259

期年金又は終身年金であるものも対象とされています。

(5)　旧個人年金保険契約等

平成23年12月31日以前に締結した上記(2)①から③までの契約のうち年金（退職年金を除きます。）を給付する定めのあるもののうち、上記(4)①から③までに掲げる要件の定めのあるものをいいます（所法76⑨）。

2　控除額の計算

次の(1)から(3)による各控除額の合計額が生命保険料控除額となります。なお、この合計額が12万円を超える場合には、生命保険料控除額は12万円です。

(1)　新契約に基づく場合の控除額

平成24年1月1日以後に締結した保険契約等に基づく新生命保険料、介護医療保険料、新個人年金保険料の控除額（それぞれ適用限度額4万円）は、それぞれ次の計算式に当てはめて計算します。

〈支払った保険料の金額〉　　〈控除額〉

20,000円以下……………………支払った保険料等の全額

20,000円超40,000円以下 ……支払った保険料等 × 1/2 ＋ 10,000円

40,000円超80,000円以下 ……支払った保険料等 × 1/4 ＋ 20,000円

80,000円超……………………一律に40,000円

(2)　旧契約に基づく場合の控除額

平成23年12月31日以前に締結した保険契約等に基づく旧生命保険料と旧個人年金保険料の控除額（それぞれ適用限度額5万円）は、それぞれ次の計算式に当てはめて計算します。

〈支払った保険料の金額〉　　〈控除額〉

25,000円以下……………………支払った保険料等の全額

25,000円超50,000円以下 ……支払った保険料等 × 1/2 ＋ 12,500円

50,000円超100,000円以下……支払った保険料等 × 1/4 ＋ 25,000円

100,000円超 …………………一律に50,000円

(3)　新契約と旧契約の双方に加入している場合の控除額

新契約と旧契約の双方に加入している場合の新（旧）生命保険料または新（旧）個人年金保険料は、生命保険料又は個人年金保険料の別に、次のいずれかを選択して控除額を計算することができます。

〈適用する生命保険料控除〉　　　　　〈控除額〉

・新契約のみ生命保険料控除を適用……⑴に基づき算定した控除額

・旧契約のみ生命保険料控除を適用……⑵に基づき算定した控除額

・新契約と旧契約の双方について生命保険料控除を適用……⑴に基づき算定した
新契約の控除額と⑵に基づき算定した旧契約の控除額の合計額（最高４万円）

〔223〕　受取人が別世帯となった場合の生命保険料の取扱い

問　受取人が娘である生命保険に係る保険料を支払っていますが、今度結婚して別
世帯をもつことになりました。
　この場合の生命保険料控除はどうなりますか。

〔回答〕　生命保険料控除の対象となります。

　生命保険料控除の対象になる保険料や掛金は、その保険料や掛金を支払った時の現況
において保険金等の受取人のすべてが「自己又は自己の配偶者その他の親族」である生
命保険契約等に係る保険料や掛金です（所法76、所基通76－１）。

　したがって、ご質問の場合、別世帯をもつことになっても、親族である娘さんを受取
人とする生命保険契約の保険料を支払った場合には、この保険料は控除の対象となりま
す。また、例えば、配偶者を受取人とする生命保険契約の保険料を支払った後にその配
偶者と離婚したような場合、離婚後に支払った保険料は控除の対象となりません。

〔224〕　建物更生共済に係る掛金の取扱い

問　農協の建物共済に加入して掛金を支払っています。農業用部分は農業所得の計
算上必要経費になると思いますが、居住用部分はどう取り扱われますか。なお、
加入している建物共済は、地震に対する保障があらかじめセットされています。

〔回答〕　居住用部分に係る掛金は、地震保険料控除の対象となります。

　農業協同組合又は農業協同組合連合会の締結した建物更生共済契約の掛金のうち地震
保険料控除対象掛金部分については、地震保険料控除の対象になるものとして取り扱われ
れていますが、一の損害保険契約等に基づく保険等の目的とされた資産のうちに居住用

資産とそれ以外の資産とが含まれている場合には、居住用資産に該当する部分だけが地震保険料控除の対象となります。

　この場合、保険等の目的とされた資産ごとの地震保険料が保険証券等に明確に区分表示されていないときは、次の算式により計算した金額が地震保険料控除の対象となる金額となります（所基通77－5）。

(1)　居住用と事業用の用途に併用される資産が保険等の目的とされた資産に含まれていない場合

$$\text{その契約に基づいて支払った地震保険料の金額} \times \frac{\text{居住用資産に係る保険金額又は共済金額}}{\text{その契約に基づく保険金額又は共済金額の総額}}$$

(2)　居住用と事業用の用途に併用される資産が保険等の目的とされた資産に含まれている場合

$$\text{居住用資産につき(1)により計算した金額} + \left(\text{その契約に基づき支払った地震保険料の金額} \times \frac{\text{居住用と事業等の用に併用される資産に係る保険金額又は共済金額}}{\text{その契約に基づく保険金額又は共済金額の総額}} \times \text{その資産を居住の用に供している割合} \right)$$

　なお、平成18年12月31日までに契約した共済期間10年以上の一定の要件に該当する建物更生共済については、経過措置により従前の長期損害保険料控除と同様の計算による金額（最高1万5千円）をその年分の総所得金額から控除することができます。

　また、地震保険料控除額と従前の長期損害保険料控除額の両方がある場合には、双方を比較して有利な方を選択できます。複数契約を有する場合には、契約ごと、年ごとに、地震保険料控除と従前の長期損害保険料控除の選択ができ、その場合の合計の控除額は5万円が限度となります。

〔225〕　寄附金控除とは

> 問　国や県市町村などに寄附した場合の税の控除について教えてください。

〔回答〕　納税者が国や地方公共団体、特定公益増進法人などに対し、「特定寄附金」を支出した場合には、所得控除を受けることができます。

　寄附金控除とは、教育又は科学の振興、文化の向上、社会福祉、公益の増進等に進んで寄附することに対する政策的配慮から、納税者が国や地方公共団体、学校、社会福祉

法人等の特定の団体に、金銭や財産を寄附した場合（この寄附金を特定寄附金といいます。）に、その支出した特定寄附金のうち、次の算式で計算した金額を寄附金控除として所得金額から控除する制度です（所法78）。

なお、政治活動に関する寄附金、認定NPO法人等に対する寄附金及び公益社団法人等に対する寄附金のうち一定のものについては、所得控除に代えて、税額控除を選択することができます。

1 寄附金控除（所得控除）

寄附金控除は次の算式で計算します。

(注) 特定寄附金の額の合計額は原則としてその年分の総所得金額等の合計額の40％相当額が限度です。

「総所得金額等の合計額」については、問216参照

2 寄附金特別控除（税額控除）

(1) 政党等寄附金特別控除

個人が行った政治活動に関する寄附で一定の要件に該当するものについては、寄附金控除の適用を受けるか、次の算式で計算した金額（「政党等寄附金特別控除」といいます。）を所得税の額から控除するか、有利な方を選択することができます（措法41の18②）。

なお、税額控除の適用を受ける場合には、その年中に支出した政党等に対する寄附金の全額について、適用しなければなりません（措通41の18-1）。

{その年中に支出した政党等に対する寄附金の額の合計額 − 2,000円} × 30％ ＝ 政党等寄附金特別控除額

(2) 認定NPO法人等寄附金特別控除は次の算式で計算します。

第8章　所得税の確定申告　　263

(3)　公益社団法人等寄附金特別控除は次の算式で計算します。

$$
\boxed{\begin{array}{c}\text{その年中に支出した}\\\text{公益社団法人等に対する}\quad-\quad\text{2,000円}\\\text{寄附金の額の合計額}\end{array}}\quad\times\quad40\%\quad=\quad\boxed{\begin{array}{c}\text{公益社団法人等}\\\text{寄　附　金}\\\text{特別控除額}\end{array}}
$$

（注）1　(1)～(3)の寄附金の額の合計額は、原則としてその年分の総所得金額等の合計額の40％相当額が限度です。

　　　2　(1)の特別控除額は、その年分の所得税額の25％相当額が限度です。

　　　　　(2)及び(3)の特別控除額の合計額は、その年分の所得税額の25％相当額が限度です。

　　　3　上記1及び2の算式中の2,000円は、寄附金控除と寄附金特別控除（税額控除）とを合わせた金額です。

3　特定寄附金の範囲

　特定寄附金とは、次の寄附金をいいます。

　なお、学校の入学に関してするもの、寄附をした人に特別の利益が及ぶと認められるもの及び政治資金規正法に違反するものなどは、特定寄附金に該当しません。

(1)　国又は地方公共団体に対する寄附金（寄附をした人に特別の利益が及ぶと認められるものを除きます。）（所法78②一）

(2)　公益社団法人、公益財団法人その他公益を目的とする事業を行う法人又は団体に対する寄附金のうち、広く一般に募集され、教育又は科学の振興、文化の向上、社会福祉への貢献その他公益の増進に寄与するための支出で緊急を要するものに充てられることが確実なものとして財務大臣が指定したもの（所法78②二）

(3)　教育又は科学の振興、文化の向上、社会福祉への貢献その他公益の増進に著しく寄与するものと認められた特定公益増進法人に対する寄附で、その法人の主たる目的である業務に関連するもの（令和3年4月1日以降に支出する出資に関する業務に充てられることが明らかなもの並びに上記(1)及び(2)に該当するものを除きます。）（所法78②三）

(4)　その目的が教育又は科学の振興、文化の向上、社会福祉への貢献その他公益の増に著しく寄与する一定の特定公益信託の信託財産とするために支出した金額（所法78③）

(5)　政治活動に関する寄附金のうち、一定のもの（寄附をした人に特別の利益が及ぶと認められるもの及び政治資金規正法に違反するものを除きます。）（措法41の18①）

264　　第8章　所得税の確定申告

(6)　認定NPO法人等に対する寄附金のうち、一定のもの（寄附をした人に特別の利益が及ぶと認められるもの及び令和3年4月1日以降に支出する出資に関する業務に充てられることが明らかなものを除きます。）（措法41の18の2）

(7)　特定新規中小会社により発行される特定新規株式を払込みにより取得した場合の特定新規株式の取得に要した金額のうち、一定の金額（800万円を限度）（措法41の19）

4　金銭以外の物による寄附

金銭以外の物による寄附も寄附金控除の対象となります。その場合の評価は寄附をした時のその資産の価額（時価）によるのが原則です。

なお、国又は地方公共団体に対する資産の贈与又は遺贈、及び公共法人に対する財産の贈与又は遺贈で国税庁長官の承認を受けたものは、譲渡所得の非課税の特例（措法40）が適用され、その資産の価額のうち、その資産の取得費に相当する部分の金額が特定寄附金となります（措法40⑲）。

〔226〕　ふるさと納税とは

問　ふるさと納税の仕組み等について教えてください。

〔回答〕　ふるさと納税（寄附金控除）は、自身の選んだ自治体に対して寄附を行った場合に、寄附額のうち2,000円を超える部分について、所得税及び住民税からそれぞれ控除が受けられる制度です。

ふるさと納税として寄附を行った金額について控除を受けるためには、ふるさと納税を行った年分において確定申告をする必要があります。

なお、総務大臣が指定する都道府県・市区町村に対する寄附（ふるさと納税）を行った場合で、かつ、確定申告が不要な給与所得者については、ふるさと納税先が5団体以内の場合に限り、ふるさと納税先団体に特例の適用に関する申請書を提出することにより確定申告をしなくてもこの寄附金控除を受けることができます。この制度を「ふるさと納税ワンストップ特例制度」といいます。この場合、所得税から控除される寄附金控除額に相当する金額も含めて住民税で税額控除を受けられます（地税法附則7）。

また、ふるさと納税ワンストップ特例を適用していた人が医療費控除等を受けるために確定申告をする場合は、ワンストップ特例の適用を受けていたふるさと納税について

の寄附金控除も併せて申告する必要があります。

　おって、寄附を行った人が、この寄附に対する謝礼として、特産品を受けた場合の経済的利益は、一時所得の収入金額に算入します（⇨問42）。

○ワンストップ特例を申請する方の場合の流れ

　詳しくは、総務省ホームページをご確認ください。

〔227〕 ひとり親控除と寡婦控除

> 問　納税者がひとり親であるときは、ひとり親控除を受けられると聞きました。寡婦控除との違いなどを教えてください。

〔回答〕　納税者がひとり親又は寡婦に該当する場合、それぞれひとり親控除又は寡婦控除を受けることができます。

　令和２年度税制改正において、すべてのひとり親家庭に対して、公平な税制の観点から、婚姻歴の有無による不公平と男性のひとり親と女性のひとり親の不公平を解消するため、未婚のひとり親に対する税制上の措置及び寡婦（寡夫）控除の見直しが行われました。

　ひとり親については35万円、寡婦については27万円の所得控除を受けることができます（所法81、80）。

1　「ひとり親」とは、原則としてその年の12月31日の現況で、婚姻をしていない人又は配偶者の生死の明らかでない人のうち、次の３つの要件のすべてに当てはまる人のことをいいます（所法２①三十一、81、85、所令11の２）。

　①　住民票にその人と事実上婚姻関係と同様の事情にある続柄である旨の記載がされている人がいないこと

　②　その年分の総所得金額等が48万円以下の生計を一にする子（他の人の同一生計配偶者や扶養親族とされている人を除きます。）がいること

　③　合計所得金額（⇨問31）が500万円以下であること

2　「寡婦」とは、原則としてその年の12月31日の現況で、「ひとり親」に該当せず、次

のいずれかに当てはまる人のことをいいます。住民票にその人と事実上婚姻関係と同様の事情にある続柄である旨の記載がされている人がいる場合は対象となりません（所法2①三十、85、所令11）。

① 夫と離婚した後婚姻をしておらず、子以外の扶養親族がいる人で、合計所得金額が500万円以下であること

② 夫と死別した後婚姻をしていない人又は夫の生死が明らかでない人で、合計所得金額が500万円以下であること

　なお、この場合は、扶養親族の要件はありません。

(注)　「夫」とは、民法上の婚姻関係にある人をいいます。

〔228〕　勤労学生控除とは

> 問　今年娘が大学に入学しました。この場合、勤労学生控除は受けられますか。

〔回答〕　納税者本人が勤労学生であるときは、一定の金額の所得控除（勤労学生控除）を受けることができます。

　納税者本人が勤労学生であるときは、27万円を所得金額から差し引くことができます（所法82）。勤労学生控除の対象となる勤労学生とは、その年の12月31日の現況において、合計所得金額（⇨問31）が75万円以下であって、しかも、次の三つの要件の全てに当てはまる人です（所法2三十二）。

　給与所得のみの人の場合、給与の収入金額が130万円以下であれば給与所得控除後の所得金額は75万円以下となります。

(1)　自己の勤労に基づいて得た事業所得、給与所得、退職所得又は雑所得があること

(2)　(1)の勤労に基づく所得以外の所得が10万円以下であること

(3)　特定の学校の学生、生徒であること

　この場合の「特定の学校」とは、次のいずれかの学校です。

① 学校教育法に規定する小学校、中学校、高等学校、大学、高等専門学校など

② 国、地方公共団体又は私立学校法に規定する学校法人、同法に規定する法人若しくはこれらに準ずる一定の者により設置された専修学校又は各種学校のうち一定の課程を履修させるもの

③ 職業能力開発促進法の規定による認定職業訓練を行う職業訓練法人で一定の課程

第8章　所得税の確定申告　267

を履修させるもの

　したがって、ご質問の場合、あなたの所得金額について勤労学生控除を適用することはできませんが、娘さんにアルバイト収入などの勤労に基づく所得があり、上記要件に当てはまる場合には、娘さん自身が勤労学生控除を受けることができます。

〔229〕　配偶者控除や扶養控除の適用要件

> **問**　配偶者控除や扶養控除を受けられる場合はどんな場合ですか。また、控除額はいくらですか。

〔回答〕　納税者と生計を一にする配偶者又は配偶者以外の親族で一定の所得金額以下の人は、配偶者控除又は扶養控除の対象となります。

　配偶者控除又は扶養控除とは、居住者である納税者に次の1に掲げる控除対象配偶者又は控除対象扶養親族がある場合に、次の2に掲げる金額を所得金額から控除する制度をいいます。

1　控除対象配偶者又は控除対象扶養親族とは、それぞれ次の人をいいます。

⑴　配偶者控除の対象となる「控除対象配偶者」とは、同一生計配偶者のうち、合計所得金額が1,000万円以下である納税者の配偶者をいいます（所法2①三十三、三十三の二）。

　なお、「同一生計配偶者」とは、納税者と生計を一にする配偶者（青色事業専従者に該当する人で青色専従者給与の支払いを受ける人及び白色事業専従者に該当する人を除きます。）で、その年の合計所得金額が48万円以下の人をいいます（所法2①二十二）。

　また、控除対象配偶者のうち、その年12月31日現在で年齢70歳以上の人を「老人控除対象配偶者」といいます（所法2①三十三の三）。

㊟　「合計所得金額」については、問31を参照（以下⑵、2⑴において同様）。

⑵　扶養控除の対象となる「控除対象扶養親族」とは、扶養親族のうち年齢16歳以上の人をいいます（所法2①三十四の二）。

　なお、「扶養親族」とは、配偶者以外の親族（6親等内の血族及び3親等内の姻族をいいます。）、児童福祉法の規定により里親に委託された児童及び老人福祉法の規定により養護受託者に委託された老人で、その納税者と生計を一にする人（青色

事業専従者に該当する人で青色事業専従者給与の支払いを受ける人及び白色事業専従者に該当する人を除きます。）で、その年の合計所得金額が48万円以下である人をいいます（所法2①三十四）。

また、控除対象扶養親族のうち、年齢19歳以上23歳未満の人を「特定扶養親族」といい、年齢70歳以上の人を「老人扶養親族」といいます（所法2①三十四の三、三十四の四）。

(注) 令和5年以後は、非居住者である扶養親族のうち、年齢30歳以上70歳未満の人で次のいずれかに該当する人は扶養控除の対象となりません（新所法2①三十四の二ロ、令和2年改正法附則3）。

　　イ　留学により非居住者となった人

　　ロ　障害者

　　ハ　その人からその年における生活費又は教育費に充てるための支払を38万円以上受けている人

2　配偶者控除額又は扶養控除額は、それぞれ次のとおりです。

(1)　配偶者控除額（所法83①）

　①　納税者の合計所得金額が900万円以下の場合

　　　……　一般の控除対象配偶者　38万円、老人控除対象配偶者　48万円

　②　納税者の合計所得金額が900万円超950万円以下の場合

　　　……　一般の控除対象配偶者　26万円、老人控除対象配偶者　32万円

　③　納税者の合計所得金額が950万円超1,000万円以下の場合

　　　……　一般の控除対象配偶者　13万円、老人控除対象配偶者　16万円

(2)　扶養控除額（所法84①、措法41の16）

　①　一般の控除対象扶養親族…………1人につき38万円

　②　特定扶養親族………………………1人につき63万円

　③　老人扶養親族

　　　・同居老親等以外の人……………1人につき48万円

　　　・同居老親等（納税者又は納税者の配偶者の直系尊属で、納税者又は納税者の配偶者のいずれかとの同居を常況としている人…………1人につき58万円

第8章　所得税の確定申告　　269

〔230〕　配偶者特別控除とは

> 問　配偶者特別控除について概要を教えてください。

〔回答〕　配偶者特別控除とは、納税者と生計を一にする配偶者がある場合に、その配偶者が控除対象配偶者に当たらない場合、一定の額を控除するものです。

　合計所得金額が1,000万円以下の納税者が、生計を一にする配偶者（他の納税者の扶養親族とされる人、青色事業専従者に該当する人で青色専従者給与の支払いを受ける人及び白色事業専従者に該当する人を除きます。合計所得金額が133万円以下の人に限ります。）で控除対象配偶者（⇨問229）に該当しない人を有するときは、次の表の配偶者の合計所得金額の区分別に掲げる控除額が所得金額から控除されます（所法83の2）。

| | | | 配偶者控除を受ける納税者本人の合計所得金額 | | |
			900万円以下	900万円超 950万円以下	950万円超 1,000万円以下
配偶者の合計所得金額	48万円超	95万円以下	38万円	26万円	13万円
	95万円超	100万円以下	36万円	24万円	12万円
	100万円超	105万円以下	31万円	21万円	11万円
	105万円超	110万円以下	26万円	18万円	9万円
	110万円超	115万円以下	21万円	14万円	7万円
	115万円超	120万円以下	16万円	11万円	6万円
	120万円超	125万円以下	11万円	8万円	4万円
	125万円超	130万円以下	6万円	4万円	2万円
	130万円超	133万円以下	3万円	2万円	1万円

　㊟　「合計所得金額」については、問31を参照。

〔231〕　配偶者と死別し再婚した場合の配偶者控除

> 問　私は本年3月妻と死別し、11月に再婚しました。配偶者控除は2人分受けられますか。

〔回答〕　どちらか1人についてのみ配偶者控除を受けることができます。

　居住者の控除対象配偶者に該当するかどうか又は配偶者がいないかどうかの判定は、その年の12月31日（居住者が年の中途で死亡した場合には死亡の時）の現況によって判

定します。ただし判定に係る人が、その当時すでに死亡している場合は、死亡の時によることとされています。

　ご質問の場合には、控除対象配偶者となり得る人が２人あることになりますが、このような場合には、再婚した配偶者か、死亡した配偶者かどちらか１人についてのみ配偶者控除を受けることができます（所令220①）。

　したがって、２人分の配偶者控除は受けられません。

〔232〕　扶養親族等を判定する場合の申告不要の配当所得

> 問　確定申告を要しない配当所得については、扶養親族又は配偶者控除を判定する場合には、配偶者や子などの合計所得金額を計算する際、この配当所得を除外するのですか。

〔回答〕　総所得金額に含めないこととした少額の配当所得は、扶養親族等の判定の基礎となる合計所得金額に含めないこととしてよいことになっています。

　内国法人から支払を受ける配当等（源泉分離課税とされる私募公社債等運用投資信託等の収益の分配及び私募の社債的受益権の剰余金に係る配当等を除きます。）で、次の配当等については、確定申告の際、総所得金額から除外してもよいことと関連して、その除外することとした配当所得は、控除対象配偶者又は扶養親族の判定の基礎となる合計所得金額に含めなくてもよいことに取り扱われています（措法８の５①、措令４の３、所基通２－41）。

　なお、配偶者やその他の親族がこの所得に係る源泉徴収税額の還付を受けるために確定申告をすることとした場合には、その確定申告をすることとした所得は、控除対象配偶者又は扶養親族の判定の基礎となる合計所得金額に含まれることになりますから注意が必要です。

①　内国法人から支払を受ける配当等（②から⑥に該当するものを除きます。）で、１回に支払を受けるべき金額が10万円に配当計算期間（その配当等の直前の支払にかかる基準日の翌日から、その配当等の支払に係る基準日までの期間をいいます。）の月数を乗じてこれを12で除して計算した金額以下であるもの

②　内国法人から支払を受ける上場株式等の配当等（③から⑥に該当するものを除きます。）で、発行済株式総数等の３％以上を有する大口株主等が支払を受けるもの

以外のもの

③ 内国法人から支払を受ける公募投資信託（特定株式投資信託は①に含まれます。）の収益の分配に係る配当等

④ 特定投資法人から支払を受けるべき投資口の配当等

⑤ 公募特定受益証券発行信託の収益の分配

⑥ 内国法人から支払を受ける公募特定目的信託の社債的受益権の剰余金の配当

　㊟　申告不要の特例を適用する場合には、1回の支払ごとに選択することができることとされています（措法8の5④）。

〔233〕　配当控除の計算

問　私は知人から株式（非上場株式）を譲り受け、この度、配当をもらったので、確定申告をしようと思います。配当所得を申告した際に配当控除を適用できると聞きましたが、これについて説明してください。

〔回答〕　内国法人から受けた剰余金の配当等に係る配当所得がある場合には、一定の算式で計算した金額を配当控除として所得税額から控除します。

　日本国内に本店のある法人から受ける剰余金の配当等に係る配当所得がある場合には、法人税と所得税の二重課税を排除する趣旨から、その配当所得の金額を基として計算した一定の金額を所得税額から控除します（この控除を「配当控除」といいます。）（所法92①、措法9）。

1　配当控除の対象となる配当所得

　配当控除の対象となる「剰余金の配当等」とは、内国法人から受ける配当等で次に掲げるものをいい、確定申告において総合課税の適用を受けた配当所得に限られます。したがって、外国法人から受ける配当等は、配当控除の対象となりません。

① 剰余金の配当

② 利益の配当

③ 剰余金の分配

④ 金銭の分配

⑤ 株式投資信託の収益の分配

2 配当控除額の計算等

(1) その年分の課税総所得金額が1,000万円以下である場合は、次の①と②金額の合計額

① 剰余金の配当等に係る配当所得（特定株式投資信託の収益の分配に係る配当所得を含みます。以下同じです。）の金額に100分の10を乗じて計算した金額

② 証券投資信託の収益の分配に係る配当所得（特定株式投資信託の収益の分配に係る配当所得を除きます。以下同じです。）の金額に100分の5を乗じて計算した金額

(注)「課税総所得金額等」とは、課税総所得金額、土地等に係る課税事業所得等の金額（当分の間は適用ありません。）、課税長期（短期）譲渡所得の金額、上場株式等に係る課税配当所得の金額、株式等に係る課税譲渡所得等の金額及び先物取引に係る課税雑所得等の金額の合計額をいいます（以下同じです。）。

(2) その年分の課税総所得金額が1,000万円を超え、かつ、その課税総所得金額から証券投資信託の収益の分配に係る配当所得の金額を控除した金額が1,000万円以下である場合は、次の①と②の合計額

① 剰余金の配当等に係る配当所得の金額に100分の10を乗じて計算した金額

② 証券投資信託の収益の分配に係る配当所得の金額のうち、その課税総所得金額から1,000万円を控除した金額に相当する金額については100分の2.5を、その他の金額については100分の5をそれぞれ乗じて計算した金額の合計額

(3) 前記(1)(2)の場合以外の場合は、①又は②の区分に応じそれぞれの金額の合計額

① 剰余金の配当等に係る配当所得の金額のうち、その課税総所得金額から1,000万円と次の②に掲げる配当所得の金額との合計額を控除した金額に達するまでの金額については100分の5を、その他の金額については100分の10をそれぞれ乗じて計算した金額の合計額

② 証券投資信託の収益の分配に係る配当所得の金額に100分の2.5を乗じて計算した金額

第8章　所得税の確定申告　273

〔234〕　住宅ローンでマイホームを購入したとき

> **問　住宅ローンでマイホームを購入したときや増改築を行ったときの、いわゆる住宅ローン控除の概要について教えてください。**

〔回答〕　住宅ローン等を利用してマイホームを新築又は購入若しくは増改築等をしたときは、一定の要件に当てはまれば住宅借入金等特別控除を受けることができます。

　住宅を新築又は購入した場合や増改築をした場合の税額控除制度は毎年のように改正されていて、かなり複雑になっています。そこで、令和4年1月1日から令和7年12月31日までの間に居住の用に供した場合における住宅借入金等特別控除について、新築住宅を取得した場合、中古住宅を取得した場合及び増改築等を行った場合の別に概要を説明するとそれぞれ次のようになります。

1　新築住宅又は買取再販住宅に係る住宅借入金等特別控除

(1)　制度の概要

　　居住用家屋の新築等又は買取再販住宅の取得をして、平成19年1月1日から令和7年12月31日までの間に居住の用に供した場合において、住宅借入金等の金額を有するときは、その居住の用に供した日の属する年以後13年間（居住年が令和6年又は令和7年であり、かつ、一般の住宅に該当するものは10年間）の各年のうち、その人のその年分の合計所得金額が2,000万円以下である年については、住宅借入金等特別控除額を控除することができます（措法41①）

　　なお、「買取再販住宅」とは、宅建業者が特定増改築等を行った中古住宅を、その宅建業者の取得の日から2年以内に取得した場合のその中古住宅をいいます。

　　(注)　「合計所得金額」については、問31を参照（以下(2)、**2**(1)及び**3**(1)において同様）。

≪新築住宅又は買取再販住宅に係る住宅ローン控除の概要≫

居住の用に供した年月日	区分	控除期間	住宅借入金等の年末残高に乗ずる控除率						各年の控除限度額
			2,000万円以下	3,000万円以下	3,500万円以下	4,000万円以下	4,500万円以下	5,000万円以下	
令和4.1.1～令和5.12.31	① 認定長期優良住宅又は低炭素建築物等に該当する家屋	13年			0.7%				35万円
	② 特定エネルギー消費性能向上住宅（ZEH水準省エネ住宅）			0.7%					31.5万円
	③ エネルギー消費性能向上住宅（省エネ基準適合住宅）			0.7%					28万円
	④ 上記以外の住宅		0.7%						21万円
令和6.1.1～令和7.12.31	① 認定長期優良住宅又は低炭素建築物等に該当する家屋	13年			0.7%				31.5万円
	② 特定エネルギー消費性能向上住宅（ZEH水準省エネ住宅）		0.7%						24.5万円
	③ エネルギー消費性能向上住宅（省エネ基準適合住宅）		0.7%						21万円
	④ 上記以外の住宅	10年	0.70%						14万円

(2) 共通的な適用要件

① 住宅の新築又は取得の日から6か月以内に居住の用に供していること

② 適用年の12月31日まで引き続き居住の用に供していること

③ 適用年の合計所得金額が2,000万円以下であること

　　ただし、その合計額が1,000万円以下の年分については、住宅の床面積が40㎡以上50㎡未満である住宅（令和5年12月31日以前に建築確認を受けているものに限ります。）の新築等の場合にも適用される。

④ 住宅の床面積が50㎡以上であり、かつ、床面積の2分の1以上を専ら自己の居住の用に供していること

⑤ 10年以上の償還期間又は賦払期間を有する住宅借入金等によって新築又は取得していること

⑥ 2以上の住宅を所有している場合には、主として居住の用に供すると認められる住宅であること

⑦ 居住年及び前後2年の計5年間に譲渡所得の課税の特例を受けていないこと

⑧ 住宅の取得は、その取得時及び取得後も引き続き生計を一にする親族等からの

第8章　所得税の確定申告　　275

　　取得でないこと

　⑨　住宅の取得は、贈与によるものでないこと

(3)　住宅の「区分」

　①　認定長期優良住宅

　　　長期優良住宅の普及の促進に関する法律に規定する認定長期優良住宅に該当す
　　るものであることにつき証明されたもの（措法41⑩一、措令26⑳）

　②　低炭素建築物

　　　都市の低炭素化の促進に関する法律に規定する低炭素建築物に該当するもので
　　あることにつき証明されたもの（措法41⑩二、措令26㉑）

　③　低炭素建築物とみなされる特定建築物（低炭素住宅）

　　　都市の低炭素化の促進に関する法律の規定により低炭素建築物とみなされる同
　　法に規定する認定集約都市開発事業により整備された特定建築物に該当すること
　　につき、その個人の申請に基づきその家屋の所在地の市長村長又は特別区の区長
　　により証明されたもの（措法41⑩二、措令26㉒）

　④　特定エネルギー消費性能向上住宅（ZEH水準省エネ住宅）

　　　エネルギーの使用の合理化に著しく資する住宅の用に供する家屋として国土交
　　通大臣が財務大臣と協議して定める基準に適合するものであることにつき証明さ
　　れたもの（措法41⑩三、措令26㉓）

　⑤　エネルギー消費性能向上住宅（省エネ基準適合住宅）

　　　エネルギーの使用の合理化に資する住宅の用に供する家屋として国土交通大臣
　　が財務大臣と協議して定める基準に適合するものであることにつき証明されたも
　　の（措法41⑩四、措令26㉔）

　⑥　上記以外の住宅

　　　上記以外の住宅とは、上記に該当するもの以外の新築住宅又は買取再販住宅を
　　いいます。

　　　居住年が令和6年又は令和7年である場合には、令和5年12月31日までに建築
　　確認を受けたもの又は令和6年6月30日までに建築されたものは、借入限度額を
　　2,000万円として10年間の控除を受けることができます。

2　中古住宅（買取再販住宅を除きます。）に係る住宅借入金等特別控除

(1)　制度の概要

　　中古住宅（買取再販住宅を除きます。）を取得して、平成19年1月1日から令和

7年12月31日までの間に居住の用に供した場合において、住宅借入金等の金額を有するときは、その居住の用に供した日の属する年以後10年間の各年のうち、その人のその年分の合計所得金額が2,000万円以下である年については、住宅借入金等特別控除額を控除することができます（措法41①）。

≪中古住宅（買取再販住宅を除きます。）に係る住宅ローン控除の概要≫

居住の用に供した年月日		控除期間	住宅借入金等の年末残高に乗ずる控除率						各年の控除限度額
			2,000万円以下	3,000万円以下	3,500万円以下	4,000万円以下	4,500万円以下	5,000万円以下	
令和4.1.1〜令和5.12.31	① 認定長期優良住宅又は低炭素建築物等に該当する家屋	10年	0.7%						21万円
	② 特定エネルギー消費性能向上住宅（ZEH水準省エネ住宅）		0.7%						21万円
	③ エネルギー消費性能向上住宅（省エネ基準適合住宅）		0.7%						21万円
	④ 上記以外の住宅		0.70%						14万円
令和6.1.1〜令和7.12.31	① 認定長期優良住宅又は低炭素建築物等に該当する家屋	10年	0.7%						21万円
	② 特定エネルギー消費性能向上住宅（ZEH水準省エネ住宅）		0.7%						21万円
	③ エネルギー消費性能向上住宅（省エネ基準適合住宅）		0.7%						21万円
	④ 上記以外の住宅		0.70%						14万円

(2) 共通的な適用要件

① 上記1の①から⑨までに当てはまること

② 次のいずれかに該当する中古住宅であること

　イ　昭和57年1月1日以後に建築されたものであること

　ロ　地震に対する安全上必要な構造方法に関する技術的基準又はこれに準ずるものに適合するものであること

　ハ　要耐震改修住宅（上記イ・ロの基準を満たさないもの）で、取得の日までに耐震改修を行うことについて申請をし、居住の用に供した日までにその耐震改修により耐震基準に適合することとなったものであること

3　増改築等に係る住宅借入金等特別控除

(1)　制度の概要

　　自己所有の居住用家屋に増改築等をして、平成19年1月1日から令和7年12月31日までの間に居住の用に供した場合において、住宅借入金等の金額を有するときは、その居住の用に供した日の属する年以後10年間の各年のうち、その人のその年分の合計所得金額が2,000万円以下である年については、住宅借入金等特別控除額を控除することができます（措法41①）。

《増改築等に係る住宅ローン控除の概要》

居住の用に供した年月日		控除期間	住宅借入金等の年末残高に乗ずる控除率						各年の控除限度額
			2,000万円以下	3,000万円以下	3,500万円以下	4,000万円以下	4,500万円以下	5,000万円以下	
令和4.1.1〜令和7.12.31	居住用家屋の増改築等	10年	0.70%						14万円

(2)　共通的な適用要件

①　上記1の①から⑦までに当てはまること

②　増改築等の日から6か月以内に居住の用に供していること

③　自己が所有している家屋で自己の居住の用に供するものの増改築であること

④　増改築等に要した費用の額（その工事の費用に関し補助金等の交付を受ける場合には、その工事に要した費用の額からその補助金等の額を控除した後の額）が100万円を超えていること

⑤　自己の居住の用に供する部分に係る費用が増改築等に要した費用の総額の2分の1以上であること

(3)　対象となる増改築等

①　増築、改築、建築基準法上の大規模な修繕又は大規模な模様替えの工事

②　マンションの場合で、床又は階段・間仕切壁・主要構造部である壁のいずれかのものの過半について行う修繕又は模様替えの工事

③　家屋のうち居室、調理室、浴室、便所、洗面所、納戸、玄関又は廊下の一室又は壁の全部について行う修繕又は模様替えの工事

④　地震に対する一定の安全基準に適合させるための修繕又は模様替えの工事（耐震改修工事）

⑤　一定のバリアフリー改修工事

⑥　一定の省エネ改修工事

〔235〕 住宅ローンを利用せず耐震改修等を行ったとき

> 問 住宅ローンを利用せずにマイホームの耐震改修工事やバリアフリー改修工事などを行った場合には、税額控除が受けられると聞きました。その概要を教えてください。

〔回答〕 マイホームについて、耐震改修を行った場合やバリアフリー改修工事、省エネ改修工事などを行った場合には、住宅ローンがない場合であっても、一定の要件に当てはまれば所得税の税額控除を受けることができます。

　住宅ローン等を利用せずに、家屋の耐震改修を行った場合は「住宅耐震改修特別控除」、バリアフリー改修工事、省エネ改修工事及び多世帯同居改修工事などを行った場合は「住宅特定改修特別控除」、認定住宅の新築又は新築の認定住宅を購入し居住の用に供した場合において一定のかかり増し費用があるときは「認定住宅新築等特別控除」を受けることができます。

1 住宅耐震改修特別控除

(1) 制度の概要

　　平成26年4月1日から令和5年12月31日までの間に、その人の居住の用に供する一定の家屋の耐震改修を行った場合には、その年分の所得税の額から、その住宅耐震改修に係る耐震工事の標準的な費用を基礎として計算した金額を控除することができます（措法41の19の2①②）。

≪住宅耐震改修特別控除の概要≫

住宅耐震改修を完了した年月日	対象となる金額	耐震改修工事限度額	控除率	控除限度額
令和4.1.1〜令和5.12.31	住宅耐震改修に係る耐震工事の標準的な費用の額	250万円	10%	25万円

(2) 適用対象となる家屋

　　適用対象となる家屋は、昭和56年5月31日以前（建築基準法の改正により現行の耐震基準が適用される以前）に建築された家屋で、適用を受けようとする居住者の居住の用に供される家屋です。また、その人が居住の用に供する家屋を2以上有する場合には、これらの家屋のうち、その人が主として居住の用に供すると認められる1の家屋に限ります（措令26の28の4①）。

第8章　所得税の確定申告　　　279

(3)　適用対象となる耐震改修工事

　　住宅耐震改修特別控除の対象となる耐震改修工事とは、上記(2)の家屋に対して行う耐震改修（地震に対する安全性の向上を目的とした増築、改築、修繕又は模様替えをいいます。）として証明されたものをいいます（措法41の19の2①）。

　　また、対象となる改修工事は次の要件を満たす必要があります（措令26の28の5⑩）。

イ　耐震改修標準的費用額が50万円を超えること

ロ　住宅耐震改修に要した費用の額の2分の1以上が居住の用に供する部分に係る費用であること

ハ　住宅耐震改修をした家屋の床面積が50㎡以上であり、かつ、床面積の2分の1以上を専ら居住の用に供するものであること

ニ　住宅耐震改修をした家屋が、その人が主として居住の用に供すると認められるものであること

2　住宅特定改修特別控除

(1)　制度の概要

　　平成26年4月1日から令和5年12月31日までの間に、個人が所有する居住用の家屋について、バリアフリー改修工事、省エネ改修工事、多世帯同居改修工事又は耐震改修工事若しくは省エネ改修工事と併せて行う耐久性向上改修工事を行い、その家屋を個人の居住用に供した場合において、その年分の合計所得金額が3,000万円以下であるときは、その年分の所得税の額から、その改修工事に係る標準的な費用の額の10％相当額を控除することができます（措法41の19の3①②～⑥）。

　　また、上記に加えて、一定の要件の下で、その個人の居住の用に供した日の属する年分の所得税の額から次に掲げる金額の合計額（上記1の耐震改修工事又は次表の必須工事に掲げる対象改修工事に係る標準的な工事費用相当額の合計額と1,000万円からその金額（その金額が改修工事限度額を超える場合には、その改修工事限度額）を控除した金額のいずれか低い金額を限度）の5％相当額を控除することができます（措法41の19の3⑦）。

イ　耐震改修工事又は対象改修工事に係る標準的な工事費用相当額（控除対象限度額を超える部分に限ります。）の合計額

ロ　耐震改修工事又は対象改修工事と併せて行うその他の一定の工事に要した費用の金額（補助金等の交付がある場合にはその補助金等の額を控除した後の金額）

280　　第8章　所得税の確定申告

の合計額

㊟1　上記の「標準的な工事費用相当額」とは、耐震改修工事又は対象改修工事の種類等ごとに標準的な工事費用の額として定められた金額にその耐震改修工事又は対象改修工事を行った床面積等を乗じて計算した金額（補助金等の交付がある場合には当該補助金等の額を控除した後の金額）をいいます。

　　2　「合計所得金額」については、問31を参照（以下**3**(1)において同様）。

《住宅特定改修特別税額控除の概要》

居住の用に供した年月日	対象者	必須工事				その他の工事			控除限度額（①＋②）
		対象改修工事	対象となる金額	改修工事限度額	控除率	対象改修工事	対象工事限度額	控除率	
令和4.1.1〜令和5.12.31	特定個人	バリアフリー改修工事	バリアフリー改修工事の標準的な費用の額	200万円	10%	必須工事の対象工事限度額超過分及びその他の一定の工事	必須工事の対象工事限度額超過分及びその他の一定の工事の合計額と1,000万円から必須工事に係る標準的な費用相当額（改修工事限度額を超える場合は、その改修工事限度額）を控除した金額のいずれか低い金額が限度（対象工事限度額は必須工事と併せて1,000万円が限度）	5%	60万円
	個人	省エネ改修工事	省エネ改修工事の標準的な費用の額	250万円（350万円）					62.5万円（67.5万円）
		多世帯同居改修工事	多世帯同居改修工事の標準的な費用の額	250万円					62.5万円
		住宅耐震改修と併せて行う耐久性向上改修工事等	住宅耐震改修と耐久性向上改修工事の標準的な費用の合計額	250万円					62.5万円
		省エネ改修と併せて行う耐久性向上改修工事等	省エネ改修工事と耐久性向上改修工事の標準的な費用の合計額	250万円（350万円）					62.5万円（67.5万円）
		住宅耐震改修及び省エネ改修工事と併せて行う耐久性向上改修工事等	住宅耐震改修、省エネ改修工事及び耐久性向上改修工事の標準的な費用の合計額	500万円（600万円）					75万円（80万円）

㊟　上表「改修工事限度額」欄のうち、括弧内の金額は、省エネ改修工事と併せて太陽光発電装置を設置する場合の控除対象限度額を表します。

(2)　適用対象となる工事

①　高齢者等居住改修工事等（バリアフリー改修工事）

　　高齢者等居住改修工等の対象となる改修工事とは、特定個人が所有する家屋について行う高齢者等が自立した日常生活を営むのに必要な構造及び設備の基準に適合させるための増築、改築、修繕又は模様替で、その増築、改築、修繕又は模様替に該当するものであることにつき証明されたものをいいます（措法41の19の3①⑨、措令26の28の5⑮）。

㊟　「特定個人」とは、①50歳以上の人、②要介護認定又は要支援認定を受けて

いる人、③障害者である人、④高齢者等（②若しくは③に該当する人又は65歳以上の人）である親族と同居している人をいいます。

　また、対象となる改修工事は次の要件を満たす必要があります（措法41の19の3①、措令26の28の5③）。

イ　高齢者等居住改修工事等の標準的費用額（補助金等控除後の金額）が50万円を超えること

ロ　高齢者等居住改修工事等に要した費用の額の2分の1以上が居住の用に供する部分に係る費用であること

ハ　高齢者等居住改修工事等をした家屋の床面積が50㎡以上であり、かつ、床面積の2分の1以上を専ら居住の用に供するものであること

ニ　高齢者等居住改修工事等をした家屋が、その人が主として居住の用に供すると認められるものであること

②　一般断熱改修工事等（省エネ改修工事）

　一般断熱改修工事等の対象となる改修工事とは次のイからハの工事をいいます（措法41の19の3②⑩、措令26の28の5⑯⑱⑳）。

イ　個人が所有している家屋につき行うエネルギーの使用の合理化に資する増築、改築、修繕又は模様替に該当するものであることにつき証明されたもの

ロ　上記イの工事が行われる構造又は設備と一体となって効用を果たすエネルギーの使用の合理化に著しく資する設備で、その設備に該当するものであることにつき証明がされたものの取替え又は取付けに係る工事

ハ　上記イの工事と併せて行うその家屋と一体となって効用を果たす太陽光を電気に変換する設備で、その設備に該当するものであることにつき証明がされたものの取替え又は取付りに係る工事

　また、対象となる改修工事は次のイからニの要件を満たす必要があります（措法41の19の3②、措令26の28の5⑥）。

イ　断熱改修標準的費用額（補助金等控除後の金額）が50万円を超えること

ロ　一般断熱改修工事等に要した費用の額の2分の1以上が居住の用に供する部分に係る費用であること

ハ　一般断熱改修工事等をした家屋の床面積が50㎡以上であり、かつ、床面積の2分の1以上を専ら居住の用に供するものであること

ニ　一般断熱改修工事等をした家屋が、その人が主として居住の用に供すると認

められるものであること

③　多世帯同居改修工事

　　個人が所有する家屋について行う他の世帯との同居をするのに必要な設備の数を増加させるための増築、改築、修繕又は模様替で、その増築、改築、修繕又は模様替に該当するものであることにつき証明されたものをいいます（措法41の19の3③⑪、措令26の28の5㉒）。

　　また、対象となる改修工事は次の要件を満たす必要があります（措法41の19の3③、措令26の28の5⑨）。

　イ　多世帯同居改修工事等の標準的費用額（補助金等控除後の金額）が50万円を超えること

　ロ　多世帯同居改修工事等に要した費用の額の2分の1以上が居住の用に供する部分に係る費用であること

　ハ　多世帯同居改修工事等をした家屋の床面積が50㎡以上であり、かつ、床面積の2分の1以上を専ら居住の用に供するものであること

　ニ　多世帯同居改修工事等をした家屋が、その人が主として居住の用に供すると認められるものであること

④　耐久性向上改修工事

　　個人が所有する家屋について、住宅耐震改修又は省エネ改修工事と併せて行う構造の腐食、腐朽及び摩損を防止し、又は維持保全を容易にするための増築、改築、修繕又は模様替でその増築、改築、修繕又は模様替に該当するものであることにつき証明されたものをいいます（措法41の19の3④⑤⑥⑫、措令26の28の5㉓）。

　　また、対象となる改修工事は次の要件を満たす必要があります（措法41の19の3④、措令26の28の5⑩⑬）。

　イ　耐久性向上改修標準的費用額（補助金等控除後の金額）が50万円を超えること

　ロ　耐久性向上改修工事等に要した費用の額の2分の1以上が居住の用に供する部分に係る費用であること

　ハ　耐久性向上改修工事等をした家屋の床面積が50㎡以上であり、かつ、床面積の2分の1以上を専ら居住の用に供するものであること

　ニ　耐久性向上改修工事等をした家屋が、その人が主として居住の用に供すると

第8章　所得税の確定申告　　283

認められるものであること

3　認定住宅等の新築等特別控除

(1)　制度の概要

　　認定住宅等の新築又は購入をして居住の用に供した場合において、その年分の合計所得金額が3,000万円以下であるときは、一定の要件の下で、認定住宅の認定基準に適合するために必要となる標準的なかかり増し費用の10％に相当する金額を、その年分の所得税額から控除することができます（措法41の19の4①④）。

　　また、居住の用に供した日の属する年分において、その控除額のうち控除してもなお控除しきれない金額を有する場合、又は居住の用に供した日の属する年分の所得税についてその確定申告書を提出すべき場合及び提出することができる場合のいずれにも該当しない場合には、その控除しきれない金額に相当する金額又は居住の用に供した日の属する年分の税額控除限度額（居住日の属する年の翌年分の所得税の額を限度とします。以下「控除未済税額控除額」といいます。）をその翌年分の所得税の額から控除することができます。この場合、控除未済税額控除額が、居住の用に供した日の属する年の翌年分の所得税の額を超える場合には、翌年分の所得税の額を限度とします（措法41の19の4②）。

　　なお、「住宅借入金等特別控除（⇨問234）」の特例を適用する場合には、その認定住宅の新築等についてこの認定住宅新築等特別控除は適用できません（措法41㉒）。

≪認定住宅等の新築等特別控除の概要≫

居住の用に供した年月日	標準的なかかり増し費用限度額	控除率	控除限度額
令和4.1.1～令和5.12.31	650万円	10％	65万円

(2)　認定住宅等の新築等特別控除の対象となる認定住宅等の範囲

　　「認定住宅等」とは、認定長期優良住宅又は低炭素建築物等に該当する家屋及び特定エネルギー消費性能向上住宅（ZEH水準省エネ住宅）をいいます（措法41⑩、41の19の4①）。

〔236〕　復興特別所得税とは

問　復興特別所得税の概要について教えてください。

　　また、確定申告などの際の注意事項などがありましたら教えてください。

〔回答〕　所得税を納める義務のある人は、復興特別所得税も納める義務があります。

　平成23年12月2日に東日本大震災からの復興のための施策を実施するために必要な財源の確保に関する特別措置法（復興財確法）が公布され、「復興特別所得税」が創設されました。

1　復興特別所得税の納税義務者

　所得税法第5条の規定その他の所得税に関する法令の規定により所得税を納める義務のある人は、復興特別所得税も併せて納める義務があります（復興財確法8①）。

2　復興特別所得税の課税の対象

　平成25年から令和19年までの各年分の基準所得税額が、復興特別所得税の課税の対象となります（復興財確法9①）。なお、「基準所得税額」とは次の区分に応じて定める所得税の額をいいます（復興財確法10）。

①　非永住者以外の居住者……すべての所得に対する所得税の額

②　非永住者……国内源泉所得及び国外源泉所得のうち国内払のもの又は国内に送金されたものに対する所得税の額

③　非居住者……国内源泉所得に対する所得税の額

3　復興特別所得税額の計算

　復興特別所得税の課税標準は、その年分の基準所得税額とされており、次の算式により計算した金額が復興特別所得税額となります（復興財確法12、13）。

　　復興特別所得税　＝　基準所得税額　×　2.1%

（所得税額）　　　（復興特別所得税額）　　　（所得税及び復興特別所得税の額）

　202,500円　＋　（202,500円　×　2.1%）　＝　206,700円

◎100円未満端数切捨て

4　確定申告

　平成25年から令和19年までの各年分の確定申告については、所得税と復興特別所得税を併せて申告する必要があります。また、所得税及び復興特別所得税の申告書には、基準所得税額、復興特別所得税額等一定の事項を併せて記載します（復興財確法17）。

5　源泉徴収義務者

　所得税法第6条の規定その他の所得税に関する法令の規定により所得税を徴収して納付する義務のある人は、その徴収して納付する所得税に併せて復興特別所得税を徴収し納める義務があります（復興財確法8②、28①）（⇨問237）。

〔237〕 復興特別所得税の源泉徴収

> 問　従業員に対して給料を支払っています。源泉徴収の際の復興特別所得税の徴収
> の仕方について説明してください。

〔回答〕　源泉所得税を徴収する際に復興特別所得税を併せて徴収します。

　所得税の源泉徴収義務者は、平成25年1月1日から令和19年12月31日までの間、源泉所得税を徴収する際、復興特別所得税を併せて徴収し、源泉所得税の法定納期限までに、その復興特別所得税を源泉所得税と併せて国に納付しなければなりません（復興財確法8②、28①）（⇨問236）。

1　源泉徴収に係る復興特別所得税の課税標準の端数計算

　源泉徴収に係る所得税の課税標準については、その額に1円未満の端数があるとき、又はその全額が1円未満であるときは、その端数金額又はその全額を切り捨てます（通法118②、通令40①）が、源泉徴収に係る復興特別所得税については、復興特別所得税の課税標準となる所得税（基準所得税額）に1円未満の端数が生じた場合でも、その端数を切り捨てることなく、2.1％を乗じて計算します（復興財確法31①）。

2　源泉徴収に係る復興特別所得税の確定金額の端数計算

　源泉徴収に係る所得税の確定金額については、その額に1円未満の端数があるとき、又はその全額が1円未満であるときは、その端数金額又はその全額を切り捨てます（通法119②、通令40②）。

　なお、源泉徴収に係る復興特別所得税の端数計算及びその復興特別所得税と併せて徴収する所得税の確定金額の端数計算については、復興特別所得税と所得税のそれぞれで確定金額の端数計算を行わず、復興特別所得税と所得税の確定金額の合計額によって行い、その合計額に1円未満の端数があるとき、又はその全額が1円未満であるときは、その端数金額又はその全額を切り捨てます（復興財確法31②）。

3　源泉徴収に係る所得税及び復興特別所得税の計算

【計算式】

　支払金額等　×　合計税率（％）＝　源泉徴収すべき所得税及び復興特別所得税の額

【計算例】

（支払金額）		（合計税率）		（算出税額）		（端数処理後）

666,666円　×　10.21％　＝　68,066.5986円（1円未満切捨て）　　68,066円

（所得税及び復興特別所得税）

【参考】所得税と復興特別所得税の合計税率

所得税率（％）	5	7	10	15	16	18	20
合計税率（％） （所得税率(％)×102.1％）	5.105	7.147	10.21	15.315	16.336	18.378	20.42

〔238〕　外国税額控除の計算

> **問**　私は年の初めから数か月間、外国の事業所に出張し、現地法人から給与の支給を受け、源泉徴収もされました。この外国で源泉徴収された税金については、どうすればよいですか。

〔回答〕　国外所得について納付する外国所得税があるときは、一定の算式で計算した控除限度額を限度として、その外国所得税額をその年分の所得税額から差し引くことができます。

　居住者がその年において、外国で稼得した所得（以下「国外所得」といいます。）について、外国の法令により課される所得税に相当する税（以下「外国所得税」といいます。）を課税された場合は、国際的な二重課税を防止する観点から、その年分の所得税の額から次の算式によって計算した控除限度額を限度として、その外国所得税の額を差し引くことができます（これを、「外国税額控除」といいます。）（所法95、所令221、222、222の2）。

$$\text{その年分の所得税の額} \times \frac{\text{その年分の調整国外所得金額}}{\text{その年分の所得総額}} = \text{控除限度額}$$

(注)1　「居住者」とは、国内に住所を有し、又は現在まで引き続いて10年以上居所を有する個人をいいます。

　　2　「その年分の所得税額」とは、配当控除や住宅借入金等特別控除などの税額控除、災害減免額を適用した後の所得税額をいいます。

第8章　所得税の確定申告　　287

　3　「その年分の所得総額」とは、純損失又は雑損失の繰越控除や上場株式等に係る譲渡損失の繰越控除などの各種繰越控除の適用を受けている場合には、その適用前のその年分の総所得金額、分離長（短）期譲渡所得の金額（特別控除前の金額）、一般株式等に係る譲渡所得等の金額、上場株式等に係る譲渡所得等の金額、申告分離課税の上場株式等に係る配当所得等の金額、先物取引に係る雑所得等の金額、退職所得金額及び山林所得金額の合計額をいいます。

　4　「その年分の調整国外所得金額」とは、純損失又は雑損失の繰越控除や上場株式等に係る譲渡損失の繰越控除などの各種繰越控除の適用を受けている場合には、その適用前のその年分の国外所得金額をいいます。ただし、国外所得金額がその年分の所得総額に相当する金額を超える場合は、その年分の所得総額に相当する金額とされています。

〔239〕　予定納税とは

> **問　予定納税とはどういうことですか。農家の場合は一般と違うそうですが、その概要を教えてください。**

〔回答〕　予定納税とは、前年分の所得を基礎として計算された予定納税基準額の$\frac{1}{3}$（特別農業所得者の場合は$\frac{1}{2}$）に相当する金額を前納する制度です。

1　制度の概要

　所得税は、一暦年間を課税期間とする申告納税制度を採用しており、その納税義務は、一暦年の終了の時に成立し、確定申告によって確定することを建前としています。そして、納税の便宜などの観点から、次の条件に該当する人は、前年分の所得金額や税額などを基に計算した税額を7月と11月に予納しなければならないこととされており、この予納の制度を予定納税といいます。

①　その年6月30日（特別農業所得者の場合は、その年10月31日）の現況により、居住者又は事業等を有する非居住者であること

②　予定納税基準額が15万円以上であること

　ただし、農業所得者のうち、その年において農業所得の金額が総所得金額の70％に相当する金額を超え、かつ、その年9月1日以後に生ずる農業所得の金額がその年中の農業所得の金額の70％を超える人（「特別農業所得者」といいます。）は、一般の場

合と違い、予定納税基準額の２分の１に相当する金額を、11月に予納すればよい（つまり、７月予納の義務がない）こととされています（所法２三十五、107）。

  (注) 「予定納税基準額」とは、前年分の課税総所得金額及び土地等に係る課税事業所得等の金額に対する前年分の所得税額及び復興特別所得税額から、前年分の源泉徴収税額を控除した金額をいい、その計算に当たっては、譲渡所得、一時所得、雑所得又は雑所得に該当しない臨時所得は除外して計算します（所法104、所令259、措令19㉓）。

２　予定納税額の納付の特例

  災害その他やむを得ない理由によって国税通則法による納期限の延長により、第１期又は第２期において納付すべき予定納税額の納期限が、その年12月31日後となる場合は、その延長の対象となった予定納税額はないものとされます（所法104②）。

３　予定納税額等の通知期限の特例

  税務署長が行う予定納税額等の通知について、災害等に係る期限延長により、通知期限であるその年６月15日おいて第１期に納付すべき予定納税額の納期限が延長され、又は延長される見込みである場合には、同日までに税務署長が行うこととされているその年分の所得税に係る予定納税額等の通知は、期限延長により延長された第１期分の予定納税額の納期限の１月前までに行うこととなりますが、延長後の納期限がその年12月31日後となる場合には、その通知は要しないこととされています（所法106①④）。

４　特別農業所得者に係る予定納税額の納付の特例等

  特別農業所得者に係る予定納税額の納付の特例及び予定納税額等の通知期限の特例についても、上記２及び３と同様の取扱いとなります（所法107、108、109）。

〔240〕　特別農業所得者の申請手続き

> 問　前年は特別農業所得者でなくても、本年特別農業所得者であると見込まれる場合には、予定納税に当たって特別農業所得者として取り扱われるそうですが、そのように取り扱ってもらうには、どのような手続きをすればよいですか。

〔回答〕　その年５月１日の現況において特別農業所得者であると見込まれる場合は、５月15日までに所轄税務署長に申請書を提出します。

前年において特別農業所得者でなかった人についても、その年の５月１日の現況において特別農業所得者であると見込まれる場合は、その見込みについて税務署長の承認を求めることができます。この場合、その年の５月15日までに次に掲げる事項を記載した申請書を所轄税務署長に提出します（所法110①②、所規45）。

①　納税者の氏名及び住所並びに住所地以外の納税地があるときにはその納税地

②　その年分の総所得金額の見積額、その年中に生ずる農業所得の金額の見積額及びその農業所得の金額の見積額のうちその年９月１日以後に生ずる部分の金額の見積額

③　その他参考となるべき事項

なお、この申請があった場合には、税務署長は承認か却下の処分をして、申請者に書面によりその旨を通知します（所法110③）。

〔241〕　予定納税の減額申請

> **問**　今年は災害により農業所得が相当減ることが予想されます。
>
> 　ところが、先日税務署から前年と同じ所得額による予定納税の通知書を受けました。どうしたらよいですか。

〔回答〕　**予定納税の減額申請をすることができます。**

予定納税の減額申請は、その年６月30日（特別農業所得者の場合は、10月31日）の現況により、その年の総所得金額等や所得控除を見積もって計算した税額（これを「申告納税見積額」といいます。）が、予定納税基準額よりも少ないと見込まれる場合に行うことができます。この減額申請の期限は、７月15日（特別農業所得者の場合は、11月15日）です（所法111、所令261）。

なお、申告税額見積額の計算に当たっては、所得税に復興特別所得税の額（所得税額の2.1％）を含めて計算します。

この減額申請につき税務署長の承認を受けたときは、第一期分の納付すべき税額は、その認められた申告納税見積額の３分の１（特別農業所得者の場合には、第二期分としてその２分の１）に相当する金額とすることができます（所法114）。

第9章　消費税の仕組みとインボイス制度の概要

〔242〕 消費税のあらまし

> **問** 収入金額が一定額以上になると消費税を納めなければならないと聞きました。消費税の納税義務について、その概要を教えてください。

〔回答〕 基準期間における課税売上高が1千万円を超える事業者又は特定期間における課税売上高が1千万円を超える事業者は、消費税の納税義務者となります。

1 納税義務者（課税事業者）

　事業者（農家を含みます。）は、国内において行った課税資産の譲渡等について消費税を納める義務がありますが、その「課税期間」の「基準期間」における課税売上高が1千万円以下である場合及び「特定期間」の課税売上高が1千万円以下である場合（適格請求書発行事業者を除きます。）には、その課税期間の課税資産の譲渡等について納税義務が免除されます（この制度を「事業者免税点制度」といいます。また、納税義務が免除される事業者を「免税事業者」といいます。）（消法5①、9①、新消法9①）。

㊟　「課税期間」とは、当年のことをいい、「基準期間」とは、当年の前々年をいいます。また、「特定期間」とは、その課税期間の前年1月1日から6月30日までの期間をいい、特定期間の課税売上高が1千万円を超えるかどうかの判定については、課税売上高に代えて、特定期間中に支払った給与等の金額により判定することもできます。（消法9の2）。

　免税事業者が課税資産の譲渡等を行っても、その課税期間は、消費税は課税されませんが、課税仕入に係る消費税額も控除できません。

　なお、免税事業者が納税義務の免除の規定の適用を受けないことを選択し、その旨を記載した「消費税課税事業者選択届」を所轄税務署長に提出した場合には、その提出した日の属する課税期間の翌課税期間以後は課税事業者となります（消法9④）。

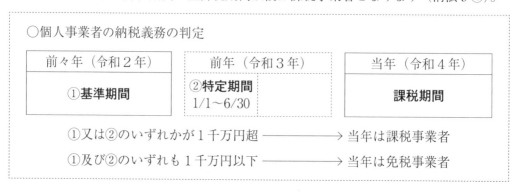

第9章　消費税の仕組みとインボイス制度の概要　293

2　課税される取引と課税されない取引

　消費税が課税される取引は、国内において事業者が事業として対価を得て行う資産の譲渡、資産の貸付け及び役務の提供で、商品の販売やサービスの提供など取引のほとんどが課税の対象とされています。

　なお、次のような取引は、消費税の性格や社会政策上の配慮などから非課税とされています（消法6①）。

①　土地の譲渡、貸付け（一時的なものを除く。）など

②　有価証券、支払手段の譲渡など

③　利子、保証料、保険料など

④　郵便切手、印紙などの譲渡

⑤　商品券、プリペイドカードなどの譲渡

⑥　住民票、戸籍抄本等の行政手数料など

⑦　国際郵便為替、外国為替など

⑧　社会保険医療など

⑨　介護保険サービス・社会福祉事業など

⑩　お産費用など

⑪　埋葬料・火葬料

⑫　一定の身体障害者用物品の譲渡・貸付けなど

⑬　一定の学校の授業料、入学金など

⑭　教科用図書の譲渡

⑮　住宅の貸付け（一時的なものを除く。）

　また、国外取引、対価を得て行うことに当たらない寄附や単なる贈与、国や地方公共団体から受ける補助金、出資に対する配当などを一般的に不課税取引といい、消費税はかかりません。

3　消費税の税率

　消費税率及び地方消費税率の標準税率は次のとおりで、飲食料品の譲渡、定期購読契約が締結された週2回以上発行される新聞の譲渡については「軽減税率」が適用されます。

	標準税率	軽減税率
消費税率	7.8%	6.24%
地方消費税率	2.2% （消費税額の22/78）	1.76% （消費税額の22/78）
合　　計	10.0%	8.0%

〔243〕　消費税の軽減税率の適用対象

> 問　「飲食料品等」の譲渡は消費税の軽減税率が適用されると聞きました。消費税の軽減税率の対象となる譲渡にはどのようなものがありますか。

〔回答〕「酒類・外食除く飲食料品」と「定期購読契約が締結された週2回以上発行される新聞」の譲渡には、軽減税率が適用されます。

　軽減税率が適用される資産の譲渡（以下「軽減対象資産の譲渡等」といいます。）については、具体的には次の資産の譲渡がこれに当たります（平成28年改正法附則34条①）（⇒問253、問254）。

1　酒類・外食を除く飲食料品の譲渡

　軽減税率の対象品目である「飲食料品」とは、食品表示法に規定する食品（酒税法に規定する酒類を除きます。）をいい、人の飲用又は食用に供されるものです。

　また、飲食料品の販売に際し使用される包装材料等が、その販売に付帯して通常必要なものとして使用されるものであるときは、その包装材料等も含め軽減税率の適用対象となる「飲食料品の譲渡」に該当します。なお、「飲食料品」の譲渡には、「外食」や「ケータリング」は含まれません（平28年改正法附則34①一）。

㊟　「外食」とは、飲食店業等の事業者が飲食設備（テーブル、椅子、カウンター等）のある場所において行う食事の提供をいいます。また、「ケータリング」とは、顧客が指定した場所において行う加熱、調理又は給仕等の役務を伴う飲食料品の提供をいいます。

《軽減税率の対象となる飲食料品の参考例》

・米（玄米）、酒米、野菜、果物

・送料（農産物価格に含まれるもの）

・包装代（農産物価格に含まれるもの）

2　週２回以上発行される新聞の定期購読契約に基づく譲渡

　軽減税率の適用対象となる「新聞」とは、定期購読契約が締結された週２回以上発行される、一定の題号を用い、政治、経済、社会、文化等に関する一般社会的事実を掲載するものです（平28年改正法附則34①二）。

　したがって、いわゆるスポーツ新聞や業界紙、日本語以外の新聞等についても、１週に２回以上発行される新聞で、定期購読契約に基づく譲渡であれば、軽減税率の適用対象とされます。

　なお、売店等での新聞の販売やインターネットを通じて配信される電子新聞は、標準税率とされます。

〔244〕　観光農園の入園料

> 問　私は果樹の観光農園を営んでおり、果物狩りの入園料と果物の販売収入があります。これらは、軽減税率の対象となりますか。

〔回答〕　軽減税率の対象品目である「飲食料品」とは、食品表示法に規定する食品をいいますので、入園料は軽減税率の対象になりません。

　果樹園での果物狩りの入園料は、顧客に果物を収穫させ、収穫した果物をその場で飲食させるといった役務の提供に該当しますので、「飲食料品の譲渡」に該当せず、軽減税率の適用対象とされません。

　また、収穫した果物について別途対価を受け取っている場合、その果物の販売は、「飲食料品の譲渡」に当たり、軽減税率の適用対象とされます。

　ご質問の場合、入園料は標準税率（10％）、果物の販売は軽減税率（８％）の対象となります。この場合、取引等を税率の異なるごとに区分して記帳しなければなりません。

〔245〕　もみの販売収入

> 問　私は米作農家で、玄米のほかもみの販売も行っています。もみの販売は、軽減税率の適用対象となりますか

〔回答〕　食用として販売されるものについては軽減税率の対象となります。

「食品」とは、人の飲用又は食用に供されるものをいいますので、人の飲用又は食用に供されるもみは、「食品」に該当し、その販売は軽減税率の適用対象となります（平成28年改正法附則34①一、軽減通達2）。

なお、人の飲用又は食用に供されるものではない「種もみ」として販売されるもみは、「食品」に該当せず、その販売は軽減税率の適用対象とされません。

ご質問の場合、人の食用に供されるものとして販売する場合には軽減税率の対象とされます。

〔246〕 消費税における農産物の譲渡の時期

> **問** 米麦などの農産物は、所得税の計算においては、収穫基準が適用されますが、本年産の米を翌年販売した場合、消費税の収入の計上時期はどのようになりますか。

〔回答〕 消費税の計算においては、棚卸資産の譲渡を行った日は、その引き渡しのあった日とされています。

米麦などの農産物については、所得税法上、収入金額の計上時期に関する特則として「収穫基準」があります（⇨問67）が、消費税については、このような規定は設けられていないことから、所得税法上、収穫基準を適用する場合であっても、消費税法上は、収穫基準は適用されません。

消費税の納税義務は、「課税資産の譲渡等をした時」に成立し、棚卸資産の譲渡を行った日は、その引き渡しのあった日とされています（通法15②七、消基通9－1－1）。

また、棚卸資産の委託販売に係る資産の譲渡をした日は、原則として、受託者が譲渡した日とされていますが、その委託品についての売上計算書が売上のつど作成されている場合は、継続適用により、その売上計算書の到着日を棚卸資産の譲渡をした日とすることが認められています（消基通9－1－3）。

したがって、ご質問にあるように、令和4年産米を令和5年に販売した場合は、令和5年の課税売上に計上します。また、収穫した米を農協に委託販売し、仮払金を令和4年に入金し、精算金を令和5年に入金したような場合には、仮渡金は令和4年、精算金は令和5年の課税売上に計上して差し支えありません。

第9章 消費税の仕組みとインボイス制度の概要　297

〔247〕 消費税における農産物の家事消費や事業消費の計算

> 問　私は米作農家で、米の家事消費があります。また、来期の作付け用として、収穫したもみを種もみとして保存しますが、これらの消費税の計算はどのように行いますか。

〔回答〕農産物の家事消費は、対価を得て行う資産の譲渡等とみなされ、課税売上に含まれます。同様に、種もみを事業消費した場合についても課税売上に含まれます。

　消費税は、原則として、実際に受領した課税資産の譲渡等の対価の額が課税標準とされますが、例外として、対価を得ない取引に対して、対価を得て行う資産の譲渡とみなして課税されます。そして、これには、個人事業者の家事消費も含まれます。

　個人事業者が家事消費を行った場合は、その資産を消費又は使用した時のその資産の価額、すなわち時価に相当する金額を課税標準として消費税が課税されます。ただし、棚卸資産を家事消費した場合は、その棚卸資産の仕入価額以上の金額、かつ、通常他に販売する価額のおおむね50パーセントに相当する金額以上の金額を対価の額として確定申告したときはその取扱いが認められています（消基通10－1－18）。

　したがって、ご質問の場合、米の販売価額の50％相当額を課税売上に計上して差し支えありません。また、種もみについても同様です。

〔248〕 卸売市場を通じて出荷する場合の課税売上の計算

> 問　私は野菜を市場に出荷しています。販売代金から委託販売手数料を差し引かれますが、課税売上の計算は委託販売手数料を差し引いた後の金額でよいですか。

〔回答〕　令和元年10月1日以後の取引については、委託販売手数料を控除する前の金額を課税売上高として計算します。

　農家が市場を通じて農産物を販売する場合、原則として市場が農産物を譲渡等したことに伴い収受した金額が農家における資産の譲渡等の金額となり、市場に支払う委託販売手数料が課税仕入れに係る支払対価の額となります（以下「総額処理」といいます。）。

　軽減税率制度実施前の令和元年9月30日までの単一税率においては、その課税期間中に行った委託販売等の全てについて、その資産の譲渡等の金額からその受託者に支払う

委託販売手数料を控除した残額を委託者における課税売上の金額とすることが認められていました（以下「純額処理」といいます。）（消基通10－1－12(1)）。

　軽減税率制度が実施された令和元年10月1日以後においては、委託販売等を通じて受託者が行う飲食料品の譲渡は軽減税率の適用対象となる一方、受託者が行う委託販売等に係る役務の提供は、その取扱商品が飲食料品であったとしても、標準税率の適用対象となります。

　したがって、その取扱商品が飲食料品である場合には、受託者が行う販売と委託販売に係る役務の提供の適用税率が異なるため、純額処理をすることはできません（軽減通達16）。

　なお、委託販売等に係る取扱商品が軽減税率の適用対象でない場合は、令和元年10月1日以後も引き続き純額処理によることができます。この場合には、軽減税率の適用対象ではない取扱商品に係る委託販売等の全てについて、純額処理による必要があります。

　ご質問の場合、令和元年10月1日以後、委託販売の対象となる農産物の譲渡等が軽減税率の適用対象（8％）である場合、委託販売手数料（10％）と税率が異なるため、純額処理によることはできず、委託販売手数料を控除する前の金額を課税売上高として計算します。

〔249〕　消費税の計算の仕方

> **問**　消費税には一般課税と簡易課税があると聞きました。計算の仕方にどのような違いがありますか。

〔回答〕　**消費税は、課税売上に係る消費税額から、課税仕入等に係る消費税額を控除して計算しますが、簡易課税制度を適用する事業者とその他の事業者とで、仕入控除税額の計算方法が異なります。**

1　一般課税

　消費税の納付税額は、課税期間中の課税売上高に7.8％（軽減税率の適用対象となる取引については6.24％）を乗じた額から、課税仕入高に110分の7.8（軽減税率の適用対象となる取引については108分の6.24）を乗じた額を差し引いて計算します。この場合の「課税売上高」は、消費税及び地方消費税に相当する額を含まない税抜きの価額です（消法29、30①、平成28年改正法附則34①）。

課税期間は、原則として、個人の場合は1月1日から12月31日までの1年間です。

≪一般課税の計算方法≫

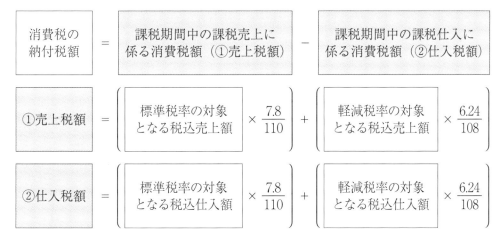

2 簡易課税制度

簡易課税制度とは、その課税期間における課税標準額に対する消費税額を基にして仕入控除税額を計算する制度をいいます。具体的には、その課税期間における課税標準額に対する消費税額に、みなし仕入れ率を乗じて求めた金額が仕入控除税額とみなされます。

この制度は、基準期間の課税売上高が5千万円以下の事業者が、適用を受けようとする課税期間の前年末までに、この適用を受ける旨を記載した「消費税簡易課税制度選択届出書」を所轄税務署長に提出している場合に選択できます（消法37①）。

なお、簡易課税制度を選択した場合、2年間以上継続した後でなければ、その適用を取りやめることはできません（消法37⑤⑥）。

≪みなし仕入率（消令57①）≫

事業区分	みなし仕入率	事業の内容
第一種事業	90%	【卸売業】 他の者から購入した商品をその性質、形状を変更しないで他の事業者に対して販売する事業をいいます。
第二種事業	80%	【小売業】 他の者から購入した商品をその性質、形状を変更しないで販売する事業で第一種事業以外のものをいいます。 【農業・林業・漁業】 飲食料品の譲渡に係る事業（軽減税率8％が適用されるもの。）をいいます。

第三種事業	70%	【農業・林業・漁業（標準税率10％が適用されるもの。）、鉱業、建設業、製造業（製造小売業を含みます。）、電気業、ガス業、熱供給業及び水道業】 　第一種事業、第二種事業に該当するもの及び加工賃その他これに類する料金を対価とする役務の提供を除きます。
第四種事業	60%	【飲食店業等】 　第一種事業、第二種事業、第三種事業、第五種事業および第六種事業以外の事業をいいます。 　なお、第三種事業から除かれる加工賃その他これに類する料金を対価とする役務の提供を行う事業も第四種事業となります。
第五種事業	50%	【運輸通信業、金融・保険業、サービス業（飲食店業に該当する事業を除きます。）】 　第一種事業から第三種事業までの事業に該当する事業を除きます。
第六種事業	40%	【不動産業】

　(注)　2種以上の事業を営んでいる場合は、原則として、課税売上高を事業の種類ごとに区分し、それぞれの事業区分ごとの課税売上高に係る消費税額にみなし仕入率を掛けて計算します（消令57②）。

≪簡易課税の計算方法≫

3　地方消費税額の計算

地方消費税の納付金額は消費税額に78分の22を掛けた金額です（地税法78の83）。

4　納付すべき消費税額等の計算

納税する際は、消費税の納付税額と地方消費税の納付税額の合計額をまとめて納税します。

第9章　消費税の仕組みとインボイス制度の概要　　301

〔250〕　消費税の経理処理と必要経費算入時期

> 問　消費税の課税対象となる取引の経理処理について、税込経理方式と税抜経理方
> 式があると聞きました。その概要について教えてください。

〔回答〕　消費税額を売上げや経費・仕入れ等の金額に含めて処理をする「税込経理方式」
　　　　と消費税額を売上げや経費・仕入等の金額と区分して処理する「税抜経理処理」
　　　　とがあり、どちらを選択してもよいとされています。

　消費税の納税義務者である事業者は、所得税の所得計算に当たり、消費税について税抜経理方式または税込経理方式のいずれかの経理方式によるかは、特別な届出等の手続きを行うことなく、任意に選択することができます（平元直所3-8）。

　なお、税抜経理方式、税込経理方式のいずれの場合でも、軽減税率（8％）の対象となる取引なのか、標準税率（10％）の対象となる取引なのかを明確に区分しておく必要があります。

1　税抜経理方式

　税抜経理方式による場合は、原則として消費税相当額を除いた金額が収入金額又は必要経費になります。この場合、課税売上げに係る消費税相当額は仮受消費税とし、課税仕入れに係る消費税相当額は仮払消費税とします。

　納付すべき税額又は還付を受ける税額は、仮受消費税の金額から仮払消費税の金額を控除した金額が納付すべき又は還付を受ける税額となるため、原則として、所得税の課税所得金額に影響はありません。

　なお、簡易課税制度の適用を受けている場合には、仮受消費税の金額から仮払消費税の金額を控除した金額と実際に納付すべき税額とに差額が生じますが、この差額については、その課税期間を含む年の総収入金額又は必要経費に算入します。

〔仕訳例〕
　○果樹の直売で6,480円（税込／軽減税率8％）を売上げ現金で受け取った。
　　（借）現　金　　　　6,480円　　　（貸）売　上　　　　6,000円
　　　　　　　　　　　　　　　　　　　　　　仮受消費税　　　480円
　○除草剤3,300円（税込／標準税率10％）が口座から引き落とされた。
　　（借）農薬衛生費　3,000円　　　（貸）普通預金　　　3,300円
　　　　　仮払消費税　　300円

2　税込経理方式

　税込経理方式による場合は、課税売上げに係る消費税の額は売上金額、課税仕入れに係る消費税の額は仕入金額などに含めて計上し、消費税の納付税額は消費税の申告時に必要経費（租税公課）とするのが原則ですが、未払金に計上して、その年分の必要経費にしても差し支えありません。

　また、消費税の還付税額が生じた場合には、その還付税額は、還付を受ける時の収入金額（雑収入）とするのが原則ですが、未収入金に計上して、その年分の収入金額にしても差し支えありません。

　なお、消費税の納税義務が免除されている免税事業者は、税込経理方式によります。

〔仕訳例〕
　○果樹の直売で6,480円（税込／軽減税率８％）を売上げ現金で受け取った。
　　（借）現　　金　　　6,480円　　　　（貸）売　　上　　　6,480円
　○除草剤3,300円（税込／標準税率10%）が口座から引き落とされた。
　　（借）農薬衛生費　　3,300円　　　　（貸）普通預金　　3,300円

---

〔251〕　消費税における総額表示

問　事業者が商品を販売する場合、消費税の表示はどのように行うのですか。その概要について教えてください。

〔回答〕　**商品の販売やサービスの提供を行う事業者は、あらかじめその取引価格を表示する際に、消費税額を含めた価格を表示しなければなりません。**

　事業者は、消費者に対してあらかじめ価格を表示する場合に、消費税額を含めた価格（税込価格）を表示しなければなりません（総額表示）。したがって、価格を表示していない場合にまで、税込価格の表示を義務付けるものではありません。また、口頭で伝えるような価格は、総額表示義務の対象とはなりません（消法63）。

　例えば、次に掲げるような表示が総額表示として認められます（標準税率10%が適用されるものとして記載しています。）。

　　22,000円

　　22,000円（税込）

　　22,000円（税抜価格20,000円）

第9章　消費税の仕組みとインボイス制度の概要　　303

22,000円（うち消費税額等2,000円）

22,000円（税抜価格20,000円、消費税額等2,000円）

22,000円（税抜価格20,000円、消費税率10％）

20,000円（税込価格22,000円）

〔252〕　区分記載請求書等保存方式

> 問　令和元年10月1日から令和5年9月30日までの間に適用される「区分記載請求書等保存方式」について、その概要を教えてください。

〔回答〕　令和元年10月1日から令和5年9月30日までの間は、仕入税額控除の要件について、軽減税率の適用対象となる仕入れかそれ以外の仕入れかの区分を明確に記載した帳簿及び請求書等の保存が要件とされています。

　軽減税率制度が実施される前の令和元年9月30までは、帳簿及び請求書等の保存を要件とする「請求書等保存方式」とされていましたが、軽減税率制度の実施に伴い、消費税等の税率が、軽減税率8％と標準税率10％の複数税率となったことから、令和元年10月1日から令和5年9月30日までの間は、軽減税率の適用対象となる商品の仕入れかそれ以外の仕入れかの区分を明確にするための記載事項を追加した帳簿及び請求書等の保存を要件とする「区分記載請求書等保存方式」とされています（消法37⑦、平成28年改正附則34②）。

　これに伴い、消費税等の申告等を行うためには、取引等を税率の異なるごとに区分して記帳するなどの経理（「区分経理」といいます。）を行う必要があります。

　《仕入税額控除の方式のスケジュール》

～令和元年9月30日	令和元年10月1日～令和5年9月30日
請求書等保存方式	区分記載請求書等保存方式

〔253〕　区分記載請求書等保存方式における帳簿及び請求書等の記載事項等

> 問　区分記載請求書等保存方式における、帳簿及び請求書等の記載事項や保存義務などについて教えてください。

〔回答〕 課税事業者の方は、仕入税額控除の適用を受けるためには区分経理に対応した帳簿及び「軽減税率の対象品目である旨」や「税率ごとに区分して合計した税込対価の額」等が記載された請求書等を保存しておかなければなりません。

　令和元年10月１日から令和５年９月30日までの区分記載請求書等保存方式においては、仕入税額控除の要件について、令和元年９月30日までの請求書等保存方式を基本的に維持しつつ、軽減税率の適用対象となる商品の仕入れかそれ以外の仕入れかの区分を明確にするため、次の下線部分が追加されました（改正附則34②③）（⇨問243）。

≪帳簿の記載事項≫

① 課税仕入れの相手方の氏名又は名称

② 課税仕入れを行った年月日

③ 課税仕入れに係る資産又は役務の内容

（課税仕入れが他の者から受けた軽減対象資産の譲渡等に係るものである場合には、資産の内容及び軽減対象資産の譲渡等に係るものである旨）

④ 課税仕入れに係る支払対価の額

≪請求書等の記載事項≫

① 書類の作成者の氏名又は名称

② 課税資産の譲渡等を行った年月日

③ 課税資産の譲渡等に係る資産又は役務の内容

（課税資産の譲渡等が軽減対象資産の譲渡等である場合には、資産の内容及び軽減対象資産の譲渡等である旨）

④ 税率ごとに合計した課税資産の譲渡等の対価の額（税込価格）

⑤ 書類の交付を受けるその事業者の氏名又は名称

〔254〕　軽減対象資産の譲渡等である旨の記載方法等

> 問　区分記載請求書等に記載する「軽減対象資産の譲渡等である旨」について、どのように記載するのか教えてください。

〔回答〕 「軽減対象資産の譲渡等である旨」の記載については、軽減対象資産の譲渡等であることが客観的に明らかであるといえる程度の表示が必要とされます。

　区分記載請求書等の記載において、個々の取引ごとに10％や８％の税率が記載されて

いる場合のほか、例えば、次のような場合も「軽減対象資産の譲渡等である旨」の記載があると認められます（軽減通達18）（⇨問243）。

① 軽減税率の対象となる商品に係る請求書とそれ以外の商品に係る請求書とを分けて作成し、軽減税率の対象となる商品に係る請求書において、そこに記載された商品が軽減税率の対象であることが表示されている場合

② 同一の請求書において、軽減税率の対象となる商品とそれ以外の商品とを区分し、軽減税率の対象となる商品として区分されたものについて、その全体が軽減税率の対象であることが表示されている場合

③ 同一の請求書において、軽減税率の対象となる商品に、「※」などの記号・番号等を表示し、かつ、これらの記号・番号等が「軽減対象資産の譲渡等である旨」を別途「※は軽減対象」などと表示し、明らかにしている場合

【記載例】

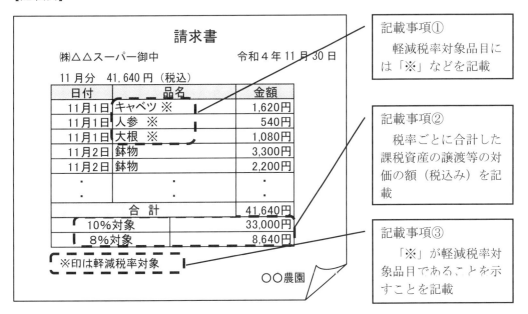

〔255〕 適格請求書等保存方式（インボイス制度）への移行

> 問　令和5年10月から導入される「適格請求書等保存方式（インボイス制度）」について、その概要を教えてください。

〔回答〕 令和5年10月からの「適格請求書等保存方式」においては、税務署長に申請して登録を受けた課税事業者である適格請求書発行事業者が交付する適格請求書（いわゆる「インボイス」）等の保存が仕入税額控除の要件となります。

　複数税率に対応した仕入税額控除の方式として、令和5年10月1日から、「区分記載請求書等保存方式」に代わり「適格請求書等保存方式」が導入されます（新消法30、57の2、57の4）。

　適格請求書等保存方式においては、一定の事項を記載した帳簿及び適格請求書等の保存が仕入税額控除の要件となります。

　「適格請求書（インボイス）」とは、売手が買手に対し、正確な適用税率や消費税額等を伝えるもののことをいい、課税資産の譲渡等について、適格請求書を交付しようとする課税事業者は、あらかじめ納税地を所轄する税務署長に申請書を提出して「適格請求書発行事業者」の登録を受ける必要があります。

　適格請求書発行事業者は、国内において課税資産の譲渡等を行った場合、その課税資産の譲渡等を受ける他の事業者から求められた場合には、適格請求書を発行しなければなりません。

　(注)　適格請求書の様式は法令等で定められておらず、適格請求書として次の事項が記載されたもの（請求書、納品書、領収書、レシート等）であれば、その名称を問わず適格請求書に該当します（新消法57の4①）。

① 適格請求書発行事業者の氏名又は名称及び登録番号

② 課税資産の譲渡等を行った年月日

③ 課税資産の譲渡等に係る資産又は役務の内容（課税資産の譲渡等が軽減対象資産の譲渡等である場合には、資産の内容及び軽減対象資産の譲渡等である旨）

④ 課税資産の譲渡等の税抜価額又は税込価額を税率ごとに区分して合計した金額及び適用税率

⑤ 税率ごとに区分した消費税額等（消費税額及び地方消費税額に相当する金額の合計額をいいます。以下同じ。）

⑥ 書類の交付を受ける事業者の氏名又は名称

《仕入税額控除の方式のスケジュール》

令和元年10月1日～令和5年9月30日	令和5年10月1日～
区分記載請求書等保存方式	適格請求書等保存方式

第9章 消費税の仕組みとインボイス制度の概要　307

〔256〕 適格請求書発行事業者の登録制度

> 問　私は消費税の課税事業者ですが、適格請求書はどなたでも発行できるのですか。必要な手続き等があれば教えてください。

〔回答〕　「適格請求書」を発行できるのは、「適格請求書発行事業者」に限られ、適格請求書発行事業者となるためには、税務署長に申請書を提出し、登録を受ける必要があります。なお、登録を受けることができるのは、原則として課税事業者に限られます。

　適格請求書等保存方式においては、仕入税額控除の要件として、原則、適格請求書発行事業者から交付を受けた適格請求書の保存が必要になります。

　適格請求書を交付しようとする課税事業者は、所轄税務署長に適格請求書発行事業者の登録申請書を提出し、適格請求書発行事業者として登録を受ける必要があります（新消法57の2①②④）。

　登録申請書の提出を受けた税務署長は、登録拒否要件に該当しない場合には、適格請求書発行事業者登録簿に法定事項を登載して登録を行い、登録を受けた事業者に対して、その旨を通知することとされています（新消法57の2③④⑤⑦）。

　なお、相手方から交付を受けた請求書等が適格請求書に該当することを客観的に確認できるよう、適格請求書発行事業者の情報については、国税庁ホームページ「適格請求書発行事業者公表サイト」において公表されます。公表される情報は、適格請求書発行事業者の氏名、登録番号、登録年月日などですが、本人の申し出により、個人事業者の「主たる屋号」、「主たる事務所の所在地等」についても公表が可能です。この場合、必要事項を記載した「適格請求書発行事業者の公表事項の公表（変更）申出書」を提出します。

　登録申請書は、適格請求書等保存方式の導入の2年前である令和3年10月1日から提出することができます（平成28年改正法附則1八、44①）。

　令和5年10月1日から登録を受けようとする事業者は、令和5年3月31日までに納税地を所轄する税務署長に登録申請書を提出する必要があります。

　なお、令和5年3月31日までに登録申請書を提出できなかったことにつき困難な事情（その困難の度合いは問いません。）がある場合に、令和5年9月30日までの間に登録申請書にその困難な事情を記載して提出し、税務署長により適格請求書発行事業者の登録

を受けたときは、令和5年10月1日に登録を受けたこととみなされます（平成30年改正令附則15、インボイス通達5-2）。

　登録申請書は、e-Taxを利用して提出できます。郵送等により提出する場合の送付先は、各国税局の「インボイス登録センター」となります。

　各国税局の「インボイス登録センター」は国税庁ホームページでご確認ください。

〔257〕　免税事業者が登録を受ける場合の手続き

> 問　私は免税事業者で、適格請求書発行所業者の登録を受けたいと考えています。
> 　必要な手続き等を教えてください。

〔回答〕　**免税事業者が、令和5年10月1日から適格請求書発行事業の登録を受ける場合は、所轄税務署長に適格請求書発行事業者の登録申請書を提出します。**

　問256のとおり、適格請求書の登録は、原則として課税事業者に限られますが、免税事業者が令和5年10月1日から登録を受けようとする場合は、令和5年3月31日までに納税地を所轄する税務署長に登録申請書を提出する必要があります（平成28年改正法附則44①）。

　なお、令和5年3月31日までに登録申請書を提出できなかったことにつき困難な事情がある場合に、令和5年9月30日までの間に登録申請書にその困難な事情を記載して提出し、税務署長により適格請求書発行事業者の登録を受けたときは、令和5年10月1日に登録を受けたこととみなされます（⇒問256）。

　また、免税事業者が令和5年10月1日から令和11年9月30日までの日の属する課税期間中に適格請求書発行事業者の登録を受ける場合には、その登録日から適格請求書発行事業者となることができます。ただし、この適用を受けて登録日から課税事業者となる適格請求書発行事業者（その登録日が令和5年10月1日の属する課税期間中である人を除きます。）のその登録日の属する課税期間の翌課税期間からその登録日以後2年を経過する日の属する課税期間までの各課税期間については、事業者免税点制度（⇒問242）を適用することはできません。

　免税事業者が課税事業者となることを選択した課税期間の初日から登録を受けようとする場合は、その課税期間の初日の前日から起算して1月前の日までに、登録申請書を提出しなければなりません（新消法57の2②、新消令70の2）。

第9章　消費税の仕組みとインボイス制度の概要　　309

(注)　その課税期間の基準期間における課税売上高が1,000万円以下の事業者は、原則
として、消費税の納税義務が免除され、免税事業者となりますが、適格請求書発行
事業者は、その基準期間における課税売上高が1,000万円以下となった場合でも免
税事業者となりません（新消法9①、インボイス通達2－5）。

〔258〕　免税事業者が登録申請を行うか否かの判断

> 問　私は免税事業者ですが、令和5年10月1日から適格請求書発行事業者の登録
> を受ける必要はありますか。

〔回答〕　適格請求書発行事業者の登録を受けるか否かの判断は、事業者の判断に委ねら
れます。ご自身の経営状況に合わせて、登録申請の必要性を判断します。

　適格請求書を交付できるのは、登録を受けた適格請求書発行事業者に限られますが、
適格請求書発行事業者の登録を受けるかどうかは事業者の任意です（新消法57の2①、
57の4①）。

　適格請求書発行事業者は、販売する商品に軽減税率対象品目があるかどうかを問わず、
取引の相手方である課税事業者から適格請求書の交付を求められたときには、適格請求
書を交付しなければなりません。その一方、消費者や免税事業者など、課税事業者以外
の人に対する交付義務はありません。例えば、取引の相手方が消費者のみの場合には、
必ずしも適格請求書を交付する必要はありません。何故なら、消費税の最終負担者であ
る消費者は、消費税の申告を行う必要がないため、適格請求書を必要としないからです。
よって、取引の相手方がすべて消費者の場合、敢えて登録を受ける必要はないと考えら
れるわけです。

　また、農協等に対して、無条件委託方式かつ共同計算方式により販売を委託した農林
水産物の販売は、適格請求書を交付することが困難な取引として、組合員等から購入者
に対する適格請求書の交付義務が免除されるほか、卸売市場において、卸売業者が卸売
の業務として出荷者から委託を受けて行う生鮮食料品等の販売は、適格請求書を交付す
ることが困難な取引として、出荷者等から生鮮食料品等を購入した事業者に対する適格
請求書の交付義務が免除されることとされています（⇨問263、問264、問265）。

　さらには、取引の相手方が課税事業者であっても、簡易課税制度を適用している課税
事業者は、仕入税額控除額の計算において適格請求書を必要としないため、適格請求書

310　　第9章　消費税の仕組みとインボイス制度の概要

の交付を求められることはないと考えられます（⇨問249）。

　上記から、取引の相手方が飲食業者などの課税事業者であり適格請求書の発行を求められるケース、課税事業者であっても適格請求書の保存を必要としないケース、すべての取引の相手方が消費者であり適格請求書の交付を要しないケース、農産物の出荷先がすべて農協や市場等で適格請求書の交付義務が免除されるケースなど、自身の取引がどのケースに当てはまるかなど検討したうえ、また、必要に応じて、専門家の意見なども参考に登録の必要性を判断するとよいでしょう（⇨問261）。

〔259〕　免税事業者が登録を受ける場合の確定申告

> 問　私は令和5年分について免税事業者ですが、令和5年10月1日から適格請求書発行事業者の登録を受ける場合、令和5年1月1日から令和5年12月31日までの課税期間の消費税の申告はどのようになりますか。

〔回答〕　令和5年10月1日から令和5年12月31日までの期間に行った課税資産の譲渡等について、令和5年分の消費税の申告が必要です。

　令和5年分について免税事業者である個人事業者が令和5年10月1日から適格請求書発行事業者の登録を受けた場合には、登録日である令和5年10月1日以降は課税事業者となるので、令和5年10月1日から令和5年12月31日までの期間に行った課税資産の譲渡等について、令和5年分の消費税の申告が必要です。令和5年10月1日より前に登録の通知を受けた場合であっても、登録の効力は登録日である令和5年10月1日から生じます。

　なお、令和5年分について免税事業者である個人事業者が適格請求書発行事業者の登録に際し、令和5年分を適用開始課税期間とする課税選択届出書を提出している場合は、その課税期間中（令和5年1月1日から令和5年12月31日まで）に行った課税資産の譲渡等について、令和5年分の消費税の申告が必要です。

第9章　消費税の仕組みとインボイス制度の概要　　311

≪令和5年10月1日から適格請求書発行事業者の登録を受けた場合≫

令和5年分	令和6年分
登録日 （令和5年10月1日） ↓	
免税事業者	←──────　適格請求書発行事業者　──────→ （課税事業者）
令和5年分消費税の申告	令和6年分消費税の申告

≪令和5年分を適用開始課税期間とする課税選択届出書を提出している場合≫

令和5年分	令和6年分
適格請求書発行事業者 （課税事業者）	適格請求書発行事業者 （課税事業者）
令和5年分消費税の申告	令和6年分消費税の申告

〔260〕　免税事業者が簡易課税制度を選択する場合

> 問　免税事業者が令和5年10月1日から適格請求書発行事業者の登録を受ける場合、その課税期間から簡易課税制度を選択することは可能ですか。

〔回答〕　登録日の属する課税期間中にその課税期間から簡易課税制度の適用を受ける旨を記載した「消費税簡易課税制度選択届出書」を、所轄税務署長に提出した場合には、その課税期間の初日の前日に消費税簡易課税制度選択届出書を提出したものとみなされます。

　免税事業者が令和5年10月1日の属する課税期間中に登録を受けることとなった場合には、登録日（令和5年10月1日より前に登録の通知を受けた場合であっても、登録の効力は登録日である令和5年10月1日から生じます。）から課税事業者となる経過措置が設けられています（平成28年改正法附則44④、インボイス通達5−1）。

　この経過措置の適用を受ける事業者が、登録日の属する課税期間中にその課税期間から簡易課税制度の適用を受ける旨を記載した「消費税簡易課税制度選択届出書」を、所轄税務署長に提出した場合には、その課税期間の初日の前日に消費税簡易課税制度選択

届出書を提出したものとみなされます（平成30年改正令附則18）。

　ご質問の場合、令和5年10月1日の属する課税期間中（令和5年12月31日まで）にその課税期間（令和5年分）から簡易課税制度の適用を受ける旨を記載した「消費税簡易課税制度選択届出書」を提出することにより、その課税期間から、簡易課税制度の適用を受けることができます。

〔261〕　適格請求書の交付義務等

> 問　このたび、適格請求書発行事業者の登録通知書を受け取りましたが、適格請求書を請求された場合どのような場合でも交付しなければなりませんか。

〔回答〕　**適格請求書発行事業者には、相手方からの求めに応じて適格請求書を交付する義務が課されていますが、一定の場合は、適格請求書の交付義務が免除されます。**

　適格請求書発行事業者には、国内において課税資産の譲渡等を行った場合に、相手方（課税事業者に限ります。）から適格請求書の交付を求められたときは、適格請求書を交付しなければなりません（新消法57の4①）。

　なお、適格請求書発行事業者が行う事業の性質上、適格請求書を交付することが困難な次の取引については、適格請求書の交付義務が免除されます（新消法57の4①、新消令70の9②、新消規26の6）。

① 　3万円未満の公共交通機関（船舶、バス又は鉄道）による旅客の運送
② 　出荷者等が卸売市場において行う生鮮食料品等の販売（出荷者から委託を受けた受託者が卸売の業務として行うものに限ります。）
③ 　生産者が農業協同組合、漁業協同組合又は森林組合等に委託して行う農林水産物の販売（無条件委託方式かつ共同計算方式により生産者を特定せずに行うものに限ります。）
④ 　3万円未満の自動販売機及び自動サービス機により行われる商品の販売等
⑤ 　郵便切手類のみを対価とする郵便・貨物サービス（郵便ポストに差し出されたものに限ります。）

　なお、小売業、飲食店業、タクシー業等の不特定多数の者に対して資産の譲渡等を行う事業については、適格請求書の記載事項を簡易なものとした「適格簡易請求書」を交付することができます（新消法57の4②、新消令70の11）（⇨問262）。

また、適格請求書発行事業者は、適格請求書の交付に代えて、その記載事項に係る電磁的記録を提供することもできます（新消法57の4⑤）。

〔262〕 適格簡易請求書を交付できる人

> **問** 私は花卉経営を行っており、庭先で直売を行っています。小売りを行う場合、適格請求書に代えて簡易な記載事項による請求書を交付することができますか。

〔回答〕 **適格請求書に代えて、適格簡易請求書を交付することができます。**

適格請求書発行事業者が、不特定かつ多数の者に課税資産の譲渡等を行う次の事業を行う場合には、適格請求書に代えて、適格請求書の記載事項を簡易なものとした適格簡易請求書を交付することができます（新消法57の4②、新消令70の11）。

① 小売業

② 飲食店業

③ 写真業

④ 旅行業

⑤ タクシー業

⑥ 駐車場業（不特定かつ多数の者に対するものに限ります。）

⑦ その他これらの事業に準ずる事業で不特定かつ多数の者に資産の譲渡等を行う事業

「不特定かつ多数の者に資産の譲渡等を行う事業」であるかどうかは、個々の事業の性質により判断しますが、例えば、資産の譲渡等を行う者が資産の譲渡等を行う際に相手方の氏名又は名称等を確認せず、取引条件等をあらかじめ提示して相手方を問わず広く資産の譲渡等を行うことが常態である事業などについては、これに該当します。

なお、適格請求書発行事業者は、適格簡易請求書についても、その交付に代えて、その記載事項に係る電磁的記録を提供することができます（新消法57の4⑤）。

適格簡易請求書の具体的な記載事項は、問270を参照ください。

314　　第9章　消費税の仕組みとインボイス制度の概要

〔263〕　卸売市場を通じた委託販売に係る適格請求書の交付義務等

> 問　卸売市場を通じた生鮮食料品等の委託販売は、出荷者等の適格請求書の交付義務が免除されると聞きました。具体的には、どのような取引が対象となりますか。

〔回答〕　卸売市場において、卸売業者が出荷者から委託を受けて行う生鮮食料品等の販売は、出荷者等から生鮮食料品等を購入した事業者に対する適格請求書の交付義務が免除されます。

　卸売市場法に規定する卸売市場において、同法に規定する卸売業者が卸売の業務として出荷者から委託を受けて行う同法に規定する生鮮食料品等の販売は、適格請求書を交付することが困難な取引として、出荷者等から生鮮食料品等を購入した事業者に対する適格請求書の交付義務が免除されます（新消法57の4①、新消令70の9②二イ）。

　なお、本特例の対象となる卸売市場とは、次に揚げるものとされています。

①　農林水産大臣の認定を受けた中央卸売市場

②　都道府県知事の認定を受けた地方卸売市場

③　①及び②に準ずる卸売市場として農林水産大臣が財務大臣と協議して定める基準を満たす卸売市場のうち農林水産大臣の確認を受けた卸売市場

　なお、③の農林水産大臣が財務大臣と協議して定める基準は、以下の5つが定められています（令和2年農林水産省告示第683号）。

①　生鮮食料品等（卸売市場法第2条第1項に規定する生鮮食料品等をいいます。②についても同じ。）の卸売のために開設されていること

②　卸売場、自動車駐車場その他の生鮮食料品等の取引及び荷捌きに必要な施設が設けられていること

③　継続して開場されていること

④　売買取引の方法その他の市場の業務に関する事項及び当該事項を遵守させるための措置に関する事項を内容とする規程が定められていること

⑤　卸売市場法第2条第4項に規定する卸売をする業務のうち販売の委託を受けて行われるものと買い受けて行われるものが区別して管理されていること

〔264〕 農協等を通じた委託販売に係る適格請求書の交付義務等

> 問 農業協同組合等を通じた農林水産物の委託販売は、組合員等の適格請求書の交付義務が免除されると聞きました。具体的には、どのような取引が対象となりますか。

〔回答〕 農業協同組合などの組合員が、農協等に対して販売を委託した農林水産物の販売は、組合員等から購入者に対する適格請求書の交付義務が免除されます。

　農業協同組合法に規定する農業協同組合や農事組合法人、水産業協同組合法に規定する水産業協同組合、森林組合法に規定する森林組合及び中小企業等協同組合法に規定する事業協同組合や協同組合連合会（以下これらを併せて「農協等」といいます。）の組合員その他の構成員が、農協等に対して、無条件委託方式かつ共同計算方式により販売を委託した、農林水産物の販売（その農林水産物の譲渡を行う者を特定せずに行うものに限ります。）は、適格請求書を交付することが困難な取引として、組合員等から購入者に対する適格請求書の交付義務が免除されます（新消法57の4①、新消令70の9②二ロ）。

　なお、無条件委託方式及び共同計算方式とは、それぞれ、次のものをいいます（新消令70の9②二ロ、新消規26の5②）。

① 無条件委託方式

　　出荷した農林水産物について、売値、出荷時期、出荷先等の条件を付けずに、その販売を委託すること

② 共同計算方式

　　一定の期間における農林水産物の譲渡に係る対価の額をその農林水産物の種類、品質、等級その他の区分ごとに平均した価格をもって算出した金額を基礎として精算すること

〔265〕 直売所などの媒介者を介して行う取引（媒介者交付特例）

> **問** 私（委託者）は、農協のＡ直売所（受託者）に野菜の販売を委託し、委託販売を行っています。これまで、販売した野菜の納品書はＡ直売所から購入者に交付していましたが、この納品書を適格請求書として交付することはできますか。
>
> なお、私とＡ直売所はいずれも適格請求書発行事業者です。

〔回答〕 一定の要件を満たす場合には、販売を委託された受託者が、自己の登録番号等を記載した適格請求書等を、委託者に代わって交付することができます。

　適格請求書発行事業者には、課税資産の譲渡等を行った場合、課税事業者からの求めに応じて適格請求書の交付義務が課されています（新消法57の４①）。

　委託販売の場合、購入者に対して課税資産の譲渡等を行っているのは、委託者ですから、本来、委託者が購入者に対して適格請求書を交付しなければなりません。

　このような場合、受託者が委託者を代理して、委託者の氏名又は名称及び登録番号を記載した、委託者の適格請求書を、相手方に交付することも認められます（代理交付）。

　また、次の①及び②の要件を満たすことにより、媒介又は取次ぎを行う受託者が、委託者の課税資産の譲渡等について、自己の氏名又は名称及び登録番号を記載した適格請求書又は適格請求書に係る電磁的記録を、委託者に代わって、購入者に交付し、又は提供することができます（以下「媒介者交付特例」といいます。）（新消令70の12①）。

　①　委託者及び受託者が適格請求書発行事業者であること

　②　委託者が受託者に、自己が適格請求書発行事業者の登録を受けている旨を取引前までに通知していること（通知の方法としては、個々の取引の都度、事前に登録番号を書面等により通知する方法のほか、例えば、基本契約等により委託者の登録番号を記載する方法などがあります（インボイス通達３－７）。）

　なお、媒介者交付特例を適用する場合における受託者の対応及び委託者の対応は、次のとおりです。

【受託者の対応（新消令70の12①③）】

　①　交付した適格請求書の写し又は提供した電磁的記録を保存する。

　②　交付した適格請求書の写し又は提供した電磁的記録を速やかに委託者に交付又は提供する。

　(注)　委託者に交付する適格請求書の写しについては、例えば、複数の委託者の商品を

第9章　消費税の仕組みとインボイス制度の概要　　317

販売した場合や、多数の購入者に対して日々適格請求書を交付する場合などで、コ
ピーが大量になるなど、適格請求書の写しそのものを交付することが困難な場合に
は、適格請求書の写しと相互の関連が明確な、精算書等の書類等を交付することで
差し支えありませんが、この場合には、交付した当該精算書等の写しを保存しなけ
ればなりません（インボイス通達3-8）。

　なお、精算書等の書類等には、適格請求書の記載事項のうち、「課税資産の譲渡
等の税抜価額又は税込価額を税率ごとに区分して合計した金額及び適用税率」や「税
率ごとに区分した消費税額等」など、委託者の売上税額の計算に必要な一定事項を
記載する必要があります。

【委託者の対応（新消令70の12④）】

①　自己が適格請求書発行事業者でなくなった場合、その旨を速やかに受託者に通知
する。

②　委託者の課税資産の譲渡等について、受託者が委託者に代わって適格請求書を交
付していることから、委託者においても、受託者から交付された適格請求書の写し
を保存する。

　したがって、ご質問の場合は、A直売所も適格請求書発行事業者ですから、あなたが
A直売所に自らが適格請求書発行事業者であることを通知することにより、A直売所が
自らの名称及び登録番号を記載した納品書を作成し、あなたの適格請求書として購入者
に交付することができます。

　なお、あなたはA直売所から交付を受けた適格請求書の写しを保存しなければなりま
せん。

〔266〕　適格請求書等の写しの保存義務等

> 問　適格請求書発行事業者は、交付した適格請求書の写しの保存が義務付けられて
> いると聞きました。その概要を教えてください。

〔回答〕　適格請求書発行事業者は、交付した適格請求書の写しを保存しなければなりま
せん。

　適格請求書発行事業者には、交付した適格請求書（適格簡易請求書を含みます。）の
写し、又は提供した適格請求書に係る電磁的記録の保存義務があります（新消法57の4

⑥）。

　「交付した適格請求書の写し」とは、交付した書類そのものを複写したものに限らず、その適格請求書の記載事項が確認できる程度の記載がされているものもこれに含まれますので、例えば、適格簡易請求書に係るレジのジャーナル、複数の適格請求書の記載事項に係る一覧表や明細表などの保存があれば足りることとなります。

　この適格請求書の写しや電磁的記録については、交付した日又は提供した日の属する課税期間の末日の翌日から２月を経過した日から７年間、納税地又はその取引に係る事務所、事業所その他これらに準ずるものの所在地に保存しなければなりません（新消令70の13①）。

（参考）仕入税額控除の要件として保存すべき請求書等についても、同様です（新消令50①）。

〔267〕　適格請求書等保存方式における仕入税額控除の要件

> 問　仕入税額控除を行う場合、一定の事項を記載した帳簿及び「適格請求書」等を保存しなければいけないと聞きました。その概要を教えてください。

〔回答〕　**適格請求書等保存方式においては、一定の事項が記載された帳簿及び請求書等の保存が仕入税額控除の要件とされます。**

　事業者は仕入税額控除を行う場合、課税仕入等の税額の控除に係る帳簿及び請求書等を保存しなければなりません（新消法30⑦）。

　また、保存すべき請求書等には、適格請求書のほか、次の書類等も含まれます（新消法30⑨）。

イ　適格簡易請求書

ロ　適格請求書又は適格簡易請求書の記載事項に係る電磁的記録

ハ　適格請求書の記載事項が記載された仕入明細書、仕入計算書その他これらに類する書類（相手方の確認を受けたものに限ります。）（書類に記載すべき事項に係る電磁的記録を含みます。）

ニ　次の取引について、媒介又は取次ぎに係る業務を行う者が作成する一定の書類（書類に記載すべき事項に係る電磁的記録を含みます。）

　　・卸売市場において出荷者から委託を受けて卸売の業務として行われる生鮮食料品

第9章　消費税の仕組みとインボイス制度の概要　319

等の販売

・農業協同組合、漁業協同組合又は森林組合等が生産者（組合員等）から委託を受けて行う農林水産物の販売（無条件委託方式かつ共同計算方式によるものに限ります。）

なお、請求書等の交付を受けることが困難であるなどの理由により、次の取引については、一定の事項を記載した帳簿のみの保存で仕入税額控除が認められます（新消法30⑦、新消令49①、新消規15の4）。

① 公共交通機関特例の対象として適格請求書の交付義務が免除される3万円未満の公共交通機関による旅客の運送

② 適格簡易請求書の記載事項（取引年月日を除きます。）が記載されている入場券等が使用の際に回収される取引（①に該当するものを除きます。）

③ 古物営業を営む者の適格請求書発行事業者でない者からの古物（古物営業を営む者の棚卸資産に該当するものに限ります。）の購入

④ 質屋を営む者の適格請求書発行事業者でない者からの質物（質屋を営む者の棚卸資産に該当するものに限ります。）の取得

⑤ 宅地建物取引業を営む者の適格請求書発行事業者でない者からの建物（宅地建物取引業を営む者の棚卸資産に該当するものに限ります。）の購入

⑥ 適格請求書発行事業者でない者からの再生資源及び再生部品（購入者の棚卸資産に該当するものに限ります。）の購入

⑦ 適格請求書の交付義務が免除される3万円未満の自動販売機及び自動サービス機からの商品の購入等

⑧ 適格請求書の交付義務が免除される郵便切手類のみを対価とする郵便・貨物サービス（郵便ポストに差し出されたものに限ります。）

⑨ 従業員等に支給する通常必要と認められる出張旅費等（出張旅費、宿泊費、日当及び通勤手当）

〔268〕 適格請求書発行事業者の登録の取りやめ

問　私は、令和5年10月1日に適格請求書発行事業者の登録を受けていましたが、令和7年1月1日から適格請求書発行事業者の登録を取りやめたいと思います。どのような手続が必要ですか。

〔回答〕 「適格請求書発行事業者の登録の取消しを求める旨の届出書」を提出する必要
があります。

　適格請求書発行事業者は、所轄税務署長に「適格請求書発行事業者の登録の取消しを
求める旨の届出書」（以下「登録取消届出書」といいます。）を提出することにより、適
格請求書発行事業者の登録の効力を失わせることができます（新消法57の2⑩一）。

　なお、この場合、原則として、登録取消届出書の提出があった日の属する課税期間の
翌課税期間の初日に登録の効力が失われることとされています（新消法57の2⑩一）。

　ただし、登録取消届出書を、その提出のあった日の属する課税期間の末日から起算し
て30日前の日から、その課税期間の末日までの間に提出した場合は、その提出があった
日の属する課税期間の翌々課税期間の初日に登録の効力が失われることとされていま
す。

　ご質問の場合については、令和6年12月1日までに登録取消届出書を提出する必要が
あります。

《適格請求書発行事業者の登録の取消届出》

（例）適格請求書発行事業者である個人事業者が令和6年11月1日に登録取消届出書
　　　を提出した場合

令和6年分	令和7年分
登録取消届出書提出日 （令和6年11月1日） ↓	
適格請求書発行事業者 （課税事業者）	適格請求書発行事業者でない事業者 （課税事業者）

（参考）課税選択届出書を提出している事業者の場合、適格請求書発行事業者の登録
　　　の効力が失われた後の課税期間について、基準期間の課税売上高が1,000万円以
　　　下であるなどの理由により免税事業者となるためには、適用を受けようとする
　　　課税期間の初日の前日までに「消費税課税事業者選択不適用届出書」を提出す
　　　る必要があります。例えば、上記例の場合（課税選択届出書を提出している個
　　　人事業者の場合）、令和7年分について免税事業者となるためには、登録取消届
　　　出書を提出した令和6年11月1日から令和6年12月31日までの間に「消費税課
　　　税事業者選択不適用届出書」を提出する必要があります。

第9章 消費税の仕組みとインボイス制度の概要   321

〔269〕 適格請求書の記載事項

> 問 私は、事業者に対して野菜及び花物の販売を行っています。令和5年10月からの適格請求書等保存方式の導入を踏まえ、買手が仕入税額控除を行うための請求書を発行したいと考えていますが、どのような対応が必要ですか。

〔回答〕 **適格請求書には、適格請求書発行事業者の氏名又は名称及び登録番号や課税資産の譲渡等を行った年月日などを記載する必要があります。**

適格請求書には、次の事項が記載されていることが必要です（区分記載請求書等保存方式における請求書等の記載事項に加え、①、④及び⑤の下線部分が追加されます。）（新消法57の4①）。

① 適格請求書発行事業者の氏名又は名称及び<u>登録番号</u>

② 課税資産の譲渡等を行った年月日

③ 課税資産の譲渡等に係る資産又は役務の内容（課税資産の譲渡等が軽減対象資産の譲渡等である場合には、資産の内容及び軽減対象資産の譲渡等である旨）

④ 課税資産の譲渡等の税抜価額又は税込価額を<u>税率ごとに区分して合計した金額及び適用税率</u>

⑤ <u>税率ごとに区分した消費税額等</u>

⑥ 書類の交付を受ける事業者の氏名又は名称

㊟ 上記の記載事項のうち、①の登録番号を記載しないで作成した請求書等は、令和元年10月1日から実施された軽減税率制度における区分記載請求書等として取り扱われます。

【記載例】

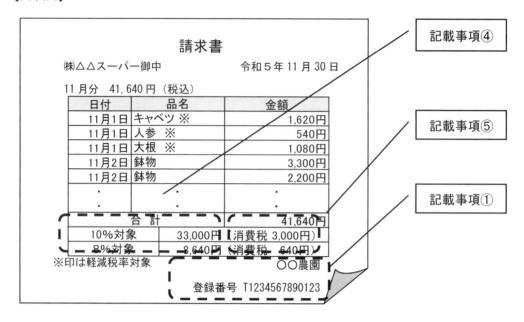

〔270〕 適格簡易請求書の記載事項

> 問　私は花卉経営を行っており、庭先で直売を行っています。これまで、売上はレシートを発行してきましたが、適格請求書に代えて適格簡易請求書を交付しようと考えています。記載事項などについて教えてください。

〔回答〕　適格簡易請求書の記載事項は書類の交付を受ける事業者の氏名又は名称を省略できるなど簡易なものとされています。

　適格簡易請求書の記載事項は、適格請求書の記載事項よりも簡易なものとされており、適格請求書の記載事項と比べると、「書類の交付を受ける事業者の氏名又は名称」の記載が不要である点、「税率ごとに区分した消費税額等」又は「適用税率」のいずれか一方の記載で足りる点が異なります。

　なお、具体的な記載事項は、次のとおりです。

① 適格請求書発行事業者の氏名又は名称及び登録番号
② 課税資産の譲渡等を行った年月日
③ 課税資産の譲渡等に係る資産又は役務の内容（課税資産の譲渡等が軽減対象資産の譲渡等である場合には、資産の内容及び軽減対象資産の譲渡等である旨）

④ 課税資産の譲渡等の税抜価額又は税込価額を税率ごとに区分して合計した金額
⑤ 税率ごとに区分した消費税額等又は適用税率（※）
　※「税率ごとに区分した消費税額等」と「適用税率」を両方記載することも可能です。
㊟ 上記の記載事項のうち、①の登録番号を記載しないで作成したレシートは、令和元年10月1日から令和5年9月30日（適格請求書等保存方式の導入前）までの間における区分記載請求書等に該当します。

【適格簡易請求書の記載例（適用税率のみ記載）】

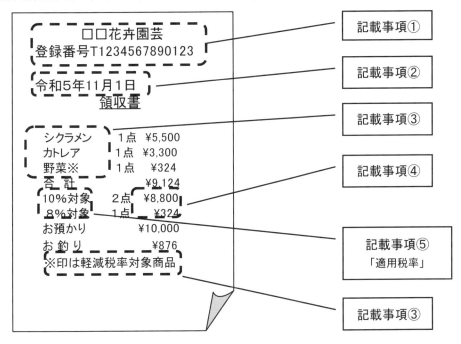

【適格簡易請求書の記載例（税率ごとに区分した消費税額等のみを記載)】

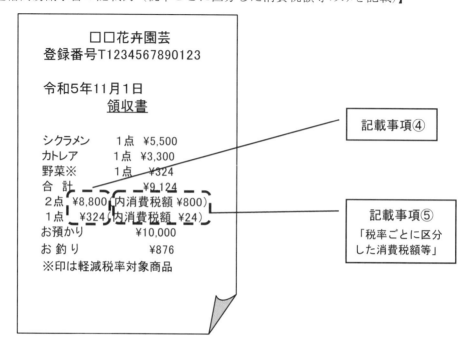

〔271〕 適格請求書に記載する消費税額等の端数処理

問　適格請求書には、税率ごとに区分した消費税額等の記載が必要となるそうですが、消費税額等を計算する際の1円未満の端数処理はどのようになりますか。

〔回答〕　消費税額等に1円未満の端数が生じる場合は、一の適格請求書につき、税率ごとに1回の端数処理を行います。

　適格請求書の記載事項である消費税額等に1円未満の端数が生じる場合は、一の適格請求書につき、税率ごとに1回の端数処理を行います（新消令70の10、インボイス通達3-12）。

　端数処理の方法については、切上げ、切捨て、四捨五入などの任意の方法とすることができます。

　なお、一の適格請求書に記載されている個々の商品ごとに消費税額等を計算し、1円未満の端数処理を行い、その合計額を消費税額等として記載することは認められません。

【記載例】

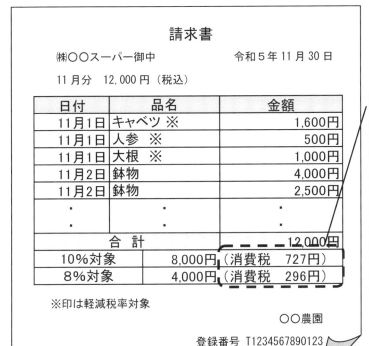

〔272〕 免税事業者等からの課税仕入れに係る経過措置

> 問　私は免税事業者からの課税仕入があります。適格請求書等保存方式の導入後一定期間は、免税事業者からの仕入税額相当額の一定割合を控除できる経過措置があるそうですが、その概要について教えてください。

〔回答〕　適格請求書等保存方式導入から一定期間は、免税事業者からの課税仕入れであっても、仕入税額相当額の一定割合を仕入税額とみなして控除することができます。

　適格請求書等保存方式においては、免税事業者や消費者など、適格請求書発行事業者以外の者から行った課税仕入れは、仕入税額控除のために保存が必要な請求書等の交付を受けることができないことから、仕入税額控除を行うことができません（新消法30⑦）。

　ただし、適格請求書等保存方式導入から一定期間は、免税事業者からの課税仕入れであっても、仕入税額相当額の一定割合を仕入税額とみなして控除できる経過措置が設け

られています（平成28年改正法附則52、53）。

　経過措置を適用できる期間及び控除率は、次のとおりです。

　・令和５年10月１日から令和８年９月30日まで　　　仕入税額相当額の80％

　・令和８年10月１日から令和11年９月30日まで　　　仕入税額相当額の50％

　なお、この経過措置の適用を受けるためには、次の事項が記載された帳簿及び請求書
等の保存が要件となります。

1　帳簿

　区分記載請求書等保存方式の記載事項に加え、例えば、「80％控除対象」など、経
過措置の適用を受ける課税仕入れである旨の次の事項の記載が必要です。

①　課税仕入れの相手方の氏名又は名称

②　課税仕入れを行った年月日

③　課税仕入れに係る資産又は役務の内容（課税仕入れが他の者から受けた軽減対象
　資産の譲渡等に係るものである場合には、資産の内容及び軽減対象資産の譲渡等に
　係るものである旨）及び経過措置の適用を受ける課税仕入れである旨

④　課税仕入れに係る支払対価の額

2　請求書等

　区分記載請求書等と同様次の事項の記載事項が必要です。

①　書類の作成者の氏名又は名称

②　課税資産の譲渡等を行った年月日

③　課税資産の譲渡等に係る資産又は役務の内容（課税資産の譲渡等が軽減対象資産
　の譲渡等である場合には、資産の内容及び軽減対象資産の譲渡等である旨）

④　税率ごとに合計した課税資産の譲渡等の税込価額

⑤　書類の交付を受ける当該事業者の氏名又は名称

第10章　確定申告に関する諸手続

〔273〕 確定申告書の提出期限等

> 問　確定申告書はいつまでに提出しなければなりませんか。

〔回答〕　**所得税の確定申告書はその年の翌年３月15日までに、個人事業者の消費税は課税期間の翌年３月31日までに提出しなければなりません。**

　期限までに提出・納付しない場合は、無申告加算税や延滞税が課されますので注意が必要です（⇨問274、279）。

1　所得税

　その年分の確定申告書を提出する義務のある人は、その年の翌年２月16日から年３月15日までに提出し納付します。

　なお、確定申告書を提出する義務のない人でも、給与等から源泉徴収された所得税額や予定納税をした所得税額が年間の所得金額について計算した所得税額よりも多いときは、確定申告をすることによって、納め過ぎの所得税の還付を受けることができます。この申告を還付申告といい、還付申告書は、確定申告期間とは関係なく、その年の翌年１月１日から５年間提出することができます。

2　消費税

　課税事業者となる個人事業者の確定申告及び納付は原則として翌年１月１日から３月31日までに確定申告書を提出し納付します（消法45、49、措法86の４①）。

　また、直前の課税期間の年税額（地方消費税額を除きます。）が48万円を超える場合、その年税額に応じ中間申告書を提出し納付します（消法42、48）。

3　確定申告書の提出方法

　確定申告書の提出方法については、e-Taxによる提出、税務署窓口へ提出、税務署の時間外文書収受箱（夜間文書収受箱）への投函、郵便又は信書便による送付があります。

　確定申告書（添付書類及び関連して提出される書類を含みます。）が郵便又は信書便により提出された場合には、その郵便物又は信書便物の通信日付印により表示された日が提出日とみなされます（通法22）。

　(注)　郵政公社の民営化に伴う郵便法の改正により、小包郵便物（ゆうパック、エクスパック等）は郵便物に該当しません。

第10章　確定申告に関する諸手続　　329

〔274〕　確定申告を忘れたとき

問　確定申告書を提出するのを忘れてしまいました。どうしたらよいでしょうか。

〔回答〕　**確定申告を期限内に忘れた場合でも、できるだけ早く申告をしましょう。**

　確定申告期限を過ぎて確定申告を行った場合（以下、「期限後申告」といいます。）には、納める税金のほかに無申告加算税や延滞税が課されますので、気が付いたら可能な限り速やかに申告をしましょう（⇨問273）。

　なお、期限後申告にかかる無申告加算税は、原則として、納付すべき税額のうち50万円までは15％、50万円を超える部分は20％の割合で課されますが、税務署の調査を受ける前に自主的に期限後申告を行った場合には、この無申告加算税は5％に軽減されます（通法66①⑥）。

　また、期限後申告の提出が調査の事前通知を受けた以後、かつ、調査による決定を予知してされたものでない場合には、50万円までは10％、50万円を超える部分は15％の割合を乗じた金額となります（通法66①）

1　確定申告が期限後申告となった場合で、その申告が申告期限から1月以内に自主的に行われ、かつ、所得税の納付がその年分の申告期限までに行われ、期限内申告書を提出する意思があったと認められる一定の場合に該当するときには、無申告加算税は課されません（通法66⑦）。

　　期限内申告書を提出する意思があったと認められる一定の場合とは、次のいずれにも該当する場合をいいます（通令27の2①）。

①　自主的な期限後申告書の提出があった日の前日から起算して5年前の日までの間に、期限後申告書又は決定を受けたことにより無申告加算税又は重加算税を課されたことがない場合で、かつ、無申告加算税の不適用制度（通法66⑥）の規定の適用を受けていない場合

②　①の期限後申告書にかかる納付すべき税額の全額が法定納期限（口座振替納付に係る納付書の送付等の依頼を行っている場合には、その期限後申告書を提出した日）までに納付されていた場合

2　期限後申告によって納める税金は、申告書を提出した日が納期限となりますので、納付日までの延滞額を併せて納税しなければなりません。

〔275〕 納税者が年の中途で死亡した場合の確定申告

> **問** 農業を営んでいた父が死亡しました。父に代って相続人である私が申告しなければならないと聞きましたが、手続きはどうすればよいのでしょうか。

〔回答〕 死亡した納税者が確定申告をしなければならない人であるときは、相続の開始のあった日から４か月以内に準確定申告書を提出します。

　納税者が年の途中で死亡した場合、死亡した人のその年の１月１日から死亡の日までの総所得金額、土地等に係る事業所得等の金額（当分の間は適用ありません。⇨問３）、短期・長期譲渡所得の金額（この金額は、特別控除後の金額）、株式等に係る譲渡所得等の金額、先物取引に係る雑所得等の金額、退職所得金額及び山林所得金額などを計算した結果、死亡した人が確定申告書を提出しなければならない人であるときは、相続人（包括受遺者を含みます。）は、相続の開始があったことを知った日の翌日から４か月以内に、死亡した人について、一般の確定申告書に準じた確定申告書（いわゆる準確定申告書）を死亡した納税者の死亡時の納税地の所轄税務署長に提出しなければなりません（所法125①、所令263）。

　また、確定申告書を提出すべき人が、その年の翌年１月１日からその確定申告書の提出期限までの間にその確定申告書を提出しないで死亡した場合においても、相続人は、相続の開始があったことを知った日の翌日から４か月以内に、死亡した人について、準確定申告書を提出しなければなりません（所法124①）。

　この場合、相続人が２人以上あるときは各相続人はその相続分により、あん分して計算した額に相当する所得税を納めることになります。この相続人が２人以上ある場合の確定申告は、各相続人が連署して確定申告書を提出しなければなりませんが、他の相続人の氏名を付記して各人が別々に確定申告をすることもできます（所規49）。

　なお、この準確定申告書には、各相続人の氏名、住所又は被相続人との続柄、相続分及び相続によって得た財産の価額なども記載します。

　準確定申告における所得控除について、次の点に留意する必要があります。

(1)　医療費控除の対象となるのは、死亡の日までに被相続人が支払った医療費で、死亡後に相続人が支払ったものを被相続人の準確定申告において医療費控除の対象とすることはできません。

(2)　社会保険料、生命保険料及び地震保険料控除等の対象となるのは、死亡の日までに

被相続人が支払った保険料等の額です。

(3)　配偶者控除や扶養控除等の適用の有無に関する判定は、死亡の日の現況により行います。

〔276〕　確定申告書の記載に誤りがあった場合（税額等が増加する場合）

> 問　確定申告書の記載に当たり所得金額の計算が誤っていたため所得金額を少なく申告してしまいました。正当な額に直したいのですがどのようにすればよいのでしょうか。

〔回答〕　修正申告書を提出します。

確定申告をした後で、所得を少なく計算していた場合や申告もれとなっていた所得があることに気付いた場合などで、次のいずれかに該当するときは、その申告について税務署長の更正があるまでは、修正申告書を提出することができます（通法19①②）。

税額等の誤りを自発的に是正するための申告を修正申告といいますが、この修正申告の制度は、申告納税制度の本旨に照らし、納税者が自らその納付すべき税額等を確定する仕組みとすることが妥当であり、また、すでに申告等により確定している税額を増額訂正する意思のある人に対しては、その訂正をするための修正申告書の提出を認めて、これを提出しないで税務署長の更正処分を受ける人よりも有利な取扱いをすることが合理的であるという趣旨から設けられているものです。

①　先の申告書の提出により納付すべきものとして記載した税額に不足額があるとき

②　先の申告書に記載した純損失等の金額が過大であるとき

③　先の申告書に記載した還付金の額に相当する税額が過大であるとき

④　先の申告書にその申告書の提出により納付すべき税額を記載しなかった場合で、その納付税額があるとき

したがって、ご質問の場合も所得金額が増えることになりますから、正当な所得金額で修正申告をしなければなりません。

なお、税務署の調査を受ける前に納税者が自主的に修正申告書を提出した場合には、過少申告加算税は課されません（調査の事前通知の後に提出した場合は、50万円までは5％、50万円を超える部分は10％の割合を乗じた金額の過少申告加算税がかかります（通

法65①②）。また、確定申告が期限後申告の場合、無申告加算税が課される場合があります。）。

　また、修正申告によって増加した税額は、申告書の提出と同時に納めなければなりません。この場合、納める日までの延滞税を併せて納める必要があります。

　（注）　令和４年12月31日以後に課税期間が終了する国税に係る修正申告については、修正申告書の記載事項から、その申告前の課税標準等、納付すべき税額の計算上控除する金額が除外されます。

〔277〕　確定申告書の記載に誤りがあった場合（税額等が減少する場合）

> 問　本年３月に提出した確定申告書に扶養控除の記載もれがあることが判明しました。確定申告により納めた税額を減らしてもらうには、どのような手続が必要ですか。

〔回答〕　更正の請求書を提出することになります。

　確定申告をした後で、申告書に記載した課税標準等や税額等の計算が法律の規定に従っていなかったり、計算間違いをしていたため、次のいずれかに該当することに気付いたときは、確定申告期限から５年以内に前の申告の訂正を求める更正の請求書を納税地の所轄税務署長に提出することができます（通法23）。

　①　申告書に記載した納付すべき税額が過大であるとき

　②　申告書に記載した純損失や雑損失若しくは繰越損失の金額が過少であるとき、又は申告書にこれらの金額を記載しなかったとき

　③　申告書に記載した還付金の額が過少であるとき、又はその申告書に還付金の額を記載しなかったとき

　したがって、ご質問の場合は、①の場合に当たりますから、確定申告期限から５年以内に更正の請求をすることができます。

　なお、更正の請求書には、訂正を求めようとする申告書の課税標準等又は税額等、更正後の課税標準等又は税額等、その更正の請求をする理由、更正の請求をするに至った事情、その他参考となる事項を記載しなければなりません（通法23③）。

　また、更正の請求に際しては、更正の請求の理由の基礎となる事実を証明する書類を

添付する必要があります（通令6②）。

（注）　令和4年12月31日以後に課税期間が終了する国税に係る更正の請求については、更正の請求書の記載事項から、その請求に係る更正前の課税標準等、還付金の額の計算の基礎となる税額が除外されます。

〔278〕　災害などによる申告期限の延長

> 問　大雨による山くずれで家屋が半壊してしまいました。その後、申告期限がせまった現在でも片付けが進みません。確定申告の提出期限を延長してもらうことはできますか。

〔回答〕　税務署長に申告期限延長の申請書を提出すれば、2か月の範囲内で申告期限の延長が認められます。

　災害その他やむを得ない理由により、申告や申請、請求、届出その他書類の提出又は納税などを、法定の期限までにすることができないと認められるときは、次により、国税庁長官、国税不服審判所長、国税局長又は税務署長は、災害その他やむを得ない理由がやんだ日から2か月以内に限り、申告などについての法定期限を延長することができることとされています（通法11）。

1　地域指定による期限延長

　自然災害など、納税者の責めに帰さないやむを得ない理由により、その申告、納付等をすることができない人が都道府県の全部または一部の地域にわたり広範囲に生じたと認められる場合に、国税庁長官が、地域および期日を指定して、その申告、納付等の期限を延長するものです。これにより、指定された地域内に納税地のある納税者は、期限延長の申請手続を特別にすることなく、申告、納付等の期限が延長されます（通令3①）。

2　対象者指定による期限延長

　申告等に用いる国税庁の運用するシステムが、申告、納付等の期限間際に使用できなくなるなど納税者の責めに帰さないやむを得ない理由により、その申告、納付等をすることができない人が多数に上ると認められる場合に、国税庁長官が、その対象者の範囲および期日を指定して、申告、納付等の期限を延長するものです。これにより、指定された範囲に該当する納税者は、期限延長の申請手続を特別にすることなく、申

告、納付等の期限が延長されます（通令3②）。

3　個別指定による期限延長

　　災害その他やむを得ない理由によって、期限までに申告、納付等ができないときは、納税地の所轄税務署長に申請することにより、その理由のやんだ日から2か月以内に限り、申告、納付等の期限が延長されます（通令③）。

　　したがって、ご質問の場合は上記3に該当すると思われますので、税務署長に申告期限延長の申請書を提出すれば、2か月の範囲内で申告期限の延長が認められます。

　　なお、この申請は、災害その他やむを得ない理由がやんだ後、相当の期間内にその理由を記載した書面で行わなければなりません。

〔279〕　確定申告による税額の納税手続き

> 問　確定申告による所得税はいつまでに納めなければいけませんか。
> 　　また、その納付方法を教えてください。

〔回答〕　所得税の確定申告による税金は3月15日までに納付します。

　　　　　なお、個人事業者の消費税は3月31日までに納付します。

1　納期限

　　確定申告により納める税金のある人は、それぞれ、確定申告の態様に応じ、次の表に掲げる納期限までに納付しなければなりません。

<table>
<tr><th colspan="2">確定申告の態様</th><th>納　期　限</th></tr>
<tr><td rowspan="3">期限内申告</td><td>一般の確定申告</td><td>所得税…3月15日
消費税…3月31日
㊟　所得税は延納の届出をした場合は延納期限が納期限になります。</td></tr>
<tr><td>年の中途で死亡した人や確定申告をしないで死亡した人の所得について相続人（包括受遺者を含みます。）がした確定申告</td><td>相続の開始があったことを知った日の翌日から4か月以内</td></tr>
<tr><td>納税管理人を定めないで、年の中途で出国したり、確定申告期限前に出国する場合の確定申告</td><td>出国の時まで</td></tr>
<tr><td colspan="2">期限後申告又は修正申告</td><td>期限後申告書又は修正申告書を提出した日</td></tr>
</table>

第10章　確定申告に関する諸手続　　335

2　税金の納付方法

（1）　キャッシュレス納付

① 　ダイレクト納付

　　ダイレクト納付の申込みをすることで、全税目について、e-Taxから簡単な方法で口座引落しにより納付することができます。

　　ダイレクト納付を利用する場合は、書面でダイレクト納付利用届出書を提出するか、又は、パソコンやスマートフォンを使用しe-Taxにより、オンラインでダイレクト納付利用届出書を提出するほか、e-Tax利用開始届出書の提出が必要です。

② 　振替納税

　　振替納税の申込みをすることで、申告所得税及び個人事業者の消費税について、毎年の確定申告等に係る国税を口座引落しにより納付することができます。

　　初回のみ振替依頼書の提出が必要です（e-Taxによる提出可)。

③ 　インターネットバンキング

　　インターネットバンキング、モバイルバンキング又はＡＴＭから納付する方法です。

　　インターネットバンキング又はモバイルバンキングの契約、e-Tax利用開始届出書の提出が必要です。

④ 　クレジットカード納付

　　「国税クレジットカードお支払サイト」から、全税目について、クレジットカードを利用して納付することができます。

　　なお、納付税額に応じた決済手数料がかかります。

（2）　現金納付

① 　金融機関又は税務署で納付する場合

　　現金に納付書を添えて、金融機関（日本銀行の代理店及び歳入代理店に限ります。）又は所轄税務署の納税窓口で納付します。

② 　コンビニ納付

　　税務署から送付若しくは交付されたバーコード付納付書、又は、納付用ＱＲコードを印字した書面を使用して、コンビニで納付します（納付税額がいずれも30万円以下の場合に限られます。)。

336　　　第10章　確定申告に関する諸手続

〔280〕　延納が認められる場合と利子税

> 問　確定申告による税額が例年の３倍以上になり、一度に納めることはできません。こういう場合には、延納が認められると聞きましたが、延納中は利子税や延滞税はかかりますか。

〔回答〕　延納の届け出を３月15日までに行い、かつ、一定額以上を３月15日までに納付すれば延納できます。

　確定申告により納付しなければならない第三期分の税額は、原則として、法定納期限である３月15日までにその全額を納付しなければなりませんが、延納の届け出（確定申告書第一表の「延納の届出」欄に所定の事項を記載すればよいこととされています。）を３月15日までに行い、第三期分の税額の２分の１以上を３月15日までに納付すれば、残額については、５月31日まで延納することができます。

　この延納期間中は、延滞税はかかりませんが、延納の期間（５月31日より前に完納したときは、第三期の納期限の翌日から完納の日までの期間）に応じ、利子税がかかります（所法131、通法64、措法93）（⇨問281）。

　なお、譲渡所得や山林所得となる資産の譲渡代金を２年以上の期間にわたり３回以上に分割して月賦や年賦などの方法で受け取る場合で延払条件付譲渡に当てはまるときには、税務署長はその延払条件付譲渡に対応する所得税額のうち一定の金額について５年以内の延納を許可することができるとされています（所法132）。

〔281〕　利子税と延滞税

> 問　利子税及び延滞税とは、どういう税金のことですか。また、どのくらいかかりますか。

〔回答〕　どちらも附帯税の一種です。

　利子税又は延滞税は、延納税額を納付する際、又は未納となっている税金を納付する際にあわせて納付する必要があります。

1　利子税

　利子税は、延滞税のように納付の履行遅滞に対して課されるものではなく、納付す

べき税金をその納期限までに納付できない等のため、その納付できない税金について、税務署長に延納の届出又は許可を受けて延納する場合に限って課されるものです。利子税の額は、その延納期間に応じ、「利子税特例基準割合」と年「7.3%」のいずれか低い方の割合を乗じて計算した金額です（通法64、措法93）（⇨問280）。

　具体的には次の割合が適用されます。

　　・令和3年1月1日〜令和3年12月31日　　　1.0%

　　・令和4年1月1日〜令和4年12月31日　　　0.9%

2　延滞税

　延滞税とは、①予定納税額をその納期限までに納付しないとき、②第三期分の税額をその納期限までに納付しないとき、③期限後申告、修正申告又は更正、決定により納付すべき税額があるときに課される税金で、納税義務の成立と同時に特別の手続きを要しないで納付すべき税額が確定するものとされていますので、申告や税務署長の処分を必要としません。延滞税の額は、その納期限の翌日から、納付するまでの日数に応じて次の割合により計算した金額です（通法60、措法94）。

(1)　納期限の翌日から2か月を経過する日までの期間

　　「延滞税特例基準割合に1%を加算した割合」と年「7.3%」のいずれか低い割合で、具体的には次の割合が適用されます。

　　　・令和3年1月1日〜令和3年12月31日　　　2.5%

　　　・令和4年1月1日〜令和4年12月31日　　　2.4%

(2)　納期限の翌日から2か月を経過した日以後

　　「延滞税特例基準割合に7.3%を加算した割合」と年「14.6%」のいずれか低い割合で、具体的には次の割合が適用されます。

　　　・令和3年1月1日〜令和3年12月31日　　　8.8%

　　　・令和4年1月1日〜令和4年12月31日　　　8.7%

第11章　国税電子申告等

〔282〕 国税電子申告・納税システム（e-Tax）

> **問** 税務署に出向くことなく、インターネットを利用して申告や納税ができると聞きました。その概要について説明してください。

〔回答〕 所得税や消費税などの申告のほか国税に関する**各種申請・届出等手続**について、**インターネットを利用して行うことができます**。

「国税電子申告・納税システム（e-Tax）」を利用すると所得税、消費税、相続税、贈与税などの申告や法定調書の提出、青色申告の承認申請などの各種手続きのほか納税証明書の交付請求を税務署に出向くことなく自宅や事務所からインターネットを利用して行うことができます。

税金の納付も、金融機関や税務署の窓口に出向くことなく、ダイレクト納付やインターネットバンキング対応のATMを利用して全ての税目について行うことができます。

1 e-Tax利用開始のための手続

e-Taxの利用に当たっては、電子申告・納税等開始届出書を事前に所轄税務署長に提出し、利用者識別番号を取得する必要があります。

2 申告手続き

電子申告を行うための所得税や消費税の確定申告書、青色申告決算書や収支内訳書などのデータについては、国税庁ホームページ「確定申告書等作成コーナー」（⇨問254-1）を利用して作成するか、e-Taxホームページから取得できるe-Taxソフトを利用して作成できます。

3 第三者作成書類の添付省略

所得税の確定申告をe-Taxを利用して行う場合、次に掲げる第三者作成書類については、その記載内容を入力して送信することにより、これらの書類の税務署への提出又は提示を省略することができます。

ただし、入力内容を確認するため、必要があるときは、原則として法定申告期限から5年間、税務署等からこれらの書類の提示又は提出を求められることがあります。この求めに応じなかった場合は、これらの書類については、確定申告書に添付又は提示がなかったものとして取り扱われます。

≪対象となる第三者作成書類≫

・給与所得者の特定支出の控除の特例に係る支出の証明書

・個人の外国税額控除に係る証明書

・雑損控除の証明書

・医療費控除の明細書

・医療費に係る使用証明書等（おむつ証明書など）

・セルフメディケーション税制の明細書

・社会保険料控除の証明書

・小規模企業共済等掛金控除の証明書

・生命保険料控除の証明書

・地震保険料控除の証明書

・寄附金控除の証明書

・勤労学生控除の証明書

・住宅借入金等特別控除に係る借入金年末残高証明書（適用２年目以降のもの）

・特定増改築等住宅借入金等特別控除（バリアフリー改修工事）に係る借入金年末
残高証明書（適用２年目以降のもの）

・特定増改築等住宅借入金等特別控除（省エネ改修工事等）に係る借入金年末残高
証明書（適用２年目以降のもの）

・特定増改築等住宅借入金等特別控除（多世帯同居改修工事）に係る借入金年末残
高証明書（適用２年目以降のもの）

・政党等寄附金特別控除の証明書

・認定NPO法人寄附金特別控除の証明書

・公益社団法人等寄附金特別控除の証明書

・特定震災指定寄附金特別控除の証明書

5　電子納税

電子納税は、国税の納付手続を自宅や事務所等からインターネットを経由して電子的に行う手続です。これにより、金融機関や税務署の窓口に赴いて納付する必要がありません。

e-Taxの利用可能時間内かつダイレクト納付又はインターネットバンキングが利用可能な時間であれば、税務署が閉庁となってからも納税を行うことが可能です（⇨問279）。

〔283〕 確定申告書等作成コーナーとは

> 問　国税庁ホームページ「確定申告書等作成コーナー」を利用すると申告書や決算書が作成できると聞きました。その概要について説明してください。

〔回答〕　所得税や消費税などの申告は、国税庁ホームページ「確定申告書等作成コーナー」の画面から、申告書等を作成することができます。

　国税庁ホームページ「確定申告書等作成コーナー」を利用して作成した申告書等はe-Taxで送信できるほか、印刷して郵送等により提出することもできます。

　なお、作成中の申告書等のデータを保存しておけば、その保存したデータを読み込んで作業を再開したり、翌年の申告の際に読み込んで活用したりすることもできます。

　また、確定申告書等作成コーナーでは、スマートフォンを利用して確定申告書を作成できるほか、マイナンバーカード及びマイナンバーカード読取対応のスマートフォンを所持している人は、e-Taxで送信することができます。

　給与収入がある人や年金収入、副業等の雑所得がある人などは、スマホやタブレットの専用画面を利用できます。

　≪確定申告書等作成コーナーで作成できる申告書等≫
　　　・所得税及び復興特別所得税の確定申告書
　　　・青色申告決算書・収支内訳書
　　　・消費税及び地方消費税の確定申告書
　　　・贈与税の申告書

〔284〕 マイナポータル連携

> 問　マイナポータルと連携すると、所得税の控除証明書等のデータ取得と自動入力ができるそうですが、その概要について説明してください。

〔回答〕　所得税確定申告手続などについて、マイナポータルと連携すると、控除証明書等の必要書類のデータを一括取得し、各種申告書の該当項目へ自動入力することができます。

　マイナポータル連携とは、年末調整手続や所得税確定申告手続について、マイナポー

第11章　国税電子申告等　　　343

タル経由で、控除証明書等の必要書類のデータを一括取得し、各種申告書の該当項目へ自動入力する機能のことをいい、国税庁ホームページ「確定申告書等作成コーナー」を利用することにより、自動で入力することができます。

　マイナポータルと連携してデータを一括取得し、所得税確定申告書に自動入力することができる控除証明書等は、次のとおりです。

適用する控除・収入	自動入力することができる控除証明書等
医療費控除	医療費通知情報
ふるさと納税（寄附金控除）	寄附金受領証明書・寄附金控除に関する証明書
生命保険料控除	生命保険料控除証明書
地震保険料控除	地震保険料控除証明書
住宅ローン控除	年末残高等証明書／住宅借入金等特別控除証明書
株式等に係る譲渡所得等	特定口座年間取引報告書

　マイナポータルと連携して自動入力される情報は今後順次拡大される予定とされています。

　㊟　「マイナポータル」とは、政府が運営するオンラインサービスのことをいい、子育てや介護をはじめとする行政手続の検索やオンライン申請が、ワンストップでできるほか、行政機関からのお知らせを受け取ることができる自分専用のサイトです。

　　　なお、マイナポータル連携を利用するためには、マイナンバーカードとマイナンバーカード読取対応のスマートフォン又はＩＣカードリーダライタが必要です。

〔285〕　社会保障・税番号制度（マイナンバー制度）の概要

> 問　国税分野におけるマイナンバー制度の概要について、教えてください。確定申告などの際の注意事項などありますか。

〔回答〕　社会保障・税番号制度（マイナンバー制度）は、行政を効率化し、国民の利便性を高め、公平・公正な社会を実現するための社会基盤として、平成28年1月1日から導入されました。

1　制度の概要

　⑴　マイナンバー・法人番号の通知等

　　　マイナンバー（個人番号）については、市区町村から住民票の住所に通知㊟され、その利用に当たっては、番号法に規定する場合を除き、他人にマイナンバー（個人

番号）の提供を求めることは禁止されています。

　法人番号については、国税庁長官が、法務省の有する会社法人等番号等を基礎として指定し、書面により通知を行っています。また、法人等の基本３情報（①商号又は名称、②本店又は主たる事務所の所在地及び③法人番号）については、原則として、インターネットを利用して検索・閲覧することができます。

(注)　個人番号の通知は、令和２年５月25日以降は、「通知カード」に替わり「個人番号通知書」により行われています。

(2)　国税分野での利活用

　確定申告書、法定調書等の税務関係書類にマイナンバー（個人番号）や法人番号が記載されることから、法定調書の名寄せや申告書との突合が、マイナンバー（個人番号）や法人番号を用いて、より正確かつ効率的に行えるようになり、所得把握の正確性が向上し、より適正・公平な課税につながるものとされています。

(3)　納税者等の利便性の向上

　マイナンバー制度の導入後の、次のとおり、納税者利便の向上が図られました。

①　平成28年分の申告から、住宅ローン控除等の申告手続において、住民票の写しの添付が不要とされました。

②　平成29年１月から、マイナポータルとe-Taxとの認証連携を開始したことにより、マイナポータルにログインすれば、e-Tax用のIDとパスワードを入力することなく、メッセージボックスの閲覧、納税証明書に関する手続、源泉所得税に関する手続、法定調書に関する手続が利用可能とされました。

③　平成31年１月から、e-Taxメッセージボックスに格納された申告等に係る情報がマイナポータルから確認できるように、令和元年９月からは、記帳説明会等の各種説明会の開催案内がマイナポータルに届くように措置されました。

④　令和元年11月から、前年に給与所得の源泉徴収票等の法定調書を提出した方のマイナポータル及びe-Taxメッセージボックスに「法定調書提出期限のお知らせ」が届くように措置されました。

⑤　令和２年分の年末調整や所得税確定申告手続から、マイナポータルを活用して、控除証明書等の必要書類のデータを一括取得し、各種申告書への自動入力が可能とされました（マイナポータル連携）。

2　税務関係書類への番号記載

　社会保障・税番号制度の導入により、税務署に提出する申告書や申請書などの税務

関係書類に、提出する人の個人番号又は法人番号を記載する必要があります。

　また、申告書や申請書などを提出する際には、本人確認書類（「番号確認書類」及び「身元確認書類」）を提示するか、又はその写しを添付する必要があります。

　なお、e-Taxを利用して提出する場合は、本人確認書類の提示又は添付は必要ありません。

第12章　更正・決定、その他

〔286〕 更正が行われる場合

> **問** 更正が行われる場合はどのような場合ですか。

〔回答〕 **納税申告書に記載された税額等の計算が税法の規定に従っていない場合に行われます。**

　更正は、納税申告書の提出があった場合に、その納税申告書に記載されている次に掲げる事項の計算などが所得税に関する法律の規定に従っていなかったときや、その他これらの事項が税務署長の調査したところと異なるときに、税務署長の調査したところに基づいて行われます（通法24、所法154）。

(1) 所得金額

(2) 所得から差し引かれる金額

(3) 純損失の金額や雑損失の金額のうち、翌年分以降の所得の計算上繰り越して控除したり、前年分以前の所得について繰り戻して控除することができるもの。

(4) 納付すべき税額

(5) 還付を受けることができる税額

(6) 納付すべき税額の計算上差し引かれる金額や還付を受けることができる税額の計算の基礎となる税額

(7) 各種所得の金額のうちに譲渡所得の金額、一時所得の金額、雑所得の金額、雑所得に該当しない変動所得の金額、臨時所得の金額がある場合のこれらの金額や、一時所得、雑所得、雑所得に該当しない臨時所得に対する源泉徴収税額

(8) 特別農業所得者である旨

〔287〕 決定が行われる場合

> **問** 決定が行われる場合はどんな場合ですか。

〔回答〕 **納税申告書を提出する義務がある人がその申告書を提出しなかった場合に行われます。**

　決定は、納税申告書を提出する義務があると認められる人が、納税申告書を提出しなかった場合に、所得金額、所得控除など課税標準等や税額等前問に掲げた事項について、

税務署長の調査したところに基づいて行われます（通法25、所法154）。

　なお、決定により納付することとなる税額や還付金が生じないときは原則として決定されません。

〔288〕　更正と決定の相違点等

> **問　更正と決定とはどう違いますか。実際にこれらの処分を受けた場合の相違について説明してください。**

〔回答〕　納税申告書の提出があるかないかを前提としています。

　更正や決定は、納税者の申告にかかる税額等の計算に誤りがある場合やその申告がない場合に、課税の適正を期するため、その税額を正当なものに是正し、又はその納付すべき税額を確定する税務署長の処分ですが、この更正と決定の本質的な相違は、更正は納税申告書が提出されていることを前提とする税務署長の処分であるのに対し、決定は納税申告書を提出する義務があると認められる人が納税申告書を提出しない場合に行われる税務署長の処分であるという点です。

　なお、税務署長が納税義務の確定手続を行うことができる期間を除斥期間といい、更正及び決定の除斥期間については、原則５年とされ、偽りその他不正の行為により、税額の全部若しくは一部を免れ若しくは還付を受けた国税についての更正及び決定の除斥期間は、７年とされています（通法70①④）。

　更正と決定を効果の点からみると次のような相違があります。

⑴　純損失や雑損失の繰越控除、外国税額控除は、更正の場合は確定申告書にこれらの控除に関する事項の記載があれば原則として認められるが、決定の場合は、原則として認められないこと。

⑵　加算税は、更正の場合は過少申告加算税として増差税額の10％（ただし、その増差税額のうち期限内申告額又は50万円のいずれか多い金額を超える部分の税額については15％）を賦課されるが、決定の場合は、無申告加算税として、納めるべき税額の15％（ただし、納付すべき税額が50万円を超える部分の税額については20％）を賦課されること（通法65、66）。

　なお、令和４年度税制改正において、過少申告加算税及び無申告加算税について、納税者が、一定の帳簿に記載すべき事項に関し修正申告書若しくは期限後申告書の提

出又は更正若しくは決定があった時前に、国税庁等の当該職員からその帳簿の提示又は提出を求められ、かつ、次に掲げる場合のいずれかに該当するときは、その帳簿に記載すべき事項に関し生じた申告漏れ等に課される過少申告加算税の額又は無申告加算税の額については、通常課される過少申告加算税の額又は無申告加算税の額にその申告漏れ等に係る所得税、又は消費税の10％（次の②の場合は５％）に相当する金額を加算した金額とすることとされました（令和６年１月１日以後に法定申告期限等が到来する国税について適用されます。）（通法65④、66④）。

① 当該職員に当該帳簿の提示若しくは提出をしなかった場合又は当該職員にその提示若しくは提出がされたその帳簿に記載すべき事項のうち、売上金額若しくは業務に係る収入金額の記載が著しく不十分である場合

② 当該職員にその提示又は提出がされたその帳簿に記載すべき事項のうち、売上金額又は業務に係る収入金額の記載が不十分である場合（上記①に該当する場合を除きます。）

(3) その他、租税特別措置法上、確定申告書や損失申告書に記載することが要件として適用される所得計算の特例は、更正の場合は確定申告書、損失申告書にこれらの記載があれば認められるが、決定の場合は原則として認められないこと。

〔289〕 税務署長等の処分に不服があるとき

> 問 先日、税務署から税務調査に基づく所得税及び復興特別所得税の更正通知書が届き、これに対し不服申立てをしたいと思います。税務署長に対する不服申立ては、いつまでにすればよいですか。

〔回答〕 不服申立ては、処分の通知を受けた日の翌日から原則として３か月以内に、国税不服審判所長に対して「審査請求」か、処分を行った税務署長等に対して「再調査の請求」のいずれかを行います。

国税に関する法律に基づき税務署長等が行った更正・決定などの課税処分、差押えなどの滞納処分等に不服があるときは、その処分の取消しや変更を求める不服申立てをすることができます。

1 審査請求

税務署長等が行った処分に不服があるときは、その処分の取消しや変更を求めて国

税不服審判所長に対して、不服を申し立てること（これを「審査請求」といいます。）ができます。（通法75①）。

　また、再調査の請求を行った場合であっても、再調査の請求についての決定後の処分になお不服があるときは、再調査決定書謄本の送達があった日の翌日から１か月以内に審査請求をすることができます（通法75③、77②）。

　審査請求書を受理した国税不服審判所長は、その処分が正しかったかどうかを調査・審理し、その結果（「裁決」といいます。）を納税者に通知します（通法98、101）。

　裁決は、税務署長が行った処分よりも納税者に不利益となるような変更がされることはありません。

2　再調査の請求

　税務署長等が行った処分について不服があるときは、審査請求の前段階として、これらの処分を行った税務署長等に対して不服を申し立てること（これを「再調査の請求」といいます。）ができます（通法75①）。

　再調査の請求は、処分の通知を受けた日の翌日から３か月以内に再調査の請求書を提出することにより行います（通法77①）。

　再調査の請求書を受理した税務署長等は、その処分が正しかったかどうかを調査・審理しその結果（「再調査の決定」といいます。）を納税者に通知します（通法83、84）。

3　訴訟

　国税不服審判所長の判断になお不服がある場合には、裁判所に訴えを提起することができます（通法114、行訴法８）。

　この訴えの提起は、原則として裁決書謄本の送達を受けた日の翌日から６か月以内に行う必要があります（行訴法14）。

〔290〕　納税証明書の交付請求

> **問**　農協から農業近代化資金を借り入れるため納税証明書が必要ですが、税務署に交付請求をする場合は、本人が出掛けなければなりませんか。

〔回答〕　納税証明書の交付請求は、オンラインでの交付請求のほか、郵送や税務署の窓口でも交付請求を行うことができます。

国税局長又は税務署長は、国税に関する事項のうち納付すべき税額として確定した税額又は所得の金額等についての証明書（これを「納税証明書」といいます。）の交付の請求があった場合には、その請求した本人に関するものに限って交付をしなければならないこととされています（通法123、通令41）。

納税証明書の交付請求には、オンラインでの交付請求、郵送で納税証明書交付請求書を送付する方法、税務署窓口に納税証明書交付請求書を提出する方法があります。

税務署窓口で交付請求する場合において、本人が出掛けて交付の請求をすることができないときは、本人の委任を受けた代理人が本人の委任状を持参して手続を行うことができます。

本人が、税務署窓口で交付請求する場合には、次のものを持参する必要があります。

① 必要事項を記載した納税証明書交付請求書

② 手数料の金額に相当する収入印紙又は現金

　㊟ 証明書の枚数に応じ一枚につき400円（オンラインによる交付請求の場合は370円）の交付手数料が必要です（通令42）。

　　ただし、震災、風水害、火災などの災害によって財産に相当な被害を受けた人がその復旧資金の借入れをするためや生活保護法による扶助などを受けるために使用するための証明書については、手数料は免除されます。

　　収入印紙を貼って手数料を納める場合は、収入印紙に消印をすると無効になるので注意が必要です。

③ 本人確認書類（個人番号カードや運転免許書等）

④ 番号確認書類（個人番号カード又は通知カード）

また、本人の委任を受けた代理人が交付請求する場合は、上記①及び②のほか、代理人本人であることが確認できる本人確認書類（代理人の個人番号カードや運転免許書等）、納税者本人の番号確認書類の写しを持参する必要があります。

〔291〕 税務関係書類における押印義務の見直し

問　税務関係書類について、押印義務の見直しが行われたと聞きました。その概要を教えてください。

第12章　更正・決定、その他　　353

〔回答〕　国税に関する法令に基づき税務署長等に提出する申告書等（税務関係書類）については、令和３年４月１日以降、一定の書類を除いて、押印を要しないこととされました。

　令和３年度税制改正により、令和３年４月１日以降、国税に関する法律に基づき税務署長その他の行政機関の長又はその職員に提出する税務書類、再調査の請求書等を補正する際に作成する録取書及び交付送達書について、押印を要しないこととされました（通法81④、91②、旧通法124②、通規１①）。

　上記書類のほか、納付書、納税告知書、督促状及び納税証明書交付請求書について、これらの様式における押印欄が削除されました（通規別紙第１号書式、別紙第１号の２書式、別紙第２号書式～別紙第３号書式、別紙第８号書式）。

　また、代理人が納税証明書の交付請求等を行う際に提出を要する納税者本人（委任者）からの委任状等についても、押印を要しないこととされました（⇨問290）。

　ただし、実印の押印及び印鑑登録証明書等の添付などにより委任の事実を確認している特定個人情報の開示請求や閲覧申請手続については、引き続き、委任状への押印等が必要となります。

　次に掲げるものは、押印が必要となります。

① 　担保提供関係書類及び物納手続関係書類のうち、実印の押印及び印鑑証明書の添付を求めている書類
② 　相続税及び贈与税の特例における添付書類のうち財産の分割の協議に関する書類

○減価償却資産の償却率、改定償却率及び保証率

耐用年数	定額法の償却率	定率法の償却率					
		平成24年4月1日以後取得			平成19年4月1日から平成24年3月31日までの間取得		
		償却率	改定償却率	保証率	償却率	改定償却率	保証率
年							
2	0.500	1.000	−	−	1.000	−	−
3	0.334	0.667	1.000	0.11089	0.833	1.000	0.02789
4	0.250	0.500	1.000	0.12499	0.625	1.000	0.05274
5	0.200	0.400	0.500	0.10800	0.500	1.000	0.06249
6	0.167	0.333	0.334	0.09911	0.417	0.500	0.05776
7	0.143	0.286	0.334	0.08680	0.357	0.500	0.05496
8	0.125	0.250	0.334	0.07909	0.313	0.334	0.05111
9	0.112	0.222	0.250	0.07126	0.278	0.334	0.04731
10	0.100	0.200	0.250	0.06552	0.250	0.334	0.04448
11	0.091	0.182	0.200	0.05992	0.227	0.250	0.04123
12	0.084	0.167	0.200	0.05566	0.208	0.250	0.03870
13	0.077	0.154	0.167	0.05180	0.192	0.200	0.03633
14	0.072	0.143	0.167	0.04854	0.179	0.200	0.03389
15	0.067	0.133	0.143	0.04565	0.167	0.200	0.03217
16	0.063	0.125	0.143	0.04294	0.156	0.167	0.03063
17	0.059	0.118	0.125	0.04038	0.147	0.167	0.02905
18	0.056	0.111	0.112	0.03884	0.139	0.143	0.02757
19	0.053	0.105	0.112	0.03693	0.132	0.143	0.02616
20	0.050	0.100	0.112	0.03486	0.125	0.143	0.02517
21	0.048	0.095	0.100	0.03335	0.119	0.125	0.02408
22	0.046	0.091	0.100	0.03182	0.114	0.125	0.02296
23	0.044	0.087	0.091	0.03052	0.109	0.112	0.02226
24	0.042	0.083	0.084	0.02969	0.104	0.112	0.02157
25	0.040	0.080	0.084	0.02841	0.100	0.112	0.02058
26	0.039	0.077	0.084	0.02716	0.096	0.100	0.01989
27	0.038	0.074	0.077	0.02624	0.093	0.100	0.01902
28	0.036	0.071	0.072	0.02568	0.089	0.091	0.01866
29	0.035	0.069	0.072	0.02463	0.086	0.091	0.01803
30	0.034	0.067	0.072	0.02366	0.083	0.084	0.01766
31	0.033	0.065	0.067	0.02286	0.081	0.084	0.01688
32	0.032	0.063	0.067	0.02216	0.078	0.084	0.01655
33	0.031	0.061	0.063	0.02161	0.076	0.077	0.01585
34	0.030	0.059	0.063	0.02097	0.074	0.077	0.01532
35	0.029	0.057	0.059	0.02051	0.071	0.072	0.01532
36	0.028	0.056	0.059	0.01974	0.069	0.072	0.01494
37	0.028	0.054	0.056	0.01950	0.068	0.072	0.01425
38	0.027	0.053	0.056	0.01882	0.066	0.067	0.01393
39	0.026	0.051	0.053	0.01860	0.064	0.067	0.01370
40	0.025	0.050	0.053	0.01791	0.063	0.067	0.01317
41	0.025	0.049	0.050	0.01741	0.061	0.063	0.01306
42	0.024	0.048	0.050	0.01694	0.060	0.063	0.01261
43	0.024	0.047	0.048	0.01664	0.058	0.059	0.01248
44	0.023	0.045	0.046	0.01664	0.057	0.059	0.01210
45	0.023	0.044	0.046	0.01634	0.056	0.059	0.01175
46	0.022	0.043	0.044	0.01601	0.054	0.056	0.01175
47	0.022	0.043	0.044	0.01532	0.053	0.056	0.01153
48	0.021	0.042	0.044	0.01499	0.052	0.053	0.01126
49	0.021	0.041	0.042	0.01475	0.051	0.053	0.01102
50	0.020	0.040	0.042	0.01440	0.050	0.053	0.01072

国税についての相談窓口

　所得税や贈与税、消費税など農家の方々に関心の高い国税について調べるには、以下の国税庁ホームページや電話相談センターが役立ちます。

1　国税庁ホームページで調べる（チャットボット、タックスアンサー）

◆チャットボット（ふたば）に質問する

　国税に関する個人の方の相談システム。質問したいことをメニューから選択するか、文字で入力するとAI（人工知能）が自動で回答します。土日、夜間でも利用できます。

◆タックスアンサー（よくある税の質問）で調べる

　いくつかの質問に答えるか、調べたいキーワードの入力などで情報を探すことができます。

2　電話（国税局電話相談センター）で相談する

【音声案内による国税局電話相談センターへの接続の流れ】

(1)　所轄の税務署に電話をかける
(2)　音声案内に従い、「1」を選択する
(3)　音声案内に従い、相談する内容の番号を選択する
　　「1」所得税
　　「2」源泉徴収、年末調整、支払調書
　　「3」譲渡所得、相続税、贈与税、財産評価
　　「4」法人税
　　「5」消費税、印紙税
　　「6」その他
　　※「番号が確認できません。」という音声案内があった場合は、電話機の「トーン切り替えボタン」（「＊」・「♯」など）を押してから番号を選択してください。
(4)　国税局電話相談センターに接続（国税局職員が応対します）

3　消費税の軽減税率制度及びインボイス制度に関して調べる

◆インボイス制度特設サイト

　説明会の開催案内、インボイス制度の解説動画（国税庁動画チャンネル）、Q＆A、申請手続などを掲載。このサイトからインボイス発行事業者になるための登録申請もできます。

◆軽減・インボイスコールセンター（消費税軽減税率・インボイス制度電話相談センター）
　・インボイス発行事業者の登録申請手続についての一般的なご質問
　・インボイスに記載する内容についての一般的なご質問
　・軽減税率の対象品目についての一般的な考え方　など

【電話番号】フリーダイヤル（無料）
　　　　　　0120-205-553

【受付時間】9：00から17：00（土日祝除く）

索　引

［あ］

青色申告‥‥‥‥‥‥‥‥‥‥‥‥‥　194
　　──制度の趣旨　‥‥‥‥‥‥‥　194
　　──特典　‥‥‥‥‥‥‥‥‥‥　194
　　──青色申告特別控除　‥‥‥‥　195
　　──承認申請の手続き　‥‥‥‥　196
　　──承認申請に対するみなす承認　‥‥‥　197
　　──事業を相続した場合の承認申請　‥‥　198
青色申告の備え付け帳簿‥‥‥‥‥‥　198
　　──正規の簿記　‥‥‥‥‥‥‥　199
　　──簡易簿記　‥‥‥‥‥‥‥‥　200
　　──現金式簡易簿記　‥‥‥‥‥　200
　　──帳簿書類の保存年限　‥‥‥　200
青色申告の取りやめの手続き‥‥‥‥　202
青色事業専従者‥‥‥‥‥‥‥‥‥‥　205
　　──要件　‥‥‥‥‥‥‥‥‥‥　205
　　──別世帯となった場合の取扱い　‥‥‥　206
青色事業専従者給与‥‥‥‥‥‥‥‥　206
　　──必要経費算入の手続き　‥‥　206
　　──老齢の場合　‥‥‥‥‥‥‥　207
　　──適正額　‥‥‥‥‥‥‥‥‥　208
　　──届出額以上の賞与　‥‥‥‥　209
　　──未払いの場合　‥‥‥‥‥‥　209
　　──配偶者控除との関係　‥‥‥　210
　　──退職金の取扱い　‥‥‥‥‥　210
　　──源泉徴収　‥‥‥‥‥‥‥‥　211
青色申告者に対する更正の制限‥‥‥‥　213

［い］

委託耕作による所得‥‥‥‥‥‥‥‥‥86
　　──の所得区分　‥‥‥‥‥‥‥‥89
委託農業経営事業‥‥‥‥‥‥‥‥‥‥86
　　──に係る所得計算　‥‥‥‥‥‥87
　　──に従事した家族の報酬　‥‥‥88
一時所得‥‥‥‥‥‥‥‥‥‥‥‥‥‥71
著しく低い価額で譲り受けた棚卸資産‥‥‥　126

一括償却資産‥‥‥‥‥‥‥‥‥147、161
一般課税‥‥‥‥‥‥‥‥‥‥‥‥‥　298
一般税率‥‥‥‥‥‥‥‥‥‥‥‥‥‥17
一般断熱改修工事等（省エネ改修工事）‥‥　281
移転等の支出に充てるための交付金‥‥‥　113
医療費控除‥‥‥‥‥‥‥‥　6、249、254
　　──対象となる医療費　‥‥‥‥　254
　　──保険金等の見込控除　‥‥‥　256
印紙税‥‥‥‥‥‥‥‥‥‥‥‥‥‥‥　2
飲食料品‥‥‥‥‥‥‥‥‥‥‥‥‥　294
インターネットバンキング‥‥‥‥‥　335
インボイス制度‥‥‥‥‥‥‥‥‥‥　305

［え］

営農困難時貸付け‥‥‥‥‥‥‥‥‥‥27
エネルギー消費性能向上住宅
　（省エネ基準適合住宅）‥‥‥‥‥‥　275
延滞税‥‥‥‥‥‥‥‥‥‥‥‥‥‥　336
延納が認められる場合‥‥‥‥‥‥‥　336

［お］

押印義務の見直し‥‥‥‥‥‥‥‥‥　352
大口株主等‥‥‥‥‥‥‥‥‥‥‥‥‥40
卸売市場を通じた委託販売に係る
　適格請求書‥‥‥‥‥‥‥‥‥‥‥　314

［か］

介護医療保険契約等‥‥‥‥‥‥‥‥　258
外国税額控除‥‥‥‥‥‥‥‥‥‥7、286
外食‥‥‥‥‥‥‥‥‥‥‥‥‥‥‥　294
改定取得価額‥‥‥‥‥‥‥‥‥‥‥　158
改定償却率‥‥‥‥‥‥‥‥‥‥‥‥　158
確定申告‥‥‥‥‥‥‥‥‥‥‥‥‥　244
　　──提出義務者　‥‥‥‥‥‥‥　244
　　──様式　‥‥‥‥‥‥‥‥‥‥　246
　　──退職所得　‥‥‥‥‥‥‥‥　246
確定申告書等作成コーナー‥‥‥‥‥　342

確定申告書の提出期限‥‥‥‥‥‥‥‥ 328
　　──申告を忘れたとき ‥‥‥‥‥‥‥ 329
　　──納税者が年の中途で死亡した場合 ‥ 330
　　──申告誤りがあった場合 ‥‥‥‥331、332
　　──税額の納税手続き ‥‥‥‥‥‥‥ 334
家事消費‥‥‥‥‥‥‥‥‥‥‥‥‥‥ 105
　農産物の── ‥‥‥‥‥‥‥‥‥‥‥ 105
　簡便法による── ‥‥‥‥‥‥‥‥‥ 105
課税期間‥‥‥‥‥‥‥‥‥‥‥‥‥‥ 292
課税標準‥‥‥‥‥‥‥‥‥‥‥‥‥‥‥ 5
課税総所得金額等の計算‥‥‥‥‥‥‥‥‥ 5
貸倒損失‥‥‥‥‥‥‥‥‥‥‥‥‥‥ 180
貸倒引当金の設定‥‥‥‥‥‥‥‥‥‥ 196
家事費‥‥‥‥‥‥‥‥‥‥‥‥‥‥‥ 118
果樹共済金‥‥‥‥‥‥‥‥‥‥‥‥‥ 108
　──の収入計上時期 ‥‥‥‥‥‥‥‥ 108
寡婦控除‥‥‥‥‥‥‥‥‥‥‥‥‥6、265
株式等‥‥‥‥‥‥‥‥‥‥‥‥‥‥‥‥61
株式等譲渡所得割‥‥‥‥‥‥‥‥‥‥‥‥ 8
株式等に係る譲渡所得‥‥‥‥‥‥‥‥‥‥63
簡易課税制度‥‥‥‥‥‥‥‥‥‥‥‥ 299
簡易簿記‥‥‥‥‥‥‥‥‥‥‥‥‥‥ 200
還付等を受けるための申告‥‥‥‥‥‥‥ 244

［き］

基準所得税額‥‥‥‥‥‥‥‥‥‥‥‥ 284
基礎控除‥‥‥‥‥‥‥‥‥‥‥‥‥‥‥ 6
記帳・帳簿等の保存制度等‥‥‥‥‥‥‥ 216
　──記帳・帳簿等の保存制度適用者 ‥‥ 216
　──記帳しなければならない事項 ‥‥‥ 216
　──総収入金額の記帳 ‥‥‥‥‥‥‥ 218
　──必要経費算入の記帳 ‥‥‥‥‥‥ 219
　──帳簿の様式等 ‥‥‥‥‥‥‥‥‥ 220
　──保存すべき帳簿書類 ‥‥‥‥‥‥ 222
　──帳簿の保存期間 ‥‥‥‥‥‥‥‥ 222
　──記帳や帳簿書類を保存しなかった
　　場合 ‥‥‥‥‥‥‥‥‥‥‥‥‥ 223
　──記帳義務を適正に履行しない場合 ‥ 224
　──総収入金額報告書の提出義務者の

　　範囲 ‥‥‥‥‥‥‥‥‥‥‥‥‥ 225
　　──収支内訳書の添付義務者の範囲 ‥‥ 225
　　──収支内訳書の記載事項 ‥‥‥‥‥ 226
寄附金控除‥‥‥‥‥‥ 6、131、135、249、261
寄附金特別控除‥‥‥‥‥‥‥‥‥‥‥ 262
キャッシュレス納付‥‥‥‥‥‥‥‥‥ 335
旧個人年金保険契約等‥‥‥‥‥‥‥‥ 259
旧生産高比例法‥‥‥‥‥‥‥‥‥‥‥ 154
旧生命保険契約等‥‥‥‥‥‥‥‥‥‥ 257
旧定額法‥‥‥‥‥‥‥‥‥‥‥‥‥‥ 154
旧定率法‥‥‥‥‥‥‥‥‥‥‥‥‥‥ 154
給与所得‥‥‥‥‥‥‥‥‥‥‥‥‥‥‥42
給与所得者の特定支出控除‥‥‥‥‥‥‥‥44
教育資金の一括贈与‥‥‥‥‥‥‥‥‥‥21
居住用財産の買換え等の場合の
　譲渡損失の損益通算及び繰越控除‥‥‥‥52
金銭の貸付けによる所得‥‥‥‥‥‥‥‥‥91
均等割‥‥‥‥‥‥‥‥‥‥‥‥‥‥‥‥ 8
金融類似商品の課税‥‥‥‥‥‥‥‥‥‥69
勤労学生控除‥‥‥‥‥‥‥‥ 6、249、266

［く］

区分記載請求書等保存方式‥‥‥‥‥‥‥ 303
　──帳簿及び請求書等の記載事項等 ‥‥ 303
区分経理‥‥‥‥‥‥‥‥‥‥‥‥‥‥ 303
繰越控除‥‥‥‥‥‥‥‥‥‥‥‥‥‥‥ 5
繰延資産‥‥‥‥‥‥‥‥‥‥‥‥‥‥ 174
クレジットカード納付‥‥‥‥‥‥‥‥‥ 335

［け］

経営移譲年金‥‥‥‥‥‥‥‥‥‥‥30、83
軽減税率の適用対象‥‥‥‥‥‥‥‥‥‥ 294
軽減対象資産の譲渡等である旨の
　記載方法等‥‥‥‥‥‥‥‥‥‥‥‥ 304
軽自動車税‥‥‥‥‥‥‥‥‥‥‥‥‥‥ 2
ケータリング‥‥‥‥‥‥‥‥‥‥‥‥ 294
結婚・子育て資金の一括贈与‥‥‥‥‥‥‥22
決定‥‥‥‥‥‥‥‥‥‥‥‥‥‥‥‥ 348
減価償却‥‥‥‥‥‥‥‥‥‥‥‥‥‥ 142

——の方法 …………………… 153
減価償却資産の耐用年数………… 144
——の取得価額 ………………… 149
減価償却方法の変更手続き……… 133
原価法……………………………… 124
現金式簡易簿記…………………… 200
現金主義…………………………… 114
現金納付…………………………… 335
源泉徴収税額の納期の特例……… 212
源泉徴収選択口座…………………65
源泉分離課税………………………39
利子所得の—— …………………39
配当所得の—— …………………40
建築中の建物の減価償却………… 148
現物収入の評価…………………… 104

[こ]

合計所得金額………………52、253、267
更正………………………………… 348
更正と決定の相違点……………… 349
更正の請求………………………… 332
控除対象配偶者…………………… 267
控除対象扶養親族………………… 267
公的年金等…………………………74
高齢者等居住改修工事等（バリアフリー
改修工事）……………………… 280
国外財産調書……………………… 229
国外転出……………………………66
国外転出特例対象財産…………… 229
国税関係帳簿書類の電磁的記録等 227
——の COM による保存 ……… 227
——のスキャナ保存 …………… 228
国税電子申告・納税システム…… 340
国民年金…………………………… 185
国民健康保険税…………………… 2
小作料収入…………………………81
個人番号（マイナンバー）……… 343
国庫補助金等……………………… 110
条件付—— ……………………… 111

固定資産税………………………2、9
固定資産税評価基準……………… 9
個別指定による期限延長………… 334
個別法……………………………… 124
ゴルフ会員権の譲渡………………59
コンビニ納付……………………… 335

[さ]

災害減免法による税額計算……… 253
災害などによる申告期限の延長… 333
災害関連支出の金額……………… 252
——損失の範囲 ………………… 252
財産債務調書……………………… 229
最終仕入原価法…………………… 124
再調査の請求……………………… 351
採卵用鶏の取得費………………… 129
雑所得………………………………74
雑所得を生ずべき業務に係る申告
手続き等…………………………74
雑損控除…………………6、249、250
——対象とならない資産 ……… 251
——対象となる損失の範囲 …… 251
山林所得……………………………47

[し]

自家労賃…………………………… 121
市区町村民税……………………… 8
資産フライト………………………67
事業者免税点制度………………… 292
事業所得……………………………41
地震保険料控除…………………6、249
自動車税…………………………… 2
自動車取得税……………………… 2
自動車重量税……………………… 2
資本的支出………………………… 167
——と修繕費 …………………… 166
社会保険料控除…………………6、249
社会保障・税番号制度…………… 343
収穫基準……………………………96

──が適用される範囲 …………………98
　　　──による記帳の仕方 …………………99
　　　──が簡略化される農産物 ………… 101
　　　──の適用を省略できる「生鮮野菜等」の
　　　範囲 ………………………………… 102
収穫価額………………………………… 103
収穫共済金……………………………… 109
　　　──の収入計上時期 ………………… 109
　　　──の見積差額の処理 ……………… 110
収穫共済の共済掛金…………………… 140
従事分量配当…………………………78、80
　　　家族に支給された── ………………79
修正申告………………………………… 331
住宅借入金等特別控除………………7、273
住宅取得等資金の贈与……………………19
住宅耐震改修・住宅特定改修特別控除……… 7
住宅耐震改修特別控除………………… 278
住宅特定改修特別控除………………… 279
収入金加算法…………………………… 128
住民税……………………………………2、8
樹体共済の共済掛金…………………… 140
受託農業経営事業………………………87
　　　──に係る所得計算………………87
　　　──に従事した家族の報酬 ………88
ジュニア NISA …………………………70
純額処理………………………………… 298
準確定申告……………………………… 330
純損失の繰越し・繰戻し控除………… 196
純損失の繰戻しによる還付…………… 213
障害者控除……………………………… 6
少額重要資産………………………………49
少額減価償却資産…………49、76、146、196
償却可能限度額………………………… 159
償却資産………………………………… 9
償却保証額……………………………… 155
小規模企業共済等掛金控除……………6、249
上場株式等………………………………40、62
上場株式等に係る譲渡損失の損益通算………65
上場株式等に係る譲渡損失の繰越控除………65

消費税………………………………… 2
　　　──計算の仕方 ………………… 298
　　　──経理処理 …………………… 301
　　　──税込経理方式 ……………… 302
　　　──税抜経理方式 ……………… 301
　　　──農産物の家事消費 ………… 297
　　　──農産物の事業消費 ………… 297
　　　──必要経費算入時期 ………… 301
譲渡所得…………………………………48
譲渡所得の特別控除額…………………48
所得金額調整控除………………………43
所得控除………………………………… 248
　　　──種類と控除の順序 ………… 248
　　　──必要な証明書等 …………… 249
所得税………………………………… 2
　　　──の確定申告 ………………… 244
所得の種類………………………………5、38
所得割…………………………………… 8
申告誤りがあった場合………………331、332
申告納税見積額………………………… 289
　　　──減税申請 …………………… 289
申告不要制度……………………………60
申告分離課税…………………………39、60
新個人年金保険契約等………………… 258
審査請求………………………………… 350
新生命保険契約等……………………… 257

［す］

スイッチ OTC 薬 ……………………… 255

［せ］

正規の簿記……………………………… 199
請求書等保存方式……………………… 303
税込価格………………………………… 302
税込経理方式…………………………… 4
生産者販売価格………………………… 103
生産高比例法…………………………… 154
生産費調査……………………………… 121
政党等寄附金特別控除………………7、262

税抜経理方式……………………………… 4

生命共済金の課税関係…………………………72

生命保険料控除………………… 6、249、257

　　──対象となる保険料 ……………… 257

セルフメディケーション税制…………6、255

［そ］

総額処理………………………………… 297

総額表示………………………………… 302

総所得金額等の合計額………………… 250

相続財産の評価…………………………12

相続時精算課税…………………12、16

相続税………………………… 2、10

　　農地等に係る納税の猶予………………27

贈与税……………………… 2、16

訴訟……………………………………… 351

損益通算…………………………… 5

損害賠償金……………………… 119

　　──の課税上の取扱い ………………85

損害保険料の掛金………………… 136

損失申告………………………… 244

［た］

耐久性向上改修工事………………… 282

第三者作成書類の添付省略……………… 340

対象者指定による期限延長……………… 333

退職所得…………………………45

代理交付…………………………… 316

ダイレクト納付……………………… 335

多世帯同居改修工事………………… 282

建物共済金の課税関係…………………73

建物更生共済に係る掛金………………… 138

棚卸資産……………………… 48、122

　　──に準ずる資産 ……………………49

　　──の取得価額 …………………… 125

　　──の範囲と時期 ………………… 123

　　──の評価方法 …………………… 124

　　──の評価方法の変更 …………… 125

短期譲渡所得…………………………50

［ち］

地域指定による期限延長……………… 333

地方消費税……………………………… 298

中小企業者の機械等の特別償却………… 170

長期譲渡所得…………………………50

長期の損害保険料の掛金……………… 137

調整前事業所得税額……………… 171

調整前償却額……………………… 155

帳簿書類等の電子データ保存制度……… 227

直売所などの媒介者を介して行う取引…… 316

［つ］

つみたて NISA ………………………70

［て］

低価法…………………………124、127

定額法………………………… 154

低炭素建築物………………………… 275

　　──とみなされる特定建築物 ……… 275

定率法………………………… 154

適格請求書等保存方式…………………… 305

　　──仕入税額控除の要件 …………… 318

適格簡易請求書を交付できる人………… 313

　　──記載事項 ……………………… 322

適格請求書の記載事項………………… 321

　　──記載する消費税額等の端数処理 …… 324

適格請求書発行事業者………………… 307

　　──交付義務 ……………… 312

　　──登録の取りやめ ……………… 319

適格請求書等の写しの保存義務等………… 317

電子取引の取引情報に係る電磁的記録…… 228

電子納税…………………………… 341

［と］

同一生計配偶者……………………… 267

同居老親等…………………………… 268

登録免許税…………………………… 2

特定エネルギー消費性能向上住宅（ZEN

水準省エネ住宅）……………… 275
特定期間………………………… 292
特定寄付金……………………… 263
特定居住用財産の譲渡損失の損益通算
　　及び繰越控除………………… 52
特定口座内調整所得金額…………60
特定口座内取引における所得計算の特例……65
特定個人………………………… 280
特定市街化区域農地等……………28
特定の贈与者から住宅取得等資金の贈与を
　　受けた場合の相続時精算課税の特例………20
特定扶養親族…………………… 268
特別農業所得者………………… 287
　　──申請手続き …………… 288
特例基準割合…………………… 337
特例税率……………………………17
特例付加年金…………………30、83
土地改良事業のために支出する
　　受益者負担金……………… 130
土地等に係る事業所得………………92
土地譲渡類似の申告分離課税…………60
都道府県民税……………………… 8

[に]

NISA（少額投資非課税制度）………… 69
肉用牛の売却による農業所得の免税……… 236
　　──意義・手続き ………… 236
認定住宅等の新築等特別控除…………7、283
認定長期優良住宅……………… 275

[ね]

年金所得者の申告不要制度…………… 247
年末調整（青色事業専従者給与の源泉徴収）
……………………………………… 211

[の]

農機具更新共済の課税関係………………… 139
農機具の貸付けによる所得…………91
農機具の譲渡による損益…………75

農協等を通じた委託販売に係る適格請求書
…………………………………… 315
農業委員報酬………………………82
農業協同組合の賦課金……………… 132
農業経営基盤強化準備金……………… 186
農業者年金………………… 83、185
農業所得…………………………… 3
　　──の計算方法 …………… 3
　　──の帰属 …………31、32、33
農業投資価格………………………29
農業を営む青色申告者の記帳の特例…202、203
農産物受払帳………………………99
農産物の贈与…………………… 106
農事組合法人………………78、79、80
農住組合の組合員の交換分合による
　　農地の譲渡……………………57
農地転用決済金等の課税関係………… 190
農地等を贈与した場合の納税猶予…23、25、30
農地等に係る相続税の納税猶予…………27
農地保有合理化のための農地の譲渡…………56
納税証明書……………………… 351
　　──交付請求 ……………… 351

[は]

配偶者控除…………………6、267
　　──同年中に再婚した場合 ……… 269
配偶者特別控除……………6、269
　　──の金額 ………………… 269
配当控除……………………7、271
配当所得……………………………39
配当割……………………………… 8
倍率方式……………………………13

[ひ]

非課税所得………………5、234
比準方式……………………………14
ひとり親控除………………6、265
標準的な工事費用……………… 279

[ふ]

福利厚生費……………………… 141

復興特別所得税…………………… 284

　——の源泉徴収 ………………… 285

不動産取得税……………………… 2

不動産所得………………………… 41

不服申立て………………………… 350

扶養控除…………………………… 6、267

振替納税…………………………… 335

ふるさと納税……………………… 264

[ほ]

法定調書の提出義務……………… 231

法定福利厚生費…………………… 141

補償金収入………………………… 93

保証債務を履行するための資産の譲渡……… 53

保証率……………………………… 155

[ま]

マイナポータル連携……………… 342

松茸の売却収入…………………… 84

満期返戻金………………………… 137

[み]

未決済デリバティブ取引等……… 67

未成育の牛馬等に要した費用の取扱い…… 204

未成木の果実……………………… 106

みなし仕入率……………………… 299

[め]

免税所得…………………………… 236

免税事業者………………………… 292

免税対象飼育牛…………………… 238

　——農協を通じて売却した場合 ……… 239

　——短期間飼育して売却した場合 …… 240

　——農事組合法人からの分配金 ……… 240

[や]

野菜等の生鮮な農産物…………… 102

[ゆ]

遊休設備の減価償却……………… 148

[よ]

予定納税…………………………… 287

　——意義 ………………………… 287

　——特別農業所得者 …………… 288

　——減額承認申請 ……………… 289

　——納付の特例 ………………… 288

　——通知期限の特例 …………… 288

予定納税基準額…………………… 287

　——手続き ……………………… 288

　——特別農業所得者 …………… 288

[り]

リース期間定額法………………… 154

離作料収入………………………… 81

利子所得…………………………… 38

利子税……………………………… 336

利子割……………………………… 8

[れ]

暦年課税…………………………… 16

[ろ]

老人控除対象配偶者……………… 268

老人扶養親族……………………… 268

老齢福祉年金の支給に伴う親子間の
　農業経営者の判定……………… 34

路線価方式………………………… 13

【執筆者】

小 田　　満

国税庁勤務通算22年の後、町田・横浜南・板橋の各税務署長
を経て、平成19年税理士登録
平成22・23年度税理士試験委員
平成23〜28年度税理士桜友会専門相談員
現在　税理士・行政書士・事業承継コンサルタント

前 山 静 夫

国税庁、関東信越国税局、関東信越国税不服審判所、酒田・
前橋の各税務署長を経て、令和4年8月税理士登録

3訂　農家の所得税　一問一答集

令和4年11月　　発行　　　　　　　　　　　定価2,860円（本体2,600円＋税10％）
　　　　　　　　　　　　　　　　　　　　　　　　　　　　　　送料実費

　　　　　　　　　　　　　発行　　全国農業委員会ネットワーク機構
　　　　　　　　　　　　　　　　　一般社団法人 全国農業会議所

　　　　　　　　　　　　　〒102-0084　東京都千代田区二番町9の8
　　　　　　　　　　　　　　　　　　　　（中央労働基準協会ビル内）
　　　　　　　　　　　　　電話　03(6910)1131　FAX　03(3261)5134
　　　　　　　　　　　　　全国農業図書コード　R04-21

落丁・乱丁はお取り替えいたします。
ISBN978-4-910027-90-6　C2061　¥2600E